Graphical Abstracts
写真で見る 分子アーキテクトニクスの世界

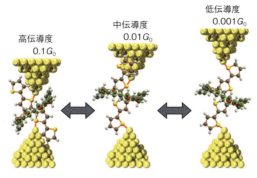

1章 被覆したオリゴチオフェン分子を用いた多段階の単分子抵抗スイッチ（p.58 参照）
電極間距離を変えることで，接続位置が変わり3種類の伝導度を示す．

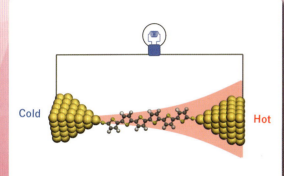

2章 単分子接合における熱電変換と熱流の概念図（p.62 参照）

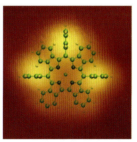 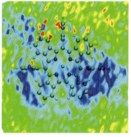

3章 磁性分子であるCu-Benzoコロール分子の構造（左）と近藤共鳴で見たスピン分布（右）（p.69 参照）

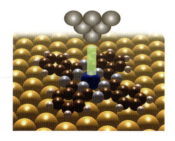 

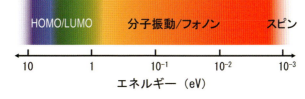

4章 STMトンネル分光と分子状態のエネルギースケール（p.77 参照）

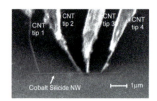 

5章　カーボンナノチューブを利用した4探針型STM（左）と固定型マイクロ4端子プローブ（右）（p.83 参照）

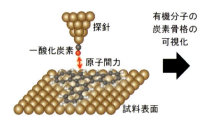 

6章　原子間力顕微鏡による超高分解能イメージング（p.90 参照）

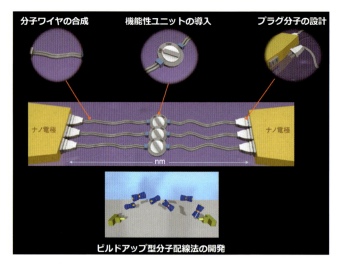

7章　未開拓領域の分子エレクトロニクスの実現（p.96 参照）

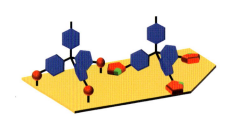

8章　三脚型構造分子の金属電極へのアンカーリング様式（p.103 参照）

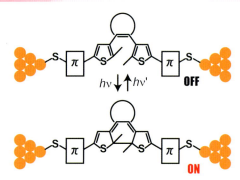

9章　ジアリールエテンを用いた分子コンダクタンスの光スイッチング（p.110 参照）

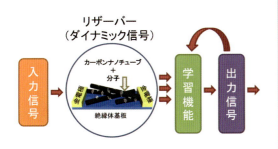

10章　リザーバー計算の概念図（p.116 参照）

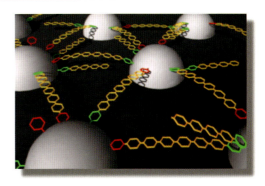

11章　高密度ナノ電極に対して表面開始重合と表面停止による分子グリッド配線（p.122 参照）

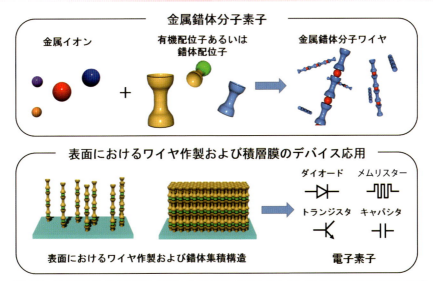

12章　金属錯体分子素子（上）と表面におけるワイヤ作成および積層膜のデバイス応用（下）（p.129 参照）

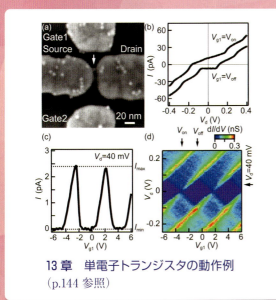

13章　単電子トランジスタの動作例（p.144 参照）

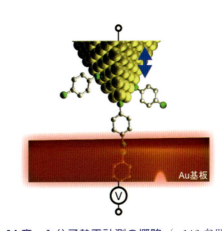

14章　1分子熱電計測の概略（p.146 参照）

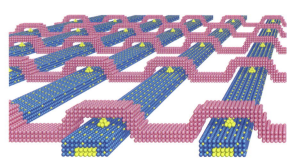

15章　金属原子架橋の生成と消滅を制御して動作する原子スイッチのアレー（p.152 参照）

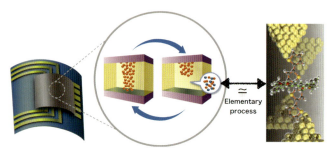

16章　単分子エレクトロニクス研究と実用メモリデバイス設計の連続性を示した概念図（p.158 参照）

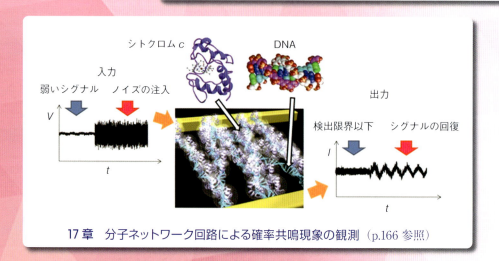

17章　分子ネットワーク回路による確率共鳴現象の観測（p.166 参照）

18章　1分子シークエンサーの原理（p.175 参照）

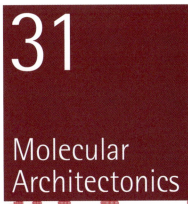

分子
アーキテクトニクス

単分子技術が拓く新たな機能

日本化学会 編

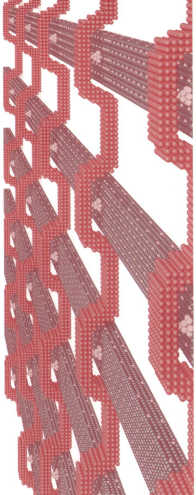

化学同人

『ＣＳＪカレントレビュー』編集委員会

【委員長】
大 倉 一 郎　東京工業大学名誉教授

【委　員】
岩 澤 伸 治　東京工業大学理学院 教授
栗 原 和 枝　東北大学未来科学技術共同研究センター 教授
杉 本 直 己　甲南大学先端生命工学研究所 所長・教授
髙 田 十志和　東京工業大学物質理工学院 教授
南 後 　 守　大阪市立大学複合先端研究機構 特任教授
西 原 　 寛　東京大学大学院理学系研究科 教授

【本号の企画・編集 WG】
浅 井 美 博　産業技術総合研究所機能材料コンピュテーショナル
　　　　　　　デザイン研究センター 研究センター長
夛 田 博 一　大阪大学大学院基礎工学研究科 教授
谷 口 正 輝　大阪大学産業科学研究所 教授
寺 尾 　 潤　東京大学大学院総合文化研究科 教授
西 原 　 寛　東京大学大学院理学系研究科 教授

総説集『CSJ カレントレビュー』刊行にあたって

　これまで㈳日本化学会では化学のさまざまな分野からテーマを選んで，その分野のレビュー誌として『化学総説』50 巻，『季刊化学総説』50 巻を刊行してきました．その後を受けるかたちで，化学同人からの申し出もあり，日本化学会では新しい総説集の刊行をめざして編集委員会を立ちあげることになりました．この編集委員会では，これからの総説集のあり方や構成内容なども含めて，時代が求める総説集像をいろいろな視点から検討を重ねてきました．その結果，「読みやすく」「興味がもてる」「役に立つ」をキーワードに，その分野の基礎的で教育的な内容を盛り込んだ新しいスタイルの総説集『CSJ カレントレビュー』を，このたび日本化学会編で発刊することになりました．

　この『CSJ カレントレビュー』では，化学のそれぞれの分野で活躍中の研究者・技術者に，その分野を取り巻く研究状況，そして研究者の素顔などとともに，最先端の研究・開発の動向を紹介していただきます．この 1 冊で，取りあげた分野のどこが興味深いのか，現在どこまで研究が進んでいるのか，さらには今後の展望までを丁寧にフォローできるように構成されています．対象とする読者はおもに大学院生，若い研究者ですが，初学者や教育者にも十分読んで楽しんでいただけるように心がけました．

　内容はおもに三部構成になっています．まず本書のトップには，全体の内容をざっと理解できるように，カラフルな図や写真で構成された Graphical Abstract を配しました．

　それに続く Part I では，基礎概念と研究現場を取りあげています．たとえば，インタビュー（あるいは座談会），そして第一線研究室訪問などを通して，その分野の重要性，研究の面白さなどをフロントランナーに存分に語ってもらいます．また，この分野を先導した研究者を紹介しながら，これまでの研究の流れや最重要基礎概念を平易に解説しています．

　このレビュー集のコアともいうべき Part II では，その分野から最先端のテーマを 12〜15 件ほど選び，今後の見通しなどを含めて第一線の研究者にレビュー解説をお願いしました．この分野の研究の進捗状況がすぐに理解できるように配慮してあります．

　最後の Part III は，覚えておきたい最重要用語解説も含めて，この分野で役に立つ情報・データをできるだけ紹介します．「この分野を発展させた革新論文」は，これまでにない有用な情報で，今後研究を始める若い研究者にとっては刺激的かつ有意義な指針になると確信しています．

　このように，『CSJ カレントレビュー』はさまざまな化学の分野で読み継がれる必読図書になるように心がけており，年 4 冊のシリーズとして発行される予定になっています．本書の内容に賛同していただき，一人でも多くの方に読んでいただければ幸いです．

今後，読者の皆さま方のご協力を得て，さらに充実したレビュー集に育てていきたいと考えております．

　最後に，ご多忙中にもかかわらずご協力をいただいた執筆者の方々に深く御礼申し上げます．

2010 年 3 月

編集委員を代表して
大倉　一郎

はじめに

　1974年のAviramとRatnerによる単一分子整流器の可能性に関する提案論文や，1981年にCarterにより主宰された分子素子ワークショップの開催およびそのプロシーディングス本の刊行を節目として，1970年代から1980年代にかけて，分子エレクトロニクスを目指した開発研究が盛んであった．当時は走査型トンネル顕微鏡などの精密計測実験技術が広く普及しておらず，一方でLandauer量子伝導の理論の守備範囲もメゾスコピック半導体を簡単にモデル化した場合に限られ，分子エレクトロニクス開発研究は，こういった基礎科学の支えなしに進めざるをえなかった．この時代の分子エレクトロニクス研究に対しては，夢はあるが危うさを抱えたテーマであるという認識も少なくなかったように思われる．関連するバイオエレクトロニクスの文脈から，より現実的な生物組織系の物理化学研究に軸を移された方も少なくない．

　2000年前後から，走査型トンネル顕微鏡などのプローブ顕微鏡や，それらを活用するブレーク・ジャンクション法などの，再現性の高い精密計測実験技術が多く活用されるようになり，一方で量子伝導理論が第一原理計算と結びつくことにより，輸送物性の理論計算を化学的な精度で行うことができるようになった．機が熟した理論と実験の比較検証を経て，たしかな基礎科学的な新知見が蓄積されつつある．この時期になってようやく，分子エレクトロニクスの基礎科学的な裏付けを行えるようになり，非平衡輸送現象の原子論的な基礎研究は今なお進展している．これらの成果を振り返り，それらを踏まえた単分子機能の応用可能性を再度検討するために，本書が企画された．

　単一分子はバルクにはない特異な輸送特性を示し，それを安定的に機能利用することができれば応用ポテンシャルは非常に高い．一方，分子と電極の接合は脆弱であり，繰り返し耐性に乏しい．不揮発性メモリなどの，先端エレクトロニクスデバイスのチャネル材料中の動作はもはや，「単一分子・単一原子」レベルで実現しており，分子エレクトロニクスで観測されている現象と大差がないほど，その原理は「微細化」されているが，バルクチャネル材料中で動作しており，脆弱性が実用上の問題にはならない．単一分子エレクトロニクスでは，脆弱性による電気特性の揺らぎやバラツキが際立つが，むしろそれらを積極的に利活用することにより，脳・神経の機能を分子材料で模倣しようという研究者も出てきている．これとは別方向で，単一分子に対する電気計測技術をベースとするナノポア計測技術に基づくDNAの電気的なシークエンシング研究が進んでおり，テーラーメード医療を支える基礎技術の候補として期待が高まっている．また，単一分子の組織化による構造脆弱性の克服，共役分子の被覆による分子間相互作用の遮断，規定された長さの共役オリゴマーの逐次合成や，分子・電極接合の不動化などの合成化学の進展によりもたらされる揺らぎやバラツキの軽減と，それらに根ざした単一分

子レベルの動作原理を示す素子材料開拓研究も行われている．本書では，これらの分子エレクトロニクスの流れを汲んだ新たな研究を総称して，"分子アーキテクトニクス"と呼び，その基礎から応用に至る解説を行う．

本書ではまず Part Ⅰ の 1 章で，脳・神経の機能を分子材料で模倣しようという研究者に，脳科学者との座談会を通じてそのエッセンスを語っていただき，続く Part Ⅰ の 2 章では，初期の段階から分子エレクトロニクス研究の第一線で活躍してきた Robert Melville Metzger に，分子エレクトロニクス研究の歴史を振り返っていただいた．Part Ⅰ の 3 章では，分子アーキテクトニクス研究の基礎に関する導入的な解説を，合成化学，計測分析，理論，電子工学的な観点から行った．Part Ⅱ では，1 章〜6 章で「分子を測る」というコンセプトで各種計測技術を解説し，7 章〜12 章では「分子から創る」というコンセプトから分子配線や分子の電極へのアンカリングを含めた分子素子の創成技術を解説した．13 章〜18 章では「分子アーキテクトニクスを利用する」というコンセプトで，DNA の電気診断などの分子エレクトロニクスの新たな展開研究や，ナノエレクトロニクス応用などについて解説した．

本書の編纂を通じて，「分子エレクトロニクス」という研究分野がいかに豊穣な分野であるかということに改めて気づかされた．非常に高いハードルを越えようとする努力の過程で，計測技術は研ぎ澄まされていき，まったく新たな分光解析手法を開発する必要が生まれる．そのような計測実験の良きパートナーとなり続けるために，理論・計算シミュレーションは，物理的にも化学的にも現実的となる必要があるなかで，新たな物理機構や高いレベルの化学精度に踏み込む必要が生じる．バルク電極上や基板に分子を配線し固定するために，合成化学に寄せられる期待は大きいが，それに加えて，電気・熱・光・スピン特性や，それらがもたらす機能を最大化するための分子設計・合成が求められ，まったく新たな分子類を創造する必要性が出てくる．喩えて言うならば「分子エレクトロニクス」という分野は自動車レースのフォーミュラ 1（F1）か世界ラリー選手権（WRC）のようなものである．1 個の分子を使ったエレクトロニクスデバイスの開発という目標自身は非常にハードルが高いため，それそのものが実用に供せられ，市場を獲得することがあったとしても，それは非常に先のことかもしれない．しかし，そこに参戦する者には，非常に厳しい条件のなかで極限的な「機能」を追求するという機会を得て，ほかに転用可能な非常に高度な技術・サイエンス経験が与えられる．そういった経験の派生が，たとえば DNA の電気診断のような実用に通じる可能性が高い技術を産むのである．読者の方々には，そういった観点から，次ページから展開される解説を固唾を飲んで楽しんでいただきたい．DNA の電気診断技術に続く，分子エレクトロニクスから生じる新技術開発に参加する研究者が読者のなかから生まれることを切に祈って，この巻頭言の結びとする．

2018 年 12 月吉日

編集ワーキンググループ

浅井　美博，夛田　博一

谷口　正輝，寺尾　潤，西原　寛

CONTENTS

Part I 基礎概念と研究現場

1章 Interview
002 フロントランナーに聞く
赤井 恵・浅井 哲也・田中 啓文・寺尾 潤・平瀬 肇
司会：夛田 博一

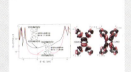

2章

★ *Special contribution*
014 A SHORT REVIEW OF UNIMOLECULAR ELECTRONICS
Robert Melville Metzger
抄訳：浅井 美博

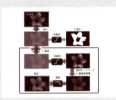

3章 分子アーキテクトニクスの基礎

★ *Basic concept-1*
022 分子アーキテクトニクスの化学：
電子部品と分子構造
山野井 慶徳・西原 寛

★ *Basic concept-2*
030 分子アーキテクトニクス計測実験の基礎：分子11個の電気抵抗測定
夛田 博一

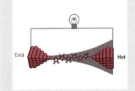

★ *Basic concept-3*
036 分子アーキテクトニクスの基礎理論
浅井 美博

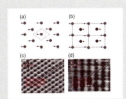

★ *Basic concept-4*
046 揺らぎを利用したエレクトロニクス
葛西 誠也

CONTENTS

Part II 研究最前線

1章 単分子の電気伝導計測
056
　　　　　　　　　木口 学

2章 単分子接合の熱電変換と熱伝導
062
　　　　　　　　　山田 亮

3章 スピン計測
069
　　　　　　　　　米田 忠弘

4章 非弾性トンネル分光
077
　　　　　　　　　髙木 紀明

5章 多探針計測法
083
　　　　　　　　　長谷川 修司

6章 分子力学計測
090
　　　　　　　　　杉本 宜昭・塩足 亮隼

7章 機能性分子ワイヤ
096
　　　　　　　　　寺尾 潤・正井 宏

8章 分子の電極へのアンカーリング
103
　　　　　　　　　家 裕隆

9章 光応答性分子素子
110
　　　　　　　　　松田 建児

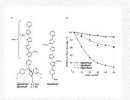

10章 機能性単一・少数分子電子素子
　　　　─静的非線形性と動的振る舞い─
116
　　　　　　　　　小川 琢治

CONTENTS

Part II 研究最前線

11章 分子回路工学のための重合配線
122
彌田 智一

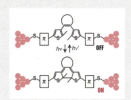

12章 金属錯体分子素子
129
芳賀 正明・小澤 寛晃

13章 単分子トランジスタ
139
真島 豊

14章 単一ナノ材料・1分子アーキテクトニクスの熱電応用
146
柳田 剛・筒井 真楠

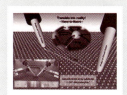

15章 抵抗変化型メモリを用いた神経模倣
152
長谷川 剛

16章 分子アーキテクトニクスにおける第一原理計算：抵抗スイッチ分子から不揮発性メモリデバイスへの展開
158
中村 恒夫

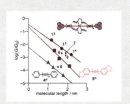

17章 分子エレクトロニクスの新展開：分子ネットワークによる非ノイマン型情報処理へ向けて
166
松本 卓也

18章 DNAの電気診断
175
谷口 正輝

CONTENTS

Part III　役に立つ情報・データ

① この分野を発展させた革新論文 50 　*182*

② 覚えておきたい関連最重要用語 　*195*

③ 知っておくと便利！関連情報 　*197*

索　引　*199*

執筆者紹介　*202*

★本書の関連サイト情報などは，以下の化学同人 HP にまとめてあります．
→ https://www.kagakudojin.co.jp/search/?series_no=2773

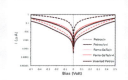

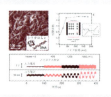

Part I

基礎概念と研究現場

フロントランナーに聞く ▶▶▶▶▶▶ 座談会

（左より）田中啓文先生（九州工業大学），寺尾 潤先生（東京大学），夛田博一先生（大阪大学，司会），赤井 恵先生（大阪大学），浅井哲也先生（北海道大学），平瀬 肇先生（理化学研究所，コペンハーゲンから遠隔参加）

脳・神経を分子材料で模倣する

Profile

赤井 恵（あかい めぐみ）
大阪大学大学院工学研究科助教．1969年徳島県生まれ．1997年大阪大学理学研究科無機及び物理化学専攻修了．研究テーマは，「ナノ構造科学」「ナノ分子物性」「ニューロモルフィック科学」

浅井 哲也（あさい てつや）
北海道大学大学院情報科学研究科教授．1969年北海道県生まれ．豊橋技術科学大学大学院工学研究科修了．研究テーマは，「人工知能」「集積回路工学」「非線形科学」

夛田 博一（ただ ひろかず）
大阪大学大学院基礎工学研究科教授．1962年大阪府生まれ．1989年東京大学大学院理学系研究科博士課程中途退学．研究テーマは「分子エレクトロニクス」

田中 啓文（たなか ひろふみ）
九州工業大学大学院生命体工学研究科教授．1971年大阪府生まれ．1999年大阪大学大学院工学研究科博士後期課程修了．研究テーマは，「少数分子伝導」「人工網膜デバイス」「ニューロモルフィックデバイス」

寺尾 潤（てらお じゅん）
東京大学大学院総合文化研究科教授．1970年大阪府生まれ．1999年大阪大学大学院工学研究科博士後期課程修了．研究テーマは「有機合成化学」「高分子化学」「機能材料化学」

平瀬 肇（ひらせ はじめ）
理化学研究所脳神経科学研究センター神経グリア回路研究チーム チームリーダー．1972年広島県生まれ．1996年ロンドン大学大学院ニューロサイエンス専攻修了．研究テーマは「脳」「神経細胞」「グリア細胞」

分子アーキテクトニクス若手研究者の夢

　単一分子の電気，熱，スピン特性などの精密な計測評価が可能となり，単純な小分子に限らず複雑分子系をも対象とする研究が日本を中心として世界中で活発に展開している．このような単分子科学分野での知見をベースに，実用材料の性能向上を目指したり，結晶系とは異なる意図した構造をビルドアップして材料を創成する分子アーキテクトニクスの手法が進む．DNAシークエンシングのようなバイオ分野への応用も進んでいる.

　この分野を先導する田中啓文先生，赤井 恵先生，浅井哲也先生，寺尾 潤先生と，神経科学研究者の平瀬 肇先生をお招きし，無機，有機の立場から，脳のような曖昧さをもったアーキテクチャの建築を目指す研究の苦労と魅力を語っていただいた．

1 研究のきっかけ

専門と分子との関わり

多田　私は，有機半導体を研究してきました．単一分子ですと，電気の流れ方がバルクの半導体と違って，pn接合※1なんかもどうなるんだろうと．そういうところから単分子エレクトロニクスに関心をもって入っていったのがきっかけです．

　先生方ご自身の専門と，分子とどんなふうに関わってこられたのかご紹介ください．寺尾先生はいかがでしょう．

寺尾　私が研究している有機化学の分野は，大きく分けて二つのテーマがあります．一つは，目に見えない有機分子同士を，手を使わずにどうやってくっつけるか（反応開発）と，もう一つは，医薬品や機能性物質など，つくりたい有機物が決まっていて，それをどうやって組み上げていくか（合成研究）です．建築学に喩えると，部品を思った位置でしっかりとつなぎ合わせる技術と，家の図面を設計し，どんな部品を使って組み立てるかです．有機合成では，分子を使って建築物を造るイメージですので，まさに分子建築学ですね．今は若い分子建築士たち（学生さん）と，有機分子で電子回路が合成できるんじゃないかとワイワイ盛り上がりながら研究しています．

多田　ありがとうございます．田中先生はいかがでしょうか．

田中　私は，もともと材料物性工学の出身で，最初は有機分子とまったく関わりがなく研究をしていました．時間が経つにつれ研究対象が表面になって，ナノテクノロジーになって，ナノ電気伝導計測にたどり着きました．ちょうどアメリカへポスドクで留学したとき，有機物を扱っている研究室に行き，そこから有機物とナノに関わりが出て，帰国後，有機物のナノ電気伝導の研究を始めました．

赤井　私は，理学部の物理学科を出ていて，初めは表面科学から入ったんです．無機の規則正しいものが好きで…．ところが，博士課程の研究になると，指導教官からいきなり，有機分子をSTM※2で見るようにと指示を受けました．当時はまだ，有機分子なんてい

※1　**pn接合**
英語でpn junction．半導体中でp型の領域とn型の領域が接している部分.

※2　**STM**
scanning tunneling microscopeの略．走査型トンネル顕微鏡.

うものがSTMで見えるか見えないかわからないという時代だったんです.そこから始まり,結果的にその後の人生を通してずっと,研究対象が有機分子,単分子,有機材料になっています.今は工学研究科の物理系に在籍していて,デバイスをつくっていますが,化学の専門知識がなかったからこそ,有機化学者とは違った,物理的な視点から分子を見た独特の研究を進めていると思っています.

夛田 ありがとうございます.浅井先生は分子とは一番遠いと思うのですが,分子との関わりをお聞かせください.

浅井 一番遠いですね.私は電子回路が専門なのですが,いろんな電子回路を扱うなかで,単電子回路を1990年の終わりから扱っています.電子1個1個のトンネルを制御しながら目的の動作をさせるようなもので,基本的にはクーロン・ブロッケード[※3]の計算をしていくようなものでした.そのあたりと単分子のつながりを探り始めたなかで,このプロジェクトに参加させていただきました.

夛田 ありがとうございます.平瀬先生,分子のつながりとか,神経系と分子とのつながりみたいなところをお聞かせください.

平瀬 私は,もともと工学系出身でして,学部は情報工学(コンピュータ科学),大学院では,ニューラルネットワークを研究していました.人工知能に興味をもって,ニューラルネットワークを研究していたのですが,博士論文を書くころには,脳の生物学的な仕組みをまったく理解していないことに気づき,アメリカの神経生理学の教室でポスドク研究を行いました.プログラミングが多少できたので,データ解析要員として研究に従事しました.

そのうち,自分でも生きているネズミから神経細胞の発火[※4]を記録する実験もできるようになり,記憶の形成に重要な役割をしている「海馬」とよばれる脳部位の研究に携わることになりました.アメリカで,8年間研究しているうちに,偶然ですが,脳にある神経細胞ではない細胞,「グリア細胞」の活動を測ることに成功し,帰国して理化学研究所で,グリア細胞が生きている動物の脳でどのような役割を果たしているか,研究を続けていくことになりました.早いもので,帰国してから14年です.

夛田 ありがとうございます.分子を合成するところから,個々の分子の姿を見たり,その電気特性を測るところから,神経の信号処理を模倣したり,そんなところまでできるようになるということにわれわれも驚いています.

ここ数年,単一分子の電気伝導度測定技術は,かなり進みました.その点,合成の方から見られてどうでしょうか.

寺尾 たしかに,従来の超高真空・極低温という極限環境に限られる単一分子の電気伝導度測定技術に対し,最近,日本の研究者の活躍により,単分子ラマン分光やナノポア[※5]などの独自技術を用いることで,化学反応場と同じ

※3 **クーロン・ブロッケード**
Coulomb blockade:CB.接合容量が低いトンネル接合を一つ以上含むような電子素子において,バイアス電圧が小さい時に電気抵抗が増大する現象.

※4 **発火**
ニューロンがパルス信号を発生すること.

※5 **ナノポア**
Part IIの18章を参照.

環境下での動的な単分子計測が可能になってきました．この技術は，私どものように新しい化学反応や物性化学の研究を行っている有機合成化学者にとって，フラスコの中の単分子の反応を直接観測できることは驚きますし，従来の計測法では反応物と生成物の中に埋もれて観測することができない遷移状態の直接計測も可能となり，化学反応の本質を理解することができるのではないかと考え，学生も大いに興味をもって研究に取り組んでいます．

夛田 一方で，そのことで，エレクトロニクスの先は何があるんだろうってことにも直面しました．ひとつの方向が，生物の中でも非線形な電気特性が重要であると言われていて，それを利用してみようと．

浅井 そうですね．エレクトロニクスに生物の仕組みを取り入れる従前のアプローチとは逆に，生物の情報処理中枢にエレクトロニクスの技術を組み込むアプローチが先にあるものだと思います．これを硬いCMOS[※6]で実現するのは非常に難しい．もしこれが生物と親和性の高い分子でできるというのであれば，われわれ集積システム屋にとって大変楽しみです．

※6 **CMOS**
シーモス．Complementary MOS：相補型MOS．p型とn型のMOSFET〔電界効果トランジスタ（FET）の一種〕を，デジタル回路の論理ゲートなどで相補的に利用する回路方式や，そのような電子回路のこと．

2 研究の悦び

分子アーキテクトニクスの研究で感動したこと

夛田 田中先生，浅井先生，赤井先生は，ボトムアップから神経の仕組みみたいなものを見ていきたいという研究論文[※7]を平瀬先生に見ていただきました．そういったアプローチについて平瀬先生，ご意見と世界的な動きを教えてください．

平瀬 脳の回路は多数の神経細胞が複雑なネットワークを形成しています．10年前ころまでの神経科学は，この一つ一つの細胞の電気的な記録を観測し，動物の行動と相関させることによって，脳の情報表現を推し量るという，少し受け身的（記述的）な研究が主でした．しかし，その方法ですと仮説を検証するまでには至らないわけで，決定的な結論を導くことは困難でした．

ところが10年前にオプトジェネティクス[※8]という，光で神経細胞の挙動を制御できる方法が発明されました．この方法を用いることで，脳のある細胞だけ活動を止めて，脳のどの機能が失われるのかという仮説を検証できるようになりました．たとえば覚醒状態を保つ細胞群があるとすれば，光を使ってその細胞群の活動を抑制させると，本当に実験動物はすぐに眠るのかどうか．そういう仮説を検証することによって，能動的に動物の機能に干渉して，行動を変えることができるようになってきています．

田中先生たちのNature Communicationsの論文[※7]を拝見しましたが，ああいうファイバーの上で少

※7 ***Nature Communications*** **の論文**
単層カーボンナノチューブとポリ酸からなる分子ニューロモルフィックネットワークデバイスに関する論文．革新論文[50]を参照．H. Tanaka, M. Akai-Kasaya, A. TermehYousefi, L. Hong, L. Fu, H. Tamukoh, D. Tanaka, T. Asai, T. Ogawa, "A Molecular Neuromorphic Network Device Consisting of Single-Walled Carbon Nanotubes Complexed with Polyoxometalate," *Nat. Commun.*, 9, 2693 (2018).

※8 **オプトジェネティクス**
英語でOptogenetics．光でタンパク質を制御する手法の総称．革新論文[31]を参照．

し工夫を加えて，電気的な発信ができるようなネットワークが組み合わさるとき，非常に複雑な挙動を示すと思います．回路の状態の機能的な動態がどのように発現するのかを，オプトジェネティクスと似たような効果で，仮説検証して情報表現を解析できないかなということを，いま想像しました．

たとえば波長の非常に短い光，あるいは電磁波を使って，光電効果みたいなものをどこかのファイバーの場所に当てて，そこだけ発信させて，周りに電気信号がどうやって伝搬していくかとか，そこだけ止めると，回路全体の機能がどのように欠落されるのかとか，光と分子をうまく調整することによって，回路を建築したり，機能損傷できたら面白いのかなと思いました．

田中 ぜひやってみたいと思います．われわれも最初にあの分子系を触って，あのような結果になる[※9]とは全然思っていませんでした．最初はノイズ発振が出るんじゃないかとか，そういうところから始めたのですが，複雑で非線形な物質を組み合わせていくと，ああいう効果が出るのだということがわかったのです．

いま平瀬先生がおっしゃったアイデアもそうですし，電気的なポテンシャルなり何なりがどういうふうに動いて，生体の動きとどういうふうに関連付けられているかというのを，今後は調べていきたいと考えています．

赤井 私は，あの論文でモデルを考案しました．モデルの中で，分子1個が，ある程度の電荷をため込んでしまうと，それを放出しなければならないという，それが一番のモデルの必要条件です．

いま一番よく聞かれるのが，なぜそんなことが起こるのですかということなのですが，実際にはまだよくわかっていません．ただし，実験的には，よく似たことは1分子でも出てきています．今まで，進んだ半導体や固体物性のテクノロジー目指して研究を進めていたときには，分子がふらふらと揺らぐような現象をわれわれは無視してきました．でも最近こんなふうに異分野の方々と話していると，それが面白いんだよ，それが使えるんだよと頻繁に言われ始めてきたところです．今まで使えていなかった分子の物性を何かに利用できるかもしれないということに，私たちはすごくわくわくしています．いままで私たちが思っていた常識ではない分野からの知恵とか要請，そういうものがあったときに，分子の学問や研究実験が，全然違う方向に進むことを大変期待しています．

※9 あのような結果になる
研究当初からSWNT/POMの系が負性抵抗（NDR）を出すことがわかっていて，ランダムネットワークがノイズ発生デバイスになることは予想されていた．実際に実験を行うと，低電界下ではそのとおりだったが，予期せぬことに高電界下でニューロン様のパルス発生が確認された．加えて，ネットワークの非線形性を用いてリザーバー演算子として用いた際には，時系列メモリとして使えることまでわかってきた．

図　脳や神経のはたらきを科学の力で真似られたら夢みたい！

3 脳科学へ挑む

分子アーキテクトニクスの難しいところ，分子で脳がつくれるか

夛田　言ってみれば，いいかげんな化学と言いますか，曖昧な化学と言いますか，その曖昧さをどう処理していったらよいか．そういうものがなかなか難しいところなのだろうと思っています．

浅井先生も平瀬先生も，元はコンピュータの方から進みました．0，1のような，非常にきちっとした体系に比べると，この曖昧さはハンドリングが難しいような気がしたのですが，浅井先生いかがですか．

浅井　分子の曖昧さも，生物の曖昧さも，半導体のナノの曖昧さも，私はどれも同じだと思っています．むしろ単体の素子は曖昧なのかもしれませんが，もっと難しいのは，それを役に立つかたちに組み上げるのが一番難しいです．

この分子の世界に入ってびっくりしたのは，回路を自由につくれるものだと思ってプロジェクトに参加すると，「そんな回路はつくれませんよ」と叱られたことです．

その後は，なるべく回路の部品的なものを組み合わせて，古典的な回路を組む方法ではなくて，あらかじめ，ある構造ありきで，その構造を使って計算をするような方向で物事を考えていきました．すると，コンピュータ的なアーキテクチャではなく，脳みたいなアーキテクチャにせざるをえない．もともと雑音とか揺らぎを許容して動いているところに，情報処理のターゲットを求めないといけないことです．

夛田　そこを少しはっきりさせたいのですが，神経系も元はしっかりした構造なのに，振る舞いが曖昧なんですか？　それともネットワークもしっか

りと設計されているのに，出方と言いますか，曖昧さというものが脳の中，神経伝達系では重要になっているのですか？

平瀬 神経回路で曖昧さというものは，切っても切り離せないような特性です．というのは，神経細胞から別の神経細胞に信号を伝えるには，シナプスという化学的なインタラクションがあるのですが，このシナプスを伝達するのが，時に伝達したり，時によって入力信号は同じでも伝達しなかったり，本当に確率的なプロセスで動きます．

学習からすると，シナプス伝達の確率が1に近づいていくと，より確実なものになってきていることが学習なのですが，普通の状態では，曖昧なシナプスというものはかなり多くあって，曖昧であるから，人間の情報処理というのは決定的ではないのではないかと私は考えています．

矛田 そうですよね．分子をつくる側からすると，曖昧なものをつくることはできないんですよね．非常にしっかりとした建築物をつくっていながら，その最後の動作は曖昧にしろと言われるのが一番の難関でして．分子設計の立場からは，曖昧なもの，曖昧に動作するものをつくるのは難しいです．

寺尾 浅井先生が言われるとおり，早

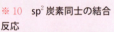

※10　sp^2炭素同士の結合反応

sp^2炭素をつなげるクロスカップリング反応を，R. Heck，鈴木章，根岸英一が発見（2010年，ノーベル化学賞）してから，sp^2炭素同士を結び付ける技術が急激に広がってきた．

く分子回路なんて簡単につくれる合成レベルまで持ってかないといけないなと思います．

天然物のように複雑な有機化合物を合成する技術は，もう50年くらい前にはほとんど完成していました．これまでの化合物合成の主流は，炭素の結合でいうと，不斉炭素中心を有するsp^3炭素同士の結合だったんですね．最近はどうかというと，遷移金属触媒反応の発展により，sp^2炭素を含む有機物合成が増えてきている．とくに，分子で電子回路をつくるうえでは，有機物に電子が流れる必要があり，sp^2炭素同士の結合反応[※10]がきわめて重要なのです．合成は手間暇がかかりますが，この結合技術を駆使すれば，電子が流れる分子素子を組み合わせることで，分子回路が自在につくれる時代にやっとなってきたのかなと思います．ただ，現状は1個1個の分子素子をつくってその伝導測定を行う研究止まりで，これらを集積化し回路を作製するには，もう少し時間がかかりそうです．

矛田 分子で分子回路ができて，それが曖昧な振る舞いをすれば脳ができる？

赤井 分子に学習もさせて回路をちゃんとつくって，曖昧さも実現させてと，両方を両立させて脳機能を目指すというのは，まだ少し高い領域だなと感じるんですね．脳は，平瀬先生がおっしゃったように，曖昧で時々反応したりするけれども，最終的にはちゃんと確実に学習していきます．でも分子はこちらで指示して学習させたり回路を設計しないと，勝手に賢くはならない．回路か，曖昧さか，片方だけならこれから分子を用いて色々なことが試せそうです．ひとつひとつ，脳に近づいて

Chap 1　フロントランナーに聞く

いくしかないですね．

平瀬　神経細胞やシナプスというのは，個々の素子は曖昧さが残るのですが，回路を組んでしまうと自己組織化みたいなものができまして，だんだん活動があるパターンに収束されていくような振る舞いを見せますので，そういうものが分子のネットワークでも実現できたら，非常に脳に近い振る舞いになるのではないかと思います．個々の曖昧さというものがあっていいと思いますが，ネットワークという集合的な動態で何かに収束するというのが，脳の情報表現には必要なことだとなっています．

4　目指すテクノロジー

分子アーキテクトニクス発展のため次に必要な技術

夛田　この分野が発展するとして，次に必要な技術は何かということを，それぞれご専門の立場からお願いします．

田中　いままで物理系で注目されてきたのは，無機の半導体に追随した電気伝導様式が主流でしたが，今後は先ほど赤井先生がおっしゃったように，捨ててきた，いままで注目をしていなかった挙動を示すようなものを組み合わせることによって，どのような新しい挙動を示していくかを調べることが重要です．

赤井　今，人工知能とか脳情報科学から，何か計算をした知能っぽいものが出ていますよね．そのエレメントとして，分子でも計算できるかもしれないという可能性があることに，私はすごく興奮します．

　実は「有機分子なんかSTMで見えっこない」と，学生のときの面接で言われました．でも今，分子の中の二重結合と一重結合までSTMを含む走査型プローブ顕微鏡でちゃんと見えるようになっています．ですから，いまは分子で計算することが夢物語に見えても，実現するのはそんなに遠くない時代かもしれないと思うのです．希望と夢は最大の必要事項ですね

浅井　半導体では，企業がかなり入ってきているので，高校生の夢をエンカレッジするというよりは，制約が多くなりますね．

　もともと脳の一部の機能を取り出してきて，それをたとえば電子回路で組んで，動きましたと言って喜んでいた世界に企業が入ってくると，「べつにそれでやらなくても，コンピュータでやればいいじゃん」と言われるわけです．CMOS[※6]とか半導体でできるようなものを分子で置き換えては駄目で．かといって，脳をつくろうと言っても，何をつくれば脳なのかということがわからないわけです．

　脳の中の一部は，実はそんなに難しいことはしていなくて，単に複雑なダイナミクスさえつくっていれば，あと

は周辺が学習をして必要な機能をつくり出していく．そういうところの部位が人間の一部に同定されてきているんです．

その構成要素というのは，先日田中先生たちが出された *Nature Communications* のリザーバーでは，まさに外側の学習機能を人工的に付けて，計算も含めて人間が制御しようと思ってやっているわけです．

たとえば脳をつくろうとしても，やはり人為的に制御して使わないといけないので，つくるのが難しい．脳の一部のリザーバー仮説が正しいとするならば，その部分を，もっと高密度の分子で，しかも脳の中に埋め込もうとすると，いまの半導体技術では，電力の観点からでも絶対に無理です．ただ，脳のリザーバーに相当する，たとえば大脳新皮質の二層，三層あたりに，うまく分枝糖の組織をつなげるようなインターフェースを付けて脳の中に埋め込み，かつ，もともとの脳の量よりも，はるかに複雑なネットワークとしてのアナログになるのだとすると，もともともっていたものよりも高い機能，たとえば，生き物の知能が上がるとかできるかもしれない．

赤井 脳の中に入れちゃうの？

浅井 あくまでも計算の主体は生き物ですよ．計算の主体は機械にもたせるのではなくて，あくまでも私たちが提供するのは，計算の主体である脳を助けるという方向です．コンピューティングのメインの部分は人間の脳に残しておきながら，われわれはそういう部品を提供し，サイボーグじゃないけれども，サイバネティック・ニューロモルフィック・コンピューティングと自分で勝手によんでいますが，これを実現したいのです．これは唯一，自分自身をエンカレッジするパワーだと思っています．仕事としての研究ではなくて，自分の提案，モチベーションで動けるような仕事になっていますかね．

赤井 お聞きすると，私はまったく反対で，部分部分を取り出して分子でつくって，それをどこかに使いたいんですよ．リザーバーは，たとえば小脳のモデルから出てきていますよね．ニューラルネットワークは，どちらかというと大脳の大きな構造でつくられたとしたら，そういうものを真似て，これを出してきて，できれば分子でつくって．いま考えると，まったく逆ですね．それはそれで面白いと思う．

田中 いまのお二人の話で重要だなと思ったのは，脳の一部の機能を取り出してきて，分子でつくって応用するという点です．その機能を高めて，さらにもう一回集めると脳にならないかなと思います．もちろん脳を再現することはできないと思いますが，ロボットの使うような脳っぽいものに使えないかなと考えます．

赤井 私は，部品としては，きっと可能性はあるのではないかなと思っています．

田中 最終的には，そういうものを組み合わせるわけでしょう．

多田 平瀬先生，ボトムアップで神経の動きみたいなものにアプローチするということの重要性について，コメントお願いします．

平瀬 実際，物理的なサイズとしては，人間の脳はすごく大きいですよね．分子で脳細胞をつくるという一つの実験は，最小のサイズでできることではないかなと思うのです．そこで発振する

ようなネットワークができたということも最近，学んだのですが，次に大切になってくるのは，いかに回路の機能を変えることができるような素子を開発することではないかなと思います．

そこは曖昧でもいいと思うのですが，任意に確率を変えることができる素子というものが将来できると，ネットワークの振る舞いを，外部の環境，あるいは内部の自己的な学習のようなプロセスによって変えることができます．

そういう物質を有機合成でつくるとか，あるいはいろいろな光とか磁場とか，そういうものを与えて物質そのものの特性を調節できるようにするとか，そういう試みを，ネットワークを任意に操ることを可能とすることが脳の機能に近づける分子ネットワークをつくるうえで重要だと思います．

夛田 そういう意味では，赤井先生の，ポリマーを電界によって伸びたり縮んだりさせている研究は，一つのチャレンジだと思います．ああいう系だと分子設計でももっていけそうです．常に分子でつくってみたいという気持ちがあります．

赤井 学習というのは，可塑性ですよね．シナプス可塑性を分子で再現する．ほんの小さなところで電流が流れたら勝手に道が太くなって．でも，反対方向に何かが流れたら勝手に道が細くなるというのを小さなもので実現できたら，勝手に学習する高密度ネットワークができると思います．

1個が可能で，かつ，外部刺激でそれが自由自在にできたとしても，高密度なネットワークをつくったときに何かの機能を意図して出すのはまだ難しそうです．脳では，回路が使われるにつれだんだん太くなって，一方使われずにだんだん衰退していくものもあって，自動的に回路が形成されていく．ニューラルネットワークのような人工知能でも同様な仕組みが利用されているわけですが，ニューラルネットワークはコンピュータの中の計算で発展した技術なので，実際には曖昧さとは正反対の精確さが求められてしまいます．

それがやっぱり一番，物質で脳をつくろうとしたときに難しいところです．ただ，それでもそれを真似してやってみたら，何かが出るのかもしれないとは思っています．勝手に反応で双方向に複雑なネットワーク内が変わっていってくれるようなしくみができると，まったく世界が変わる気がします．

寺尾 私は現在，分子スケールのギャップをもつ電極の両端から導電性の分子を逐次的に伸ばして，数十ナノメートルくらいの分子素子を作製しています．分子素子の中にはさまざまな機能をもたせることは可能で，たとえば光刺激で伝導度が変わるとか，何か標的物を捕捉すると伝導度が変わり，センサー能を示すとかです．いずれはこれを集積化し，分子回路，さらには脳の機能への展開を考えていますが，それを実現するのに必要な技術として

は，やはり生体という，かなり限られた環境下で動作させることが必要になってくると思います．たとえば，体温付近で進行する化学反応のみで，動作する分子回路を作製し，生態環境に近い条件で，その動作性能を測定する技術も必要です．

5 未来に向けて

次世代の研究を担う学生の方々に

夛田 分子からシナプスへ，あるいは分子からエレクトロニクスへというところに，今後はどういうふうにそれが発展していくかも含めて，コメントをいただければと思います．

寺尾 分子エレクトロニクスにどんな夢があるのか学生に聞くと，一つの分子で電子回路ができたり，脳の機能を発現したりすると，夢があり，実現すれば凄い，という返答が返ってきます．ただ，壮大なテーマなぶん，絵に描いた餅の状態が長く続き過ぎると，どんどんとモチベーションが下がってくるので，そこをわれわれがうまく結果を出して，やる気を持続させることが大きな課題です．

田中 いまの学問分野は，あまりにも昔につくった分野なので，社会的にマッチしていない部分があったりすることが大きな問題点です．つまり，電気屋さんが化学を，たとえば有機ディスプレーとか液晶ディスプレーとかを売っているように，化学中心の電気製品を売っていたり，車屋さんが電気自動車を売っていたりする時代なので，必ずしも学問で，私の専門はここですと言っても，横の分野のことを知っていないと何もできないのではないかなと思います．私自身もニューロモルフィックデバイス[※11]の仕事をしていて，当然，生命がどういうふうな情報処理をしているのかという生物学を勉強しないといけない．周辺の学問領域の知識を蓄えないといけないのではないかと感じます．

夛田 まさしく化学科に，電子工学を教える授業がちゃんとあったり，物理の方でニューラルネットワークを教える研究室があって，授業もちゃんと取れるとか，そういうものは今後，絶対に必要ですね．

田中 大学にそういう改革も必要だし，学生さんにもそういう挑戦というのか，意欲が必要であろうし，社会的にそういうふうに変わっていくのではないかなという感じがします．

浅井 それをずっと欧米は，とくに脳の分野ではやっているのですが，どうしてもうまくいきません．スイスだと，そういう専門の専攻までつくって．あのエーテーハー（ETH）[※12]なんかもそうですよね．そこでもうまくいかないですね．

たぶん若い学生だけエンカレッジするのではなくて，10年くらい先を見て，若手の研究者を次世代のリーダーとして，少し上の方々が育成していくようなプログラムをつくらないといけないと思います．そういう意味では，いまの国のプロジェクトは，5年では短過ぎる．やっぱり10年はかけないと次世代のリーダーは出てこないと思っています．そういうことを国でやらないといけないと思います．

※11 **ニューロモルフィックデバイス**
ニューロンの挙動を模倣したデバイス．人工ニューラルネットワークに用いるデバイス（たとえばメムリスター）も範疇に入る．

※12 **ETH**
ETH Zürich：スイス連邦工科大学チューリッヒ校．

多田 平瀬先生は，そのあたりはいかがでしょうか．いまちょうどコペンハーゲンにいらっしゃいますし，外国での状況，あるいはご自身の分野で，新しい学問領域と言いますか，そういうものを広げるにあたって，いまのご意見に対してどうでしょうか．

平瀬 外国ですと，いわゆる国からの科研費的なものに加えて，私設財団のグラントというものに非常に大きなものがいくつかあります．そういう意味では，研究資金は得られて，そういうお金を独立して結構大きいものを充てられる仕組みがうまくできているんですね．

日本ですと，あまり神経科学の分野では，それほど大きなお金が得られる機会がないので，そういう独立する機会をもう少し企業側がサポートしてくれるような仕組みがあれば，日本の若い研究者がもっと育つのではないかなと思います．

赤井 この数年，ニューラルネットワークをやり始めて，物質と組み合わせ始めると，うれしいことに，優秀な学生さんがたくさん来てくれるようになりました．授業の幅広い展開はやはり難しいのかもしれませんが，研究は自由で先進的に，やわらかく行きたいですね．

多田 本日は先生方お忙しいところ，また，平瀬先生にはコペンハーゲンからの遠隔参加にて，大変興味深い提言をいただき，大変ありがとうございました．

Chap 2
Special contribution

A SHORT REVIEW OF UNIMOLECULAR ELECTRONICS

Robert Melville Metzger
(University of Alabama)

抄訳：浅井 美博
(産業技術総合研究所)

　黎明期の第1期分子エレクトロニクス研究においては，電流を担う導体材料(チャネル材)である単一分子を電極に捉えるプロセス技術，その電気特性を正確に測る計測技術などの基礎実験技術や，その結果を解析・理解するための基礎理論が確立していないなかで，「エレクトロニクス」という応用がいきなり目指された．当時の研究には大きな危うさがつきまとっていたと言わざるをえない．この反省から，2000年前後以降の第2期分子エレクトロニクス研究においては，計測実験技術や基礎理論の確立といったサイエンス研究が強く志向され，単一分子をターゲットとした走査型トンネル顕微鏡(STM：scanning tunneling microscope)実験研究，ブレーク・ジャンクション実験法や分子スケールの電気伝導理論の開拓といった基礎学理研究が大きく進展した．本章では，黎明期の第1期分子エレクトロニクス研究から第2期分子エレクトロニクス研究の初期に至るまで，その研究の現場で最前線に立っていたRobert Melville Metzger教授により，その歴史の解説をお願いした．今なおほとばしる分子エレクトロニクスという新技術実現への情熱から，歴史の解説を超えて，その実現に向けての現時点での彼の見解も随所に述べられているが，それらを通じて当時の息吹を感じ取っていただきたい．

Abstract

Electronic devices at the single-molecule level (< 2 nm in all directions) may soon provide the smallest and thus fastest possible electronic components, whose excited states may decay by photons (not phonons), avoiding overheating the circuit.

1 Introduction

Molecules may be either passive or active electronic components either (i) singly, or (iii) in parallel as a one-molecule-thick monolayer array: this should lead to electronic devices with dimensions of 1 to 3 nm. "Unimolecular electronics" (UME) or "molecular electronics sensu stricto"[1], or "molecular-scale electronics"[2] has evolved from "molecular electronics sensu lato"[1] or "molecule-based electronics"[2], the studies of organic crystalline metals, superconductors and conducting polymers.

Since the 1970s many scientists have exploited[3] the influence on physical properties (conductivity, fluorescence, etc.) of electronic energy levels of a single molecule, and most importantly its HOMO (higher occupied molecular orbital) and/or LUMO (lowest unoccupied molecular orbital), which can be "tuned", or modified by incorporation of electron-donating functional groups (e.g. amino) or electron-accepting functional groups (e.g. cyano). The other, non-trivial challenge is how to interrogate electrically a single molecule; this could be done either by using either nanoscopically sharp inorganic metal electrodes in scanned probe techniques[4~6] or interconnects to other organic molecules or electrically (semi)conducting oligomers or polymers[7] or to graphene[8].

Beyond the mere scientific curiosity of probing the unknown, the practical rationale for UME can be summarized in five arguments[3]:

(A) The push to make ever smaller and denser arrays of electronic devices depends on technological feasibility, but is driven by the profit motive and by Moore's "first law", an empirical finding[9] that ever since the mid-1960s, the minimum distance, or design rule (DR) between components in integrated circuits (ICs) has halved every two years, and therefore the speed of the digital circuits could be doubled[9]. The more recently quoted "half-pitch" scale is one-half of DR. At present, the commercial minimum DR is 40 nm for 3 GHz computers, and the challenges of DR < 44 nm are under development[10]: over time, inorganic semiconductor electronics, based on field-effect transistors (FETs) may ultimately approach molecular sizes (2 nm), but face huge difficulties in dissipating heat from the circuits.

(B) Moore's "second law" suggests that, over time, the cost of higher integration increases exponentially. Going down to DR = 2 nm will be difficult and expensive[10]. This challenge has been accepted by the semiconductor industry (notably Intel Corp.), which is making a 3 G$ investment to achieve the next reduction in DR.

(C) Sizes of 2 to 3 nm are typical for molecules, but the "molecule | metal" interface must be well understood to achieve DR = 2 nm with unimolecular devices and metal electrodes.

(D) The excited states in Si-based electronics decay by phonons, and thus at DR = 2 nm a huge heat dissipation problem faces nanoscale inorganic electronics. In contrast, molecular devices can also decay from their excited state by **photon emission**[11]. If the photon decay mode becomes more effective over phonon decay (this is still unproven), then unimolecular devices will have a great advantage over inorganic ones, provided that the emitted photon escapes into the environment.

(E) Organic molecules decompose above about 150 °C, while inorganic systems or pure carbon nanotubes do well up to

Dr. Robert Melville Metzger has been a professor of Chemistry and Materials Science at the University of Alabama since 1986. He was born of Hungarian parents in Yokohama, Japan and educated in Merano, Italy. He received his B.S. in Chemistry from the University of California at Los Angeles in 1962 (where he worked with Willard F. Libby) and his Ph.D. in Chemistry from the California Institute of Technology in 1968 (advisor: Harden McConnell). He held a post-doctoral position at Stanford University and rose through the academic ranks in the Chemistry Department of the University of Mississippi (1971-1986), ending as Coulter Professor of Chemistry. His research interests encompass single-crystal X-ray crystallography, electron paramagnetic resonance, Madelung energies of organic metals, organic and cuprate superconductors, magnetic materials, Langmuir-Blodgett films and (for the last 20 years) unimolecular devices. He has published more than 218 articles, edited four books (one more in press), organized three international conferences, and has written a graduate-level textbook "The Physical Chemist's Toolbox" (in press). He directed the research of 14 Ph.D. students and one M.S. student. He has been a guest professor or researcher at the Universities of Heidelberg, Bordeaux, Copenhagen, Florence, Kyoto, Padua, Parma, Rennes, Vienna, Delft, and is now concurrently Mercator Professor of Chemistry at the Technical University of Dresden, Germany. He was the recipient of the 1998 Blackmon-Moody Faculty Award at the University of Alabama. He has presented lectures in 30 foreign countries, and also is very fluent in Hungarian, Italian, French and German.

maybe 600 °C.

If UME becomes practical before 2020, then ultra-fast molecular-scale computing may be reached: for that goal, we do have several unimolecular resistors and rectifiers, but do not yet have a unimolecular power amplifier.

UME devices are now tested with inorganic electrodes, that either (i) sandwich a monolayer of the UME molecules, or (ii) sample a single UME molecule strongly bonded to at least one atomically sharp tip or an oligoatomic tip. If enough reliable UME devices become available, then organic connections (conducting oligomers, single-walled carbon nanotubes or interfacing with 3-D metal-organic frameworks) can be prepared to accept these UME devices.

The present author has reviewed UME often[12~15]. Recently 3 massive reviews[15~17], and 2 shorter ones[18, 19] have covered UME in considerable detail. This review mentions only group leaders (co-workers: my apologies).

2　Rectifiers

UME was born with the 1973-1974 proposal by Ari Aviram and Mark Ratner (AR) of a molecular rectifier (**Fig. 1**)[20, 21].

Chap 2 A SHORT REVIEW OF UNIMOLECULAR ELECTRONICS

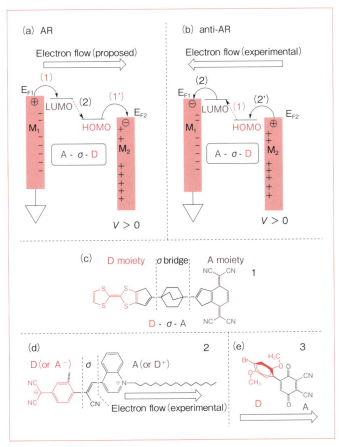

Fig. 1. (a) The AR proposal[20] for unimolecular rectification by single D-σ-A molecule, where D is a strong electron donor (easily oxidized), A is a strong electron acceptor (easily reduced), and σ is a covalent bridge. The first steps for D^0-σ-A^0 are (1) an electron moving from the left electrode M_1 to the molecular LUMO and (1') an electron moving from the molecular HOMO to the right electrode M_2; this is followed by (2) an internal relaxation of the resultant zwitterion D^+-σ-A^- to the ground state D^0-σ-A^0: the preferred electron flow would be from left to right ("AR" mechanism). (b) The opposite mechanism (1) starts with field-induced internal autoionization D^0-σ-A^0 to D^+-σ-A^-, followed by electron transfers (2) to M_1 and (2') to M_2: the preferred electron flow would be from right to left ("anti-AR" mechanism). (c) The molecule 1 proposed by AR[20]. (c) The first proven (zwitterionic) rectifier 2[22~25]. (d) In the **smallest rectifier** (3) a large dihedral angle separates the D and A regions, in lieu of a long σ bond[26].

The rectification ratio ($RR(V)$) is a figure of merit of a rectifier or diode, defined as ratio of the current I at a positive bias V divided by the negative of I at the corresponding negative bias $-V$: $RR(V) \equiv -I(V)/I(-V)$.

After much preliminary effort[27], the first organic unimolecular rectifier was measured by Ashwell and Sambles in 1990-1993[22, 23], and verified by Metzger in 1997-2001[24, 25]. As of mid-2015, 57 other unimolecular rectifiers followed[15], and the list is still growing. The anti-AR mechanism is followed. The RRs range from 2 to several hundred[15]. Alas, macroscopic **inorganic** pn junction rectifiers with their

$RR \approx 10^{5}$[15] are a tremendous competition and challenge.

3 Molecular wires

Using a "mechanically controllable break junction" (MCBJ)[28], in 1997 Mark Reed broke a thin notched Au wire on a flexible substrate reproducibly, by pushing on the Au by a piezoelectric piston, cracking the Au: this produced a nanogap between the Au shards, whose size could be controlled by the piston to $\pm$ 1 Å[29]. A single 1,4-benzenethiol molecule was chemically bonded to both shards, creating a one-molecule conductive path, and its resistance (plus Au electrodes) was measured to be 1 MΩ at 1 Volt[29]. This MCBJ has seen much use in measuring the conductance $G = I / V$ of single molecules covalently attached to one or two atomically sharp metal electrodes (typically Au). As of mid-2015, 31 molecules had been measured by MCBJ[15]. The measurement yields **not the intrinsic conductivity** of the single molecule; but rather the **2-probe conductance G** of "metal electrode + molecule + metal electrode"; this G is typically less than the Landauer-von Klitzing (limiting) quantum of conductance $G_0 = 2$ e^2 h^{-1} = 77,480.9 nanoSiemens = 1 / R_0 = 1 / 12.906493 kΩ. Typical molecules + electrodes have conductances of the order of 10^{-3} G_0[15]. Measuring the intrinsic conductivity of a molecule would require a 4-probe method: this is not yet feasible.

The MCBJ was followed in 2002 by an electromigrated break junction (EBJ) (fabricated at 4.2 K with 5% success rate)[30]: this very challenging technique has not become popular.

In 2003 Tao introduced the scanning break junction (SBJ) (**Fig. 2**)[31], where either (i) an atomically sharp Au tip in a scanning tunneling microscope (STM) or (ii) a less sharp Au-coated conducting-tip atomic force microscope (AFM) nanolever are used in a scanned probe method; the bottom electrode is an atomically flat Au surface; the molecules of interest are suspended in a drop of solvent "so the tip or nanolever can find them". Many repeated measurements provide good statistics and a meaningful histogram[31]. As of mid-2015, 139 molecules have been measured by SBJ[15].

4 Details

Central to electronics is the I–V measurement, i.e. the measurement of the electrical current I through a device, as a function of the electrical voltage V placed across it. Electrical devices can be (i) two-terminal devices (resistors, capacitors, inductors, rectifiers and diodes, NDR devices), (ii) three-terminal devices (triodes, bipolar junction transistors, or field-effect transistors (FETs)), or, more rarely, (iii) four or five-terminal devices (vacuum tetrodes, vacuum pentodes). Amplification is possible with two-terminal Esaki tunnel diodes ("diode logic"), but most commercial amplifying devices (FETs) use three terminals.

Most I–V measurements on molecules and monolayers have used a direct current (DC); frequency-dependent alternating current (AC) impedance measurements have rarely been done, even though a rich spectroscopy may appear if these measurements were made as a function of frequency ν.

We now discuss "metal | organic | metal" sandwiches, as macroscopic metal electrodes for studying organic monolayers,

Chap 2 A SHORT REVIEW OF UNIMOLECULAR ELECTRONICS

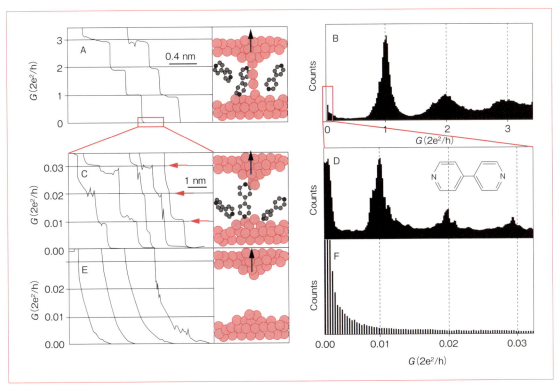

Fig. 2. (**A**) The conductance G of an **Au filament** formed between an Au STM tip and an Au substrate, given in units of $G_0 \equiv 2e^2/h = 7.75 \times 10^{-5}$ S, decreases in quantum steps near multiples of G_0, as the tip is pulled away from the substrate; (**B**) the conductance histogram for Au filaments, constructed from 1000 conductance curves similar to those in (**A**), shows **well-defined peaks** near 1 G_0, 2 G_0, and 3 G_0 due to conductance quantization. (**C**) When the contact shown in (**A**) is broken, corresponding to the collapse of the last quantum step, new conductance steps appear if molecules such as **4,4-bipyridine** in a 0.1 M NaClO$_4$ solution bridge the gap. (**D**) a G histogram, obtained from 1000 measurements as in (**C**), shows peaks near 1, 2, and 3 times 0.01 G_0: these are ascribed to 1, 2, and 3 4,4-bipyridine molecules, respectively. (**E**) and (**F**): With no molecules apresent, no steps or peaks are observed. All G's were measured at $V = 0.013$ Volts[31].

then as metal probes that can contact a single molecule. Organic monolayers in (A) are either (i) physisorbed Langmuir-Blodgett (LB) or Langmuir-Schafer (LS) monolayers, or (ii) chemisorbed "self-assembled" (SAM) monolayers, which have at one end a group that can form a durable chemical bond with a metal substrate. If the molecule is symmetric (i.e. no internal electronic asymmetry) then both ends can bear identical groups to bind to 2 metal electrodes.

For an organic monolayer, the "bottom" electrode must be as flat as possible, and the "top" electrode should not punch through the organic layer. Naturally flat conductors are graphite and MoS$_2$. By electropolishing, the Si wafer industry has achieved very flat semi-conducting Si surfaces: a root-mean-square (rms) roughness of 0.3 nm is customary. For a 100 nm Au layer deposited atop a 10 nm Ti adhesion layer atop an electropolished Si wafer, an r.m.s roughness of 0.4 nm was measured[25]. In a

19

"template-stripped" Au layer, about 50 nm of Au is vapor-deposited onto the very flat Si surface, then an organic polymer is deposited atop the Au and thermally hardened: finally the Au film bearing the polymer is stripped off: the Au side that had been closest to Si inherits itts flatness[32].

The second metal electrode can be a macroscopic pad (area A = 0.25 to 1 mm^2). Deposition from evaporated low-melting metals (Mg, Ca, Al, or Pb) is possible, especially if the sample holder is cryo-cooled to 77 K, Higher-melting metals, such as Au, are not cooled enough by the cryocooled sample holder. In the "cold-gold technique", a low pressure Ar gas is added: Ar-Au collisions cool the Au atoms, which arrive properly cooled at the cryocooled sample surface. The rms roughness of this cold-gold electrode was 1 nm[25].

Maria Anita Rampi used small Hg electrodes to measure self-assembled monolayers[33]. George Whitesides used a Ga-In eutectic liquid drop ("EGaIn") directly over the SAM[34, 35]. Both Hg and EGaIn grow a thin insulating oxide during the measurement. To determine the current density I/A, the oxide-free "metallic cross-section A" of such EGaIn drops can only be inferred[36]; measuring I-V repetitively[31] for enough EGaIn contacts to the SAM, generates a stastically valid histogram[36]. When a top Au pad of known cross-sectional area A is touched by an EGaIn drop, a metallic bond is formed as Ga forms a solid solution with Au: thus I/A can be measured directly[32].

The G of molecular wires by MCBJ and SBJ by Tao, van der Zant, Venkataraman, Wandlowski, and others, have found wide acceptance; the attachment geometry of the chemisorbed bond(s) to the metal electrode(s) must be inferred. For SBJ, a polar solvent for SBJ can produce large RRs because of solvent polarization of an unpromisingly "inert" molecular wire[37].

A proposed unimolecular power amplifier[38] has not yet received experimental verification.

A very recent and comprehensive review[39] reviews the field again, and mentions an impressively large rectification ratio reported by Christian Nijhuis and collaborators.

REFERENCES

[1] R. M. Metzger, "Lower–Dimensional Systems and Molecular Electronics(NATO ASI Series B: Phisics Volume 248)," ed. by R. M. Metzger, P. Day, G .C. Papavassiliou, Plenum Press(1990), p.659.
[2] J. M. Tour, W. A. Reinherth, L. Jones II, T. P. Burgin. C.-W.Zhou, C. J. Muller, M. R. Deshpande, M. A. Reed, *Ann. New York Acad. Sci.*, **852**, 197 (1998).
[3] R. M. Metzger, *J. Mater. Chem.*, **18**, 4364 (2008).
[4] G. Binnig, H. Rohrer, Ch. Gerber, E. Weibel, *Physica*, **B109-B110**, 2075 (1982).
[5] G. K. Binnig, C. F. Quate, Ch. Gerber, *Phys. Rev. Lett.*, **56**, 930 (1986).
[6] O. Gröning, O. M. Küttel, P. Gröning, L. Schlapbach, *Appl. Surf. Sci.*, **111**, 135 (1997).
[7] "Handbook of Conducting Polymers(Vol. I, II)," ed. by T. J. Skotheim, Marcel Dekker, (1986).
[8] N. Renaud, M. Hliwa, C. Joachim, *Top. Curr. Chem.*, **313**, 217 (2012).
[9] G. E. Moore, *Electronics*, **38**(8), 114 (1965).
[10] INTERNATIONAL TECHNOLOGY ROADMAP FOR SEMICONDUCTORS 2007 EDITION(https://www.semiconductors.org/wp-content/uploads/2018/08/2007ERM.pdf).
[11] G. Hoffmann, L. Libioulle, R. Berndt, *Phys. Rev.*, **B65**, 12107 (2002).
[12] R. M. Metzger, *J. Mater. Chem.*, **9**, 2027 (1999).

[13] R. M. Metzger, *Chem. Revs.*, **103**, 3803 (2003).
[14] R. M. Metzger, D. L. Mattern, *Top. Curr. Chem.*, **313**, 39 (2012).
[15] R. M. Metzger, *Chem. Rev.*, **115**, 5056 (2015).
[16] D. Xiang, X. Wang, C. Jia, T. Lee, X. Guo, *Chem. Rev.*, **116**, 4318 (2016).
[17] A. Vilan, D. Aswal, D. Cahen, *Chem. Rev.*, **117**, 4248 (2017).
[18] T. A. Su, M. Neupane, M. L. Steigerwald, L. Venkataraman, C. Nuckolls, *Nat. Rev. Mater.*, **1**, 16002 (2016).
[19] S. V. Aradhya, L. Venkataraman, *Nat. Nanotech.*, **8**, 399 (2013).
[20] A. Aviram, M. A. Ratner, *Chem. Phys. Lett.*, **29**, 277 (1974).
[21] A. Aviram, M. J. Freise, P. E. Seiden, W. R. Young, *U. S. Patent* **3**, **953**, **874** (1976).
[22] G. J. Ashwell, J. R. Sambles, A. S. Martin, W. G. Parker, M. Szablewski, *J. Chem. Soc. Chem. Commun.*, **1990**, 1374.
[23] A. S. Martin, J. R. Sambles, G. J. Ashwell, *Phys. Rev. Lett.*, **70**, 218 (1993).
[24] R. M. Metzger, B. Chen, U. Höpfner, M. V. Lakshmikantham, D. Vuillaume, T. Kawai, X. Wu, H. Tachibana, T. V. Hughes, H. Sakurai, J. W. Baldwin, C. Hosch, M. P. Cava, L. Brehmer, G. J. Ashwell, *J. Am. Chem. Soc.*, **119**, 10455 (1997).
[25] R. M. Metzger, T. Xu, I. R. Peterson, *J. Phys. Chem.*, **B105**, 7280 (2001).
[26] J. E. Meany, M. S. Johnson, S. A. Woski, R. M. Metzger, *ChemPlusChem.*, **81**, 1152 (2016).
[27] R. M. Metzger, C. A. Panetta, "Organic and Inorganic Low-Dimensional Crystalline Materials (NATO ASI Series B: Physics Volume 168)," ed by. P. Delhaes, M. Drillons, Plenum Press (1987), p.271.
[28] C. J. Muller, J. M. van Ruitenbeek, L. J. de Jongh, *Physica*, **C191**, 485 (1992).
[29] M. A. Reed, C. Zhou, C. J. Muller, T. P. Burgin, J. M. Tour, *Science*, **278**, 252 (1997).
[30] J. Park, A. N. Pasupathy, J. I. Goldsmith, C. Chang, Y. Yaish, J. R. Petta, M. Rinkoski, J. P. Sethna, H. D. Abruña, P. L. McEuen, D. C. Ralph, *Nature*, **417**, 722 (2002).
[31] B. Xu, N. J. Tao, *Science*, **301**, 1221 (2003).
[32] M. Hegner, P. Wagner, G. Semenza, *Surf. Sci.*, **291**, 39 (1993).
[33] M. L. Chabinyc, X. Chen, R. E. Holmlin, H. Jacobs, H. Skulason, C. D. Frisbie, V. Mujica, M. A. Ratner, M. A. Rampi, G. M. Whitesides, *J. Am. Chem. Soc.*, **124**, 11731 (2002).
[34] C. A. Nijhuis, W. F. Reus, G. M. Whitesides, *J. Am. Chem. Soc.*, **131**, 17814 (2009).
[35] C. A. Nijhuis, W. F. Reus, J. R. Barber, M. D. Dickey, G. M. Whitesides, *Nano Lett.*, **10**, 3611 (2010).
[36] C. A. Nijhuis, W. F. Reus, J. R. Barber, G. W. Whitesides, *J. Phys. Chem.*, **C116**, 14139 (2012).
[37] B. Capozzi, J. Xia, O. Adak, E. J. Dell, Z.-F. Liu, J. C. Taylor, J. B. Neaton, L. M. Campos, L. Venkataraman, *Nat. Nanotech.*, **10**, 522 (2015).
[38] C. Toher, D. Nozaki, G. Cuniberti, R. M. Metzger, *Nanoscale*, **5**, 6975 (2013).
[39] R. M. Metzger, "Quo Vadis Unimolecular Electronics?," *Nanoscale*, **10**, 10316 (2018).

Chap 3
Basic Concept-1
分子アーキテクトニクスの化学：電子部品と分子構造

山野井　慶徳　　西原　寛
(東京大学大学院理学系研究科)

1 はじめに

　本章では，分子アーキテクトニクスにおいて，電子部品(ワイヤ，スイッチ，メモリ，整流器など)として使用する分子構造について解説する．分子合成技術により正確に構造を制御した電子部品は，エネルギー状態や電子状態が同一であり，微細加工時に起こるバラツキがないという特徴をもつ．1974年にAviramとRatnerは，分子整流器となるTTF(テトラチアフルバレン，電子ドナー)–TCNQ(テトラシアノキノジメタン，電子アクセプター)をアルキル鎖で結合した分子が，整流作用をもつことを理論研究にて報告している[1]．それ以来，分子による電子回路の研究が検討され，整流器に限らずさまざまな電子部品の要素となる分子が設計・合成されてきた．それに伴い，走査型プローブ顕微鏡(SPM)などの単一分子の物性を直接計測する技術が急速に進歩し，合成分子の電子的性質が調べられてきた．分子物性については他の章に譲ることにして，本章では，どのような化学構造がどのような電子部品の役割を担うのかを中心に述べる．JoachimとAviramは，ワイヤ，スイッチ，整流器とそれ以外に電子部品を分類して解説しているが[2]，その分類を参照し，最近の成果も合わせて分子をとらえてみたい．

2 分子ワイヤ

　分子ワイヤは，導線(電線)として分子アーキテクトニクスを実現する最も基本的な電子部品であり，電子を二つの電極間にわたって伝える(図1)．分子ワイヤの最も一般的な形は，電子が非局在化した構造をもつπ電子共役分子である．これらは導電性高分子として，アセチレンやエチレンなどの非環状分子，およびベンゼンやピロール，チオフェンなどの芳香環分子，複素芳香環分子が直列した構造からなる．しかしながら，これらは分子鎖同士がπ-π相互作用でスタックしやすいため，1本の分子鎖の性質を調べたり，部品として取り扱うのが難しい．そこで，分子鎖の周りを立体的にかさ高くして，凝集を抑制した分子が合成されている．分子を電極にどのように接続するかも重要であり，さまざまな官能基を末端に導入した分子も考案されている．具体的には，電極表面へのアンカー部位による固定化(接続性)，分子への電子機能性の付与(導電性)，コンフォメーションの固定化(剛直性)，分子ユニット間の距離制御(孤立性)などが，分子ワイヤ設計の重要なポイントとなる．

　導電性の非常に高いπ電子共役系有機分子として，辻，中村らは，かさ高い芳香族置換基で架橋した，フェニレンビニレンを設計・合成した[図2(a)][3]．この分子の両末端に，電子受容体(フラーレン)と電子供与体(ポルフィリン)を連結し，光誘起電子移動が非架橋のフェニレンビニレンと比較したところ，840倍速くなることを報告している．

　Huらは，両末端を金電極への接続性の高いチオアセチル基で修飾した，ポリ(p-フェニレンエチニレン)(PPE)を開発した[図2(b)][4]．この27量体を，ワイヤ長(18 nm)と同じ間隔で開いた金電極(ギャップ電極)に，金－硫黄結合を介して固定化した．固定化の確認は，電流量の経時変化により行った．リアルタイムで電極間に流れる電流量を測定することにより，何分子がギャップ間に固定化されているかがわかる．

　レドックス分子ユニットをπ共役分子で結合した，

Chap 3 分子アーキテクトニクスの化学:電子部品と分子構造

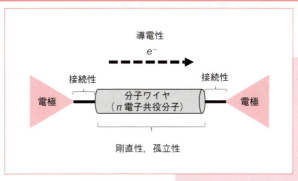

図1 分子ワイヤの概念図

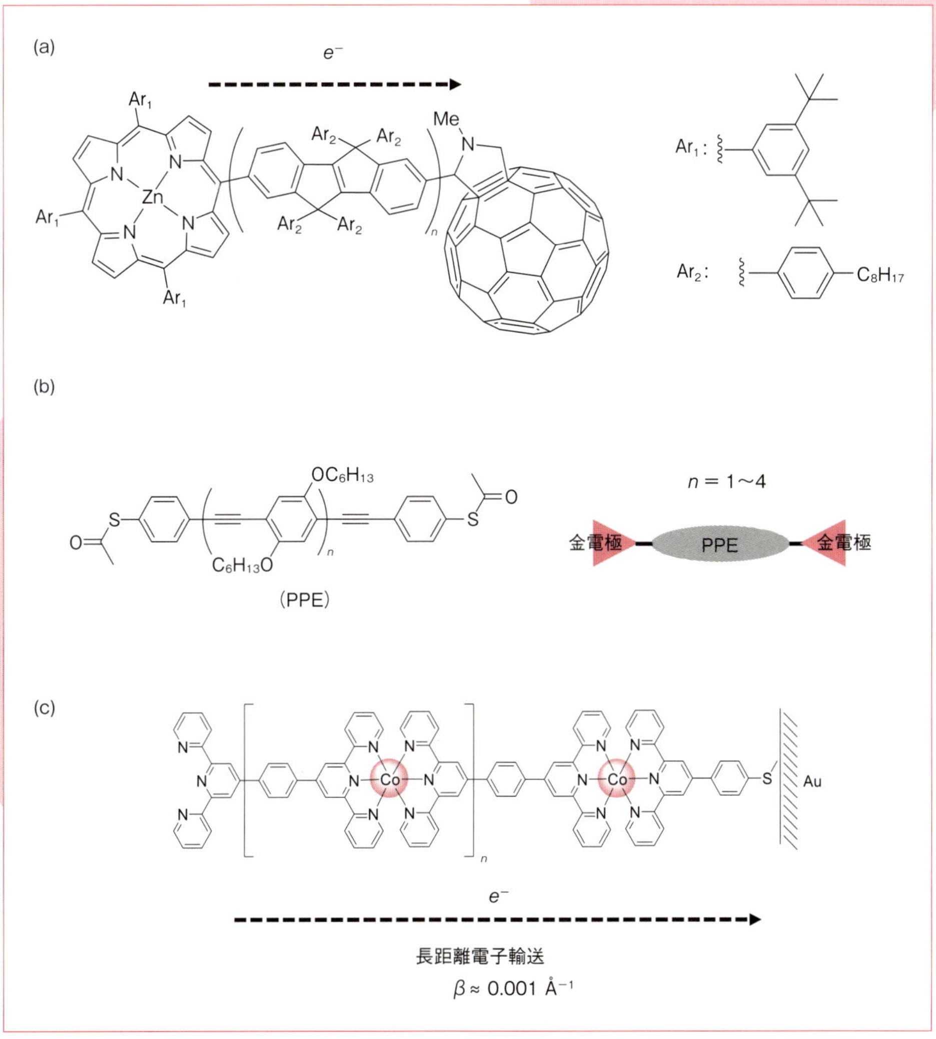

図2 分子ワイヤの例
(a)高速電子移動を示すπ共役有機分子ワイヤ,(b)ナノギャップ金電極上に固定化するπ共役有機分子ワイヤ(PPE),(c)長距離電子輸送を実現するπ共役金属錯体分子ワイヤ.

剛直性をもつπ共役金属錯体も優れた分子ワイヤとして検討されている〔図2(c)〕．これらの分子ワイヤの電子を輸送する能力は，減衰係数βで評価されている．測定によって観測される電子移動速度定数 k と電極からレドックス種までの距離 d（分子ワイヤに沿った長さ）には次式の関係が成り立つ．

$$k = k_0 \exp(-\beta d); k_0: d = 0 \text{ の時の速度定数}$$

したがって，βの値が小さいほど，電極とレドックス種の距離が遠くなっても電子移動速度定数が減衰せず，高い長距離電子輸送能を有していることとなる．一般的な傾向として，ポリエチレンに代表されるアルカン骨格の非π共役高分子よりも（1.0 Å^{-1} 程度），ポリアセチレンやポリフェニレンなどのπ共役高分子（0.1 Å^{-1} 程度），さらにπ共役レドックスオリゴマー（最小で 0.001 Å^{-1} 程度）はβ値が小さく，優れた電子輸送能を有している[5]．π共役レドックスオリゴマーの電子輸送能は，錯体の中心金属や架橋部位の分子構造によっても大きく左右される．構成要素によって電子輸送能がチューニングできるため，分子ワイヤとして使用しやすい．

有機単分子に分子ワイヤを接続する手法として，走査型トンネル顕微鏡（STM）の探針による，連鎖重合法が報告されている（図3）．STMの探針をジアセチレン分子膜上に配置し，電圧パルスを加えると連鎖重合が始まり，導電性ワイヤであるポリジアセチレンが自発的に成長する．連鎖反応の末端は活性化学種であるため，有機分子（図3の場合はフタロシアニン）を配置すると，末端部位が導電性ワイヤと結合する（化学的はんだ付け）[6]．この単分子化学結合法を用いれば，1分子による配線を形成することができ，単分子デバイス回路の実現に大きな影響を与える．

分子スイッチ・分子メモリ

分子スイッチとしては，①二つの安定な状態（双安定性）を有しており，②外部信号を入力することによって分子の電気伝導性をオン・オフできる分子構造が必要である（図4）．外部信号としては，電子，光，磁場，温度，圧力などが挙げられるが，最も扱いやすく，研究例が多いのは，光によるスイッチングである．これらはフォトクロミック分子とよばれ，異なる波長の光で正方向と逆方向の分子構造変換をする場合と，光と熱で分子構造変換をする場合がある．さまざまなフォトクロミック分子の研究が行われているが，電気伝導性のスイッチとして良く用いられている分子として，ジアリールエテン類が挙げられる[7]．これらは繰り返し耐久性が高く，熱戻りしないという特徴があり，分子スイッチの有力候補として研究が進んでいる．

入江らは，ジアリールエテンの分子末端にチオール基を有する分子を合成し，光スイッチング分子と金ナノ粒子からなるワイヤを金ギャップ電極上に固定化した〔図5(a)〕[8]．光照射に伴う異性化反応から，π共役が分子両末端で連結される閉環構造で導電性が向上する．観測される導電性変化は可逆的であり，1分子の構造変化を材料として機能させる有用な研究成果である．

ジアリールエテンをデバイスにおける高機能スイッチとして使用する場合，微細加工に適したシリコン基板がより望ましい．筆者らは，水素終端化シリコン基板を用いて，ジアリールエテンの単分子薄膜を作製した[9]．ケイ素—炭素結合を介して，ジアリールエテンを直接シリコン電極に固定化しているので，シリコン—ジアリールエテン間の電子相互作用が増大する．したがって，ジアリールエテンの構造変化を，シリコン基板上に伝達しやすくなる．導電性AFM（原子間力顕微鏡）の探針を用いることで，光照射による開環・閉環を利用したエチニルジアリールエテン修飾シリコン基板の電気特性の変化を観測し，何度も繰り返し使用できるスイッチング機能を確認した．

これらのスイッチ特性をもつ分子は，メモリ（記録材料）としても利用できる．メモリとして求められる条件は，①熱戻りによる不安定さがないこと，②異性体が，暗所に置く限り変化しないこと，③繰り返し耐久性が高いこと，が挙げられる．分子レベルにおいて，異なる二つの安定な状態を交互に変換し，その状態の違いを検出できればメモリとして活用できる．たとえば二つの安定な状態を「0」と「1」に対応させれば，1ビットの記憶素子として利用できる．

Chap 3 分子アーキテクトニクスの化学：電子部品と分子構造

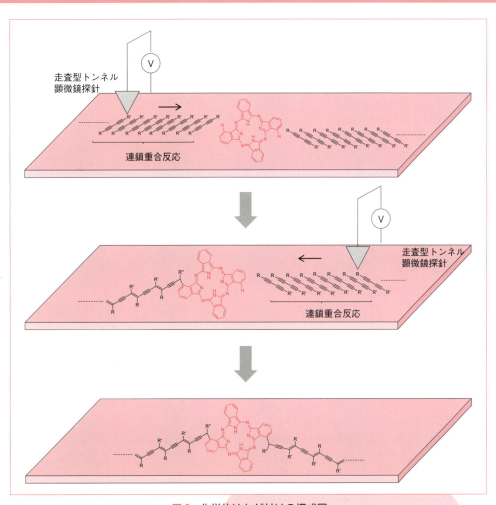

図3 化学的はんだ付けの模式図

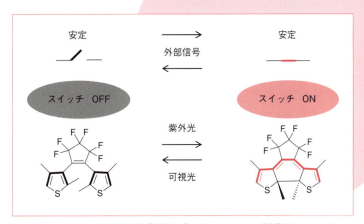

図4 分子スイッチの概念図とジアリールエテン型分子スイッチ

入江らは光メモリ分子として，ジアリールエテンとフェニルエチニルアントラセン（蛍光分子）とを，アダマンチル基で架橋した分子を開発した〔図5(c)〕[10]．この分子は開環状態では強い蛍光を示すが，紫外線照射により閉環体へ異性化すると蛍光を示さなくなる．この分子を高分子フィルム上に疎に分散させ，異性化反応による単一分子の蛍光・消光反応を確認した．これは，分子一つに光情報を蓄え，蛍光として読み出せる機能を意味している．ジアリールエテンの異性化は，長寿命で繰り返し耐性にも優れているので，単一分子メモリとしてのさらなる応用が期待できる．

4 分子整流器

Aviramらは1974年に図6(a)のように，ドナー基（テトラチアフルバレン，TTF）とアクセプター基（テトラシアノキノジメタン，TCNQ）を電子的に不活性なアルキル基で連結した分子に電圧をかけると，ドナー基がp型半導体，アクセプター基がn型半導体となるpn接合型の整流素子として働くことを予測していた．TTFとTCNQの架橋部位は三重のσ結合となっているが，絶縁性の他に分子の剛直性を向上させる効果がある．このモデルでは，分子配向と電場の方向性が整流性の発現に重要であり，配向がランダムであれば整流性が打ち消されてしまうので，分子の配向を揃えた薄膜形成が必要である．TTF-TCNQに限らず，ドナー(D)-アクセプター(A)系の整流機能は広く研究されており，Metzgerらは，図6(b)のような双性イオン型D-A分子をLangmuir-Blodgett(LB)膜として，配向を揃えた形でアルミ電極で挟み込むことにより，整流作用が生じることを報告している[11]．本システムでは，同種の負極・正極を用いているので，整流性は分子に起因する．

バイアス電圧を高くすると電極間に流れる電流が減少することがある．これを負性微分抵抗（NDR）とよび，分子系ではReedとTourらが，ニトロアニリンを含んだ分子を金電極間に挟み込んだ素子で，強いNDRが生じることを報告している〔図6(c)〕[12]．NDRの発現は，強い電場の中でニトロアニリン部位がねじれることで，π電子共役系が分断されるためと考えられる．この現象は金電極からの金原子または金イオンの移動（エレクトロマイグレーション）による説明もなされており，現在でも解釈については検討されている．この素子は，一方は金－硫黄間の化学結合，他方は物理的接触で電極/分子間の接触の問題はあるが，置換基導入によりさまざまな特性を見いだせることを実験的に示している．

5 その他のインテリジェント分子系

インテリジェント分子の定義はさまざまあるが，一般的には外部刺激を自ら感じ，それを判断して変形する賢い性質をもつ分子を指す．ここでは一例として，外部刺激で膨潤，収縮，屈曲などの変形を起こす，アクチュエーター高分子（人工筋肉）を挙げる．外部刺激の中でも電場は制御性に優れており，さまざまなアクチュエーター分子が開発されている．なかでも，導電性高分子は，電気化学的酸化還元反応に基づくドープ，脱ドープにより，可逆な体積変化を示すので，アクチュエーターとして注目されている．体積変化は，電気化学的酸化反応によりドープした場合，溶媒和した対アニオンが，高分子マトリックスに取り込まれるので体積が膨張し，還元時に脱ドープによりカウンターアニオンが抜け，元に戻ることによる．

Oteroは，ポリピロール膜－絶縁膜－ポリピロール膜の三層構造からなるアクチュエーター材料を作製し，ポリピロールの電気化学的な酸化（ドープ），還元（脱ドープ）により屈曲する現象を報告している（図7）[13]．また定電流下においてこの材料が荷重に触れると，電圧が上昇する．電圧増加が荷重に比例するので，伸縮機能と触覚センサー機能を同時に発現できる．配線で制御できることから，素子の集積化によるインテリジェントシステムへ応用できる．

6 まとめ

化学合成により，分子の構造並びに電気化学的性質を調整することが容易である．そして，さまざまな電子部品を組み合わせた電子回路を自由に設計できるように，各分子ユニットを組み合わせて分子回路を設計できる段階まで来ている．今後，取捨選択されていくだろうが，種類の多様さが分子素子の特

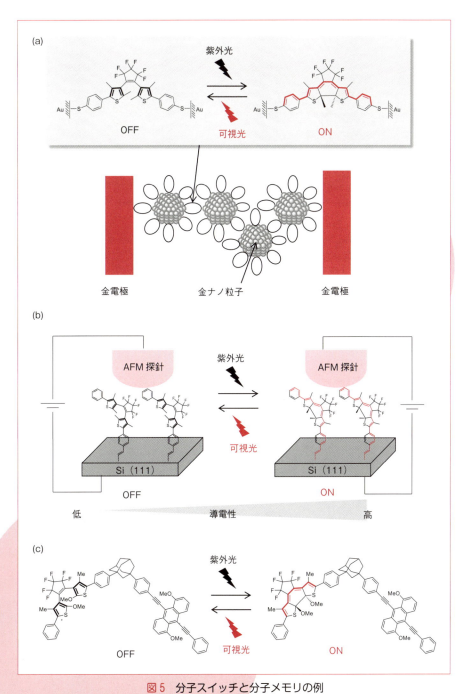

図5 分子スイッチと分子メモリの例
(a)光スイッチング金電極, (b)光スイッチングシリコン電極, (c)ジアリールエテンと蛍光分子を組み合わせた分子メモリ.

徴である．これらの結果は，分子アーキテクトニクスの発展に寄与する有用な知見となる．

◆ 文　献 ◆

[1] A. Aviram, M. A. Ratner, *Chem. Phys. Lett.*, **29**, 277 (1974).
[2] C. Joachim, J. K. Gimzewski, A. Aviram, *Nature*, **408**, 541 (2000).
[3] J. Sukegawa, C. Schubert, X. Zhu, H. Tsuji, D. M. Guldi, E. Nakamura, *Nat. Chem.*, **6**, 899 (2014).
[4] W. Hu, J. Jiang, H. Nakashima, Y. Luo, Y. Kashimura, K.-Q. Chen, Z. Shuai, K. Furukawa, W. Lu, Y. Liu, D. Zhu, K. Torimitsu, *Phys. Rev. Lett.*, **96**, 027801 (2006).
[5] H. Nishihara, K. Kanaizuka, Y. Nishimori, Y. Yamanoi, *Coord. Chem. Rev.*, **251** 2674 (2007).
[6] Y. Okawa, S. K. Mandal, C. Hu, Y. Tateyama, S. Goedecker, S. Tsukamoto, T. Hasegawa, J. K. Gimzewski, M. Aono, *J. Am. Chem. Soc.*, **133**, 8227 (2011).
[7] K. Matsuda, M. Irie, *Chem. Lett.*, **35**, 1204 (2000).
[8] K. Matsuda, H. Yamaguchi, T. Sakano, M. Ikeda, N. Tanifuji, M. Irie, *J. Phys. Chem. C*, **112**, 17005 (2008).
[9] K. Uchida, Y. Yamanoi, T. Yonezawa, H. Nishihara, *J. Am. Chem. Soc.*, **133**, 9239 (2011).
[10] M. Irie, T. Fukaminato, T. Sasaki, N. Tamai, T. Kawai, *Nature*, **420**, 759 (2002).
[11] R. M. Metzger, B. Chen, U. Höpfner, M. V. Lakshmikantham, D. Vuillaume, T. Kawai, X. Wu, H. Tachibana, T. V. Hughes, H. Sakurai, J. W. Baldwin, C. Hosch, M. P. Cava, L. Brehmer, G. J. Ashwell, *J. Am. Chem. Soc.*, **119**, 10455 (1997).
[12] J. Chen, M. A. Reed, A. M. Rawlett, J. M. Tour, *Science*, **286**, 1550 (1999).
[13] T. F. Otero, M. T. Cortés, *Adv. Mater.*, **15**, 279 (2003).

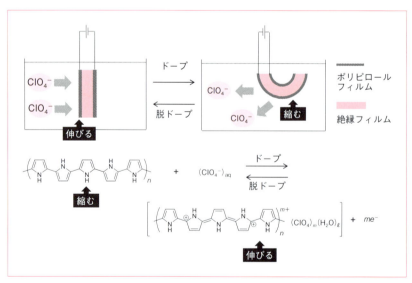

図7　ドープ・脱ドープ由来の体積変化によるポリピロールフィルムアクチュエーター

Chap 3 分子アーキテクトニクスの化学：電子部品と分子構造

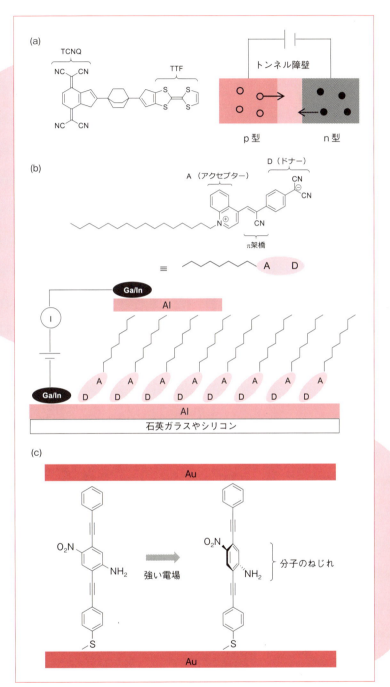

図6 分子整流器の例
(a) Aviram らが提案した TTF-TCNQ からなる分子整流素子．(b) LB 法により配向を揃えた D-A 分子による整流性の発現．(c) NDR を示す素子．

Chap 3
Basic Concept-2
分子アーキテクトニクス計測実験の基礎：
分子1個の電気抵抗測定

夛田 博一
（大阪大学大学院基礎工学研究科）

1 分子1個の電気抵抗測定

分子1個の電気抵抗ってどれくらい？　そもそも，どうやったら計れるの？

1980年代後半から，ナノテクノロジーの進展とともに，こうした疑問を解決しようとする試みが活発化した．走査型トンネル顕微鏡（STM）により，個々の分子の姿が捉えられるようになり，分子の電気的な特性も調べ，さらには分子設計により制御を試みたいという知的好奇心に基づく欲求であった．微細加工の技術的な限界よりも，分子のサイズがさらに小さいため，いかに小さな分子に電極を二つ接触させるか？という計測側からの工夫と，すこしでも電極に接続しやすい分子をどのように合成するかという有機合成からの工夫を加えて，単一分子あるいは単分子自己組織化膜の電気的特性を計測する試みがとられていた[1]．なんとかして分子の電気抵抗を知りたいという挑戦の歴史でもあり，今では，電気特性計測に直接的に使用されることは少ないが，その工夫の過程は参考になることも多い．

2 ブレーク・ジャンクション法

2000年代に入り，Reedら[2]およびTaoら[3]によって提案されたブレーク・ジャンクション（BJ）法の発展により，単一分子の電気伝導度の定量的な計測が活発に行われるようになった．BJ法には，図1(a)に示すSTMを用いたSTM-BJ法と，図1(b)に示すリン青銅などの板バネ状の材料を基板上に電極を作製したMechanically Controllable-BJ（MCBJ）法がある．

STM-BJ法を例に，図1(c)に電気伝導度の変化を示す．金属電極が十分に離れているとき，電極間に電流は流れない（①）．電極を近づけて接触させると電流は急激に上昇する（②）．その後，電極対を引き離すと，金属原子数個からなる接点（ポイントコンタクト）が形成される．この時の電気伝導度は，量子化コンダクタンス $G_0 = 2e^2/h$（eは電気素量，hはプランク定数）となる（③）．さらに電極間隔を広げると，ポイントコンタクトが破断される．このとき，運良く分子が架橋されると，電流値が一定の値となる（④）．このようにして得られた電流変化を，ストレッチング曲線とよぶ．この一連の作業を数百回から数千回の計測を繰り返し行い，電気伝導度のヒストグラムを作成することにより，信頼性および再現性のある測定値を導出する．2000年までの，電極間になんとか分子を挟み込もうとする工夫に比べ，電極間に分子が偶然入り込むことを利用している点が大きな特徴である．

MCBJ法では，プッシング・ロッドを制御よく上下させることにより，電極間距離を精密に変化させる．安定な架橋構造を数分から数時間保持することができ，その時間内に，たとえば光や磁場に対する応答を調べることも可能となる．

日本の分子設計・合成技術の高さは世界に誇れ，本書でもいくつか紹介されているが，分子ワイヤやダイオードなどの機能を有する多彩な分子が設計・合成されている．一例として，図2に，分子ワイヤとしての利用を意図して設計・合成されたオリゴチオフェン分子を示す．五員環74個，分子鎖長166

Chap 3 分子アーキテクトニクス計測実験の基礎：分子1個の電気抵抗測定

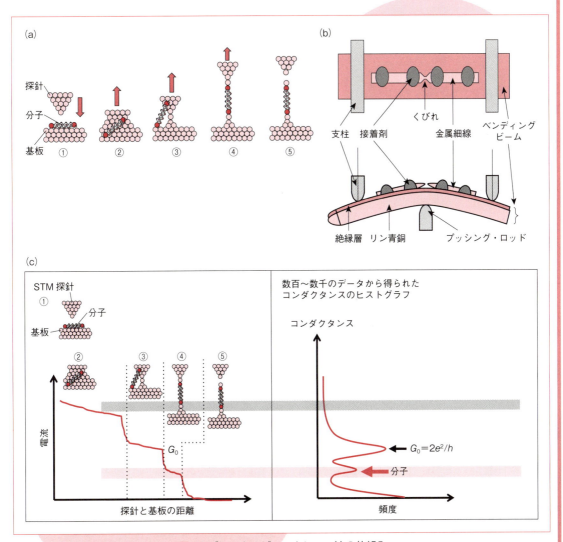

図1　ブレーク・ジャンクション法の仕組み

(a) STM-BJ法，(b) MC-BJ法の概略．(c) STM-BJでの計測の例．STM針探を上下させ，基板と衝突させたり離したりする作業を繰り返す．運が良ければ，金属原子鎖が形成されたり(③)，電極－分子－電極接合が形成される(④)．測定を何度も繰り返すと，③や④の頻度が相対的に多くなり，右図のようにヒストグラムにピークとして認識できるようになる．この値から，電気伝伝導度を考察する．

nmにも達する分子ワイヤが合成・単離されている．合成を進めるためには，各ステップで，試料が溶媒に溶けるということが必要であるが，分子量の増加とともに溶解度は急激に減少する．そのことを考えると，100 nmを超える分子の精密合成がいかに大変であるかがわかる．ワイヤ末端は，金表面との接続を考え，−SCN基で終端されている．電気伝導を担うチオフェンワイヤ部に対し，その外側をあたかもビニルで被覆された導線のように，シリコン骨格で覆う構造をとり，酸素や水分子の吸着を防ぐ工夫がされている．実際，この分子の電気伝導度は，大気中でも1週間以上安定である．

図3に，3種類の分子ワイヤの電気伝導度の温度依存性を示す[4]．STM-BJ法を用いて，温度を変化させながら，上記の方法で電気伝導度を測定した．長さの短い分子（五員環数＝5）では，温度依存性がほとんどなく，トンネル伝導が支配的であるのに対し，長い分子（五員環数＝17）では，熱活性化型の伝導を示していることがわかる．五員環数14個の分子では，低温領域ではトンネル伝導を，高温領域では熱活性化型の伝導を示しており，両伝導型が重なっている様子が確認される．

電極材料としては，金を用いることが一般的であるが，単分子の磁気抵抗効果の測定を目的として，Niを電極として用いた例を紹介する[5]．MCBJ法では，架橋構造を数分以上保持できるため，超伝導磁石内にMCBJ装置を組み込み，外部から磁場を印加して，磁場中で，二つの電極の磁化の向きが並行の時と反並行の時の電気伝導度の違いを計測する．電極全体をNiでつくってしまってもよさそうだが，磁場を印加すると，Ni原子間の距離や配置が変化する磁歪とよばれる現象により，それだけで電気伝導度変化をもたらす．その影響を避けるため，できるかぎり薄いNiを作製する必要がある．筆者らは，その作製方法として，電気めっきを採用した．図4にその方法の概要を示す．まず，リン青銅を基板とし，その上に絶縁層層となるポリイミド膜を作製する．フォトリソグラフィーと金属蒸着法を用いて，電極間隔が2 µmの金電極を作製する．電極をまず金のめっき液に浸し，電極間の電流をモニターしながら，両方の電極に少しずつ金をめっきして電極間隔を数十から数百nm程度まで近づける．最後にNiのめっき液に浸してNi膜をめっきする．この方法の特長は，二つの電極に同種あるいは異種の金属をめっきで利用できる点である．

あらためて固定電極へ

ブレーク・ジャンクション法による単一分子の電気特性の計測に関する研究は，個々の分子の特性および電極と分子の接合界面の特性についての理解を深めることに大きく貢献した．しかしながら，いわゆる分子接合の「素子」としての活用を考えた際，他の構造を用いる必要がある．いくつか有用な方向性を紹介する．

1-1 金属ナノ粒子を用いる方法

金ナノ粒子をチオール基を有する分子で被覆する方法は，ナノ粒子の凝集を防いで安定に保存する方法として用いられてきた．両末端にチオール基を有する分子を用いることで，ナノ粒子と分子のネットワークが構築される．ネットワーク全体を外部電極に接続することで，本書Part II「13章　単分子トランジスタ」や「17章　分子エレクトロニクスの新展開：分子ネットワークによる非ノイマン型情報処理へ向けて」でも紹介されているように，分子のトランジスタ特性を引き出したり，擬似的な神経回路網の構築につながる研究が展開されている．

1-2 自己組織化膜を用いる方法

本書2章（Part I）「A SHORT REVIEW OF UNIMOLECULAR ELECTRONICS」でMetzger氏が触れているように，金表面上に自己組織膜を作製し，その上から電極をとりつけて電気伝導度を計測する方法は古くから報告されている．当時は，比較的大面積に作製した自己組織化膜に，上部電極として金属を蒸着する方法がとられていたため，上下の電極が短絡してしまうことが多く，測定を難しくしていた．2006年にグローニンゲン大学のAkkermanらは，直径数十から数百nmの微細孔中に自己組織化膜を作製し，上部電極として導電性高分子のPEDOT：PSS〔poly（3,4-ethylenedioxythiophene）polystyrene sulfonate〕を用いることで，短絡の確率が大幅に低減されることを示した[6]．その概要を図5に示す．

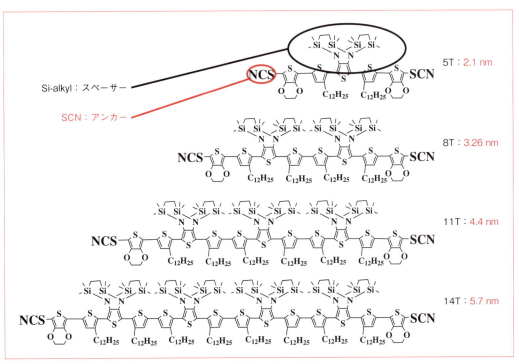

図2 分子ワイヤの構造
五員環の数と分子鎖長は,上から順に,5個(2.1 nm),8個(3.3 nm),11個(4.4 nm),14個(5.7 nm).

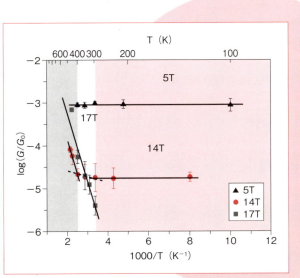

図3 オリゴチオフェン分子ワイヤの電気伝導度の温度依存性
五員環数5,14,および17.

この方法は，比較的簡単に自己組織化膜の電気特性が計測できることから，さまざまな分子膜に適用され始めている．

1-3　グラフェンを電極として用いる方法

デルフト工科大学の Zent のグループ[7]，およびフリードリヒ・アレクサンダー大学の Weber らのグループ[8]は，グラフェンを微細加工して，分子を架橋してその電気特性を計測している．グラフェン表面には，ベンゼン環をはじめとする芳香族分子が吸着しやすいことが知られている．グラフェンは電子線描画にも比較的強いことから，所望の形状に加工し，その上に分子を架橋することで，電極-分子-電極のネットワーク構造を構築することが可能となる．

まとめにかえて

図3の結果にしても，図にしてしまうと1枚でまとまってしまうが，この測定にはおよそ1年半の月日を要している．各分子の電気伝導度を，上記の方法で，温度を変化させながら測定する．とくに長い分子は架橋される確率も低く，測定に根気を要する．

2000年頃，デルフト工科大学を訪問し，そこの学生さんと話したことで印象に残ることがある．彼らは，単分子層膜の電界効果を確認するため微細加工技術を駆使していたが，成功する確率は数百個から数千個に1個程度とのこと．どうしてそんなに頑張れるのか？との問いかけに，「ここの施設でできなければ世界中のどこでもできない．得られた成果は，この分野で重要な役割を果たすので，どうしても成功させたい」と．

どの分野でもそうではあるが，既存の方法では難しいであろう実験には，さまざま工夫を要し，そこには絶え間ない努力が隠れている．単分子の電気伝導測定がうまくいくようになると，今度はそこに含まれるノイズが気になり，それを解析し，利用する試みが生まれてきた．その進展には，日本が昔から得意としてきたモノづくりへのこだわりと，それを異分野に取り込む知恵が重要である．

◆　文　献　◆

[1] (a) R. M. Metzger, "A SHORT REVIEW OF UNIMOLECULAR ELECTRONICS," in CSJ Current Review 31 Molecular Architectonics, ed. by The Chemical Society of Japan, KAGAKU-DOJIN, 2018, partⅠchapter2; (b) 夛田 博一, 田中 彰治, 「6章 分子スケールにおける電気特性計測技術の確立」, 『化学フロンティア 分子ナノテクノロジー』, 松重和美, 田中一義 編, 化学同人, 2002年; (c) D. Xiang, X. Wang, C. Jia, T. Lee, X. Guo, *Chem. Rev.*, **116**, 4318 (2016).

[2] M. A. Reed, C. Zhou, C. J. Muller, T. P. Burgin, J. M. Tour, *Science*, **278**, 252 (1997).

[3] B. Xu, N. J. Tao, *Science*, **301**, 1221 (2003).

[4] S. K. Lee, R. Yamada, S. Tanaka, G. S. Chang, Y. Asai, H. Tada, *ACS Nano*, **6**, 5078 (2012).

[5] R. Yamada, M. Noguchi, H. Tada, *Appl. Phys. Lett.*, **98**, 053110 (2011).

[6] H. B. Akkerman, P. W. M. Blom, D. M. De Leeuw, B. De Boer, *Nature*, **441**, 69 (2006).

[7] F. Prins, A. Barreiro, J. W. Ruitenberg, J. S. Seldenthuis, N. A. Alcalde, L. M. K. Vandersypen, H. S. J. van der Zant, *Nano Lett.*, **11**, 4607 (2011).

[8] K. Ulmann, P. B. Coto, S. Leitherer, A. M. Ontoria, N. Martín, M. Thos, H. B. Weber, *Nano Lett.*, **15**, 3512 (2015).

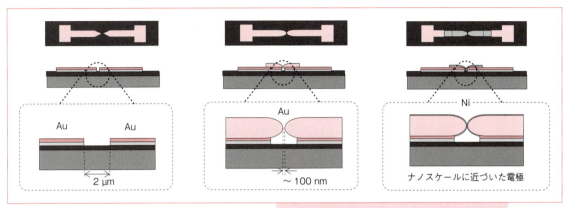

図4　電気めっきによるNi電極の作製

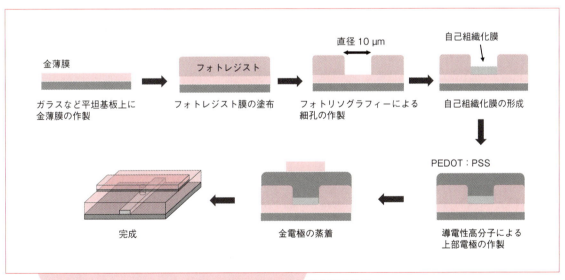

図5　細孔中への自己組織化膜の作製

Chap 3
Basic Concept-3
分子アーキテクトニクスの基礎理論

浅井 美博
(産業技術総合研究所)

1 はじめに

この章では，電極と接合した単一分子が示す電気伝導度などの輸送物性を計算するために必要な基礎理論とその応用例を解説し，単一分子の理論をベースとした分子アーキテクトニクスへの展開に向けた取り組みについて，その一例を紹介する．

2 非平衡電圧下の電気伝導の理論とその単一分子への応用

半導体リソグラフィー技術を用いて作製するμm³程度の大きさの導体をメゾスコピック系とよぶが(図1)，その電気特性を理解するためのLandauer仮説に基づく弾道伝導理論が広く受け入れられており，本節で紹介する非平衡電圧下の電気伝導の理論の出発点となる[1,2]．「弾道」という語句からも想像に難くないが，この理論では，電子が無散乱状態のままで導体を透過することを前提とする．一方，小さな導体とバルク電極間の接触領域サイズが有限であることから，この領域での電子エネルギー準位は離散的になり，喩えて言えば渋滞のような状況が起こり，抵抗（接触抵抗）が発生する．このため無散乱にもかかわらず，メゾスコピック系の電気伝導度Gは無限大にはならず，一定の有限値にとどまる．この理論に従えば，Gは電子が導体を透過する確率Tに比例する．具体的には

$$G = \frac{2e^2}{h} M \cdot T(E_F) \quad (1)$$

となる．eは電子の電荷素量，hはプランク定数，Mはチャネル数である（以下の議論を簡単にするために各チャネルの透過確率が等しいとした）．透過確率は，小さな導体に入射する電子エネルギーEの関数として考えられるべきであり，$T(E)$と記すべきものであるが，入射エネルギーは電極フェルミエネルギーE_Fで与えられると考えるのが自然であり，式(1)ではそのことを前提とした．チャネル数MはE_Fでの電子の（縮退）準位数であり，仮に接触領域の体積が無限大でありその状態が金属的であるならば，フェルミ縮退によりMは無限大となり，電気伝導度も無限大となってしまう．Landauer的な弾道伝導を期待してよいのは導体のサイズが小さな場合（したがって接触領域のサイズも小さい場合）に限る，ということである．単一の小分子やオリゴマーに関しては，これに近い状況になっており，基本的にはメゾスコピック系の電気伝導の理論が適用可能となる．一方，分子が長くなるに従って，分子内部で「無散乱」近似が破綻し，「弾道伝導」以外の機構を表す理論が必要となってくることは明白であろう．この問題に関しては，本章の第3節「電子・フォノン相互作用や電子相関等の散乱効果の理論とその単一分子への応用」で議論する．本節では，単一の小分子やオリゴマーを対象としメゾスコピック系の「無散乱」近似を用いた弾道伝導理論を出発点とする．

電気伝導度Gは抵抗の逆数であり，非常に小さなバイアス電圧Vのもとでは，電流Iを用いて$G = I/V$と表せる．有限なバイアス電圧Vを印加した時の電流Iは，この関係式の自然な拡張である以下の積分式で与えられる．

$$I = \frac{2e}{h} \int_{-\infty}^{\infty} T(E, V) [f(E - \mu_L) - f(E - \mu_R)] dE \quad (2)$$

ここでチャネル数を1とし，透過確率Tは入射電子

Chap 3 分子アーキテクトニクスの基礎理論

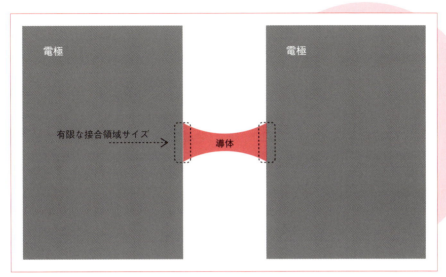

図1 半導体リソグラフィー技術を用いて作製されるメゾスコピック系の概念図
バルク電極に有限サイズの導体が接合しているため,両者の間の接合の領域サイズは有限である[1].

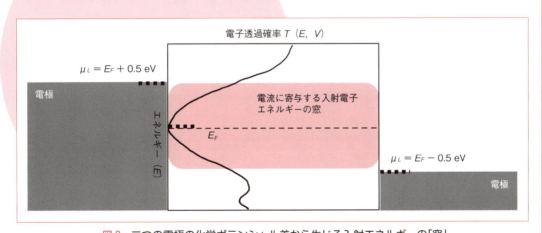

図2 二つの電極の化学ポテンシャル差から生じる入射エネルギーの「窓」
電子透過確率 $T(E, V)$ の「窓」枠内のエネルギー積分が,低温での電流値 I を決める.一般的な温度における電流計算には式(2)を用いて行う.

37

のエネルギー E だけではなく，電圧 V にも依存するとした．f は電極での電子のフェルミ分布関数であり，入射電子エネルギー E と電極での化学ポテンシャル（μ_R, μ_L）の差の関数として与えられる．バイアス電圧 V は電極間に印加されるものであり，電極の化学ポテンシャルをフェルミエネルギーからずらす効果をもたらすが，両電極間でそのシフトをどのように按分するかに関しては，一般には自明ではない．式(2)では対称電極を想定し，おのおのの電極で半分ずつ用いられる（$\mu_R = E_F - 0.5eV$, $\mu_L = E_F + 0.5eV$）としている．式(2)は，両電極でのフェルミ分布関数の差により入射電子エネルギー空間の中に規定される「窓」（電極での入射と捕獲が可能な電子エネルギー域）の範囲にある，電子の透過確率を積み上げる（積分する）ことにより，電流が計算される（図 2）．

第 1 期分子エレクトロニクス研究での最大の論点は，分子由来の整流作用が実現可能かどうかということであった．非対称電極を用いた場合（たとえば $\mu_R = E_F$, $\mu_L = E_F + eV$ とした場合），式(2)の E に対する積分領域が，電圧 V の正負で異なるので，整流性：$I(V)$.ne.$I(-V)$ が簡単に実現できてしまうが，「分子由来」のというのは，そのような外因性の整流性ではなく，対称電極の場合でも分子の性質のみにより発現する整流機構が存在するかどうかを問題にしているということである．そのような場合，もし透過確率 T に電圧 V 依存性がなければ，整流性はまったく期待できず，$I(V)$.eq.$I(-V)$ となってしまうので，分子由来の整流作用が可能であるならば，透過確率 T が電圧 V に影響を受けて変化することが必要であり，理論計算にもそういった効果が十分に取り入れられている必要がある．こういった問題を議論するには，メゾスコピック系物理で用いられてきた簡単な弾道伝導理論では不十分であり，それを補う理論が第 2 期分子エレクトロニクス研究で培われた．その結果，透過確率 $T(E, V)$ は，導体の 1 体ハミルトニアン h，電子間クーロン斥力に由来する電子の 1 体自己エネルギー Σ_{ee}，導体と電極の間の接触自己エネルギー Σ_R, Σ_L を用いて表される遅延／先進グリーン関数 $G^{R/A}$（R/A は以下の式中の符号±に応じて遅延または先進グリーン関数であることを表す）

$$G^{R/A} = 1/(E \cdot 1 - h - V/d - \Sigma_{ee} - \Sigma_R - \Sigma_L \pm \eta \cdot 1) \tag{3}$$

と入射寿命 Γ_R, Γ_L：$\Gamma_X = -Im\,\Sigma_X (X = R$ または $L)$ を用いて

$$T(E, V) = Tr[\Gamma_R G^R \Gamma_L G^A] \tag{4}$$

と与えられることが知られるようになった[3]．d は電極間の距離であり，V/d はバイアス電圧による非遮蔽電界を表す．1 は単位対角行列，h と Σ_{ee} は導体中の原子の軌道波動関数を基底関数 χ_r（r は軌道を規定するインデックス）を用いて得られる原子積分 $\langle \chi_r | F | \chi_s \rangle$（$F = h$ または Σ_{ee}）を行列要素とする $Nb \times Nb$ 正方行列〔Nb は基底関数（原子軌道波動関数）の数〕で表現され，$G^{R/A}$ は式(3)で表される逆行列で与えられる．η は無限小の定数である．$Im\,\Sigma_X$ は導体との接触点における電極の表面局所電子状態密度に，導体と電極の間のトランスファー積分の自乗をかけて得られるスカラー量を導体側の接触点での原子軌道基底に対応する対角行列要素を唯一の非ゼロ要素とする $Nb \times Nb$ 正方行列で与えられる（そのほかの要素はほかの対角要素も含めてすべてゼロ）．Tr は行列の対角要素に対する総和を意味する．密度汎関数理論の範囲で Σ_{ee} は導体の電子密度行列 ρ に依存するが，ρ は $-Im\,G^R$ で与えられる．Σ_{ee} と G^R はたがいに依存しあう量であり，与えられた電圧 V ごとに自己無撞着的に決定する必要がある．この計算プロセスを通じて透過確率 T に対する電圧 V 依存性が取り入れられ，有限バイアス電圧による非平衡効果が計算結果に入ってくることになる．通常は，局所密度近似を用いた Σ_{ee} が用いられ，この近似や平均場近似の性質上，非弾性的な散乱プロセスはこの Σ_{ee} には含まれない．

このような理論を第一原理計算と結びつけ，それを用いることにより，単一分子の電流・電圧特性を定量的に計算し，特定の分子の整流性の有無を理論的に調べることができる．分子内に電荷の非対称性を導入して，単分子整流の発現を期待することになるが，整流作用により電流の絶対値が増大する電圧方向（順方向電圧）と，電荷分極の向きの相対関係が，半導体の pn 接合のそれと同じになるタイプの整流

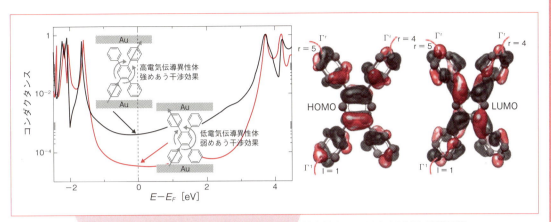

図3 単一分子電気伝導度の電極に対する配向依存性とHOMO-LUMO波動関数

$E-E_F=0$の値が実験的に観測される電気伝導度である(左).トランス型で配向する場合はシス型に配向する場合に比べて1桁以上高い電気伝導度を示す.その振る舞いを支配しているのが電極との接点位置でのHOMO-LUMO波動関数の振幅積の符号である(右)[6].

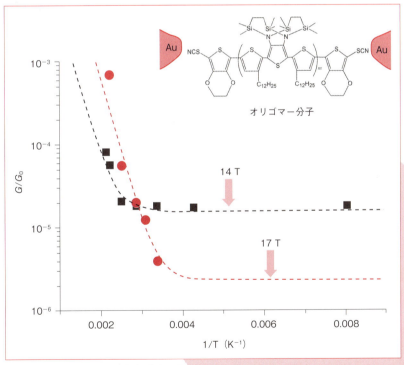

図4 オリゴチオフェンの電気伝導度の温度依存性に見られるクロスオーバー的な振る舞い

オリゴマー鎖長が比較的短い14 Tの場合には,高温でホッピング伝導的な活性化型の温度依存性を示す一方で,低温ではトンネル伝導に見られる温度依存しない振る舞いを示しており,高温でのホッピング伝導から低温でのトンネル伝導へと伝導機構が温度に依存してクロスオーバー的に変化している.鎖長がより長い17 Tの場合は,低温でのトンネル機構による電気伝導度が小さすぎて実験的に検出できず,活性型の温度依存性のみが実験的には観測される.点線は理論結果,黒四角と赤丸のシンボルは実験結果である[10].

作用を AR 型，その逆を EL 型とよぶ．非対称分子の向き（分極の向き）を揃えることは，整流の有無とその方向を議論するために非常に重要であるが，実験的には容易ではない．キャップ修飾により自己組織化分子膜(self-assembled monolayer：SAM)分子の方向を制御したあとに，STM 計測を行う実験方法が Yu らにより用いられた[4]．それに続き，単一分子に対して STM ブレーク・ジャンクション計測を行った例もある．STM 探針を近づけ電圧を印加した際や，ブレーク・ジャンクション計測を行った際に，分子の方向を乱してしまう危険性を実験的に除去することは困難であるが，これと並行して行った第一原理計算が実験結果と非常によく一致する整流比 $\eta = |I(V)/I(-V)|$ の電圧依存性を与えたことから，測定による方向の乱れの影響が深刻ではないことがうかがい知れる．整流方向も重要な情報であるが，実験では得難いそういった重要な情報を理論計算から得ることができる．精密な計測実験と理論計算の比較が行われたジピリミジルージフェニル・ジブロック分子の場合，AR 型の整流が実現しており，分子内フラグメント・エネルギー準位の電圧依存性と伝導チャネルの電極との有効接合項の電圧依存性が，整流機構に重要な役割を果たしていることが明らかになった[5]．これは第 1 期分子エレクトロニクスでの未解決の問題が，第 2 期において進展した計測実験と理論計算の連携により解決した事例である．

小さな単一分子の電気特性を理解するうえで，メゾスコピック系の弾性伝導理論が良い出発点になる．このことは，導体としての単一分子がメゾスコピック系半導体と大差ないことを意味するわけではない．実際，芳香族化合物の親電子置換反応の速度が，反応サイト・官能基間の相対配向に強く依存することと類似して，分子の電気伝導度が電極との接点位置での HOMO-LUMO 波動関数の振幅積の符号に依存し，1 桁～2 桁に及ぶ大きさの違いを生み出しうることが，計測実験と理論計算の協力から明らかになっている(図 3)[6]．つまり，分子の反応性がフロンテイア分子軌道の対称性に支配されることと類似した仕組みが，分子の電気伝導度にも見られるということである．これは，メゾスコピック系半導体では決して観測されない単一分子に固有の現象である．電極に対する接点・配向に依存して，電気伝導度に

大きな変化が生じるこういった単一分子系では，配向変化を駆動することによる電流オン・オフのスイッチ現象が観測できると期待される．こういったスイッチング現象とその応用可能性に関しては，本書 Part II 16 章でより詳しく議論される．単一分子系の電気伝導度がゲート電圧によっても大きく変化することも，計測実験と理論計算の協力から明らかになっている．つまり，こういった単一分子系は，ゲート電圧によっても非常に大きなオン・オフ比を駆動できる優れた性能を有している[7]．構造的な脆弱性を除けば，単一分子系はそのデバイス応用に優れた資質をもっている．単一分子エレクトロニクスの難点は，繰り返し耐性に劣る点にある．

電子・フォノン相互作用や電子相関等の散乱効果の理論とその単一分子への応用

今まで解説してきた理論は，「無散乱近似」に基づく理論であると言うべきであるが，電子・フォノン相互作用による電子の 1 体自己エネルギーと，電子相関に由来する電子の 1 体自己エネルギーを，式(3) の Σ_{ee} と同様に理論に加味することにより，これらの散乱効果を理論計算の中に取り入れることができる．ファインマン・ダイアグラムを用いたダイアグラムの足し上げや，ダイソン方程式を用いた繰り込み計算も可能であり，低次摂動論を超えた精密な理論取り扱いも可能である．同時に，電子・フォノン相互作用に由来するフォノンの 1 体自己エネルギーを計算し，フォノン流に対するその影響も取り入れ，電流とフォノン流を同時に計算するなかで，おのおのに対するこれらすべての散乱効果を自己無撞着的に決定することにより，電流とフォノン流のつじつまのあった記述が可能となる．そのようにして，輸送現象に含まれるさまざまな低エネルギー物理プロセスを，理論計算に取り入れることができる[8]．この自己無撞着理論により，たとえば，非弾性トンネル分光の強度比や線幅も含めたスペクトル形状の精緻な理論予測[9]と実験結果[10]との良い一致が得られ，電流を流した時のセルフ・ヒーティングによる分子・電極接合の破断寿命の理論予測が可能となり[8]，小分子から長鎖オリゴマーにわたっての系統的な実験により観測されているトンネル伝導

Chap 3 分子アーキテクトニクスの基礎理論

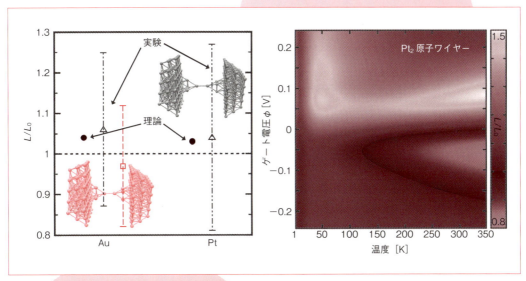

図5 金属原子ワイヤーのローレンツ比

ローレンツ比 L/L_0 は，温度差を電気に変換する熱電変換の性能を決める重要な指数である．多くのバルク材料では Wiedemann–Franz (WF) 則がよく成立し，$L/L_0 \cong 1$ であるが，より高い熱電変換性能を求めて小さな L/L_0 を示す材料探索が課題となっている．最近の実験[18,19]では金属原子ワイヤーにおいても WF 則がよく成り立つ ($L/L_0 \cong 1$) とされ，第一原理計算により，実際に実験がなされた条件下ではこのことが追認された (左図)[17]が，ワイヤー長，原子種，温度，ゲート電圧等の条件を変えたり，加えたりすると，WF 則が大きく破綻し $L/L_0 \gg 1$ や $L/L_0 \ll 1$ を示すことが理論的に予言された (右図)[17]．左図中，黒丸は理論結果，白抜きの三角，四角は実験結果であり，それらに付した点線はエラーバーを示す．

機構からホッピング伝導への（電気伝導度の長さ依存性と温度依存性に見られる），クロスオーバー的な変化の統一的な機構解明が行われた（図4）[11]．第2期分子エレクトロニクス研究で生まれたこの理論は，半導体ナノエレクトロニクスの分野にもいち早く導入され，アメリカのnanoHubグループやスイスのETHグループなどにより，半導体デバイスのセルフ・ヒーティングの問題などに応用され，計算エレクトロニクスという分野の中核を形成しつつある[12～14]．本章（第I部3章 Basic concept-3）2節で，小さな導体では散乱効果が無視できると述べた．上記の研究の結果，このことはおおむね正しいものの，散乱源（フォノン）の波長も導体のサイズにより影響を受けるので，小分子においてすら字義通りに散乱効果を完全に無視できるわけではなく，小さな補正は常に存在しており，長さや温度によってそれがより大きくなり顕在化することが明らかになった．

フォノンや電子を介した熱伝導に対しても，電気伝導の場合と同様に弾性伝導理論が構築され，これが第一原理計算と結びつき，さまざまな材料の接合・界面系の熱伝導度の定量的な理論計算を行うことが可能となった．その利点を活かして，分子設計による熱制御の可能性が理論的に議論されている[15]．電気伝導度とゼーベック係数に関して，STMブレーク・ジャンクション実験との比較研究が行われ（イメージポテシャル補正を加えることにより），数パーセントの誤差範囲で両者の結果の一致が得られるようになっている[16]．第一原理計算を用いた熱伝導度とゼーベック係数の高精度計算の利点を活かして，熱電効果で有名な Wiedemann–Franz 則の検証を行ったり[17～19]（図5），高温におけるフォノン・フォノン散乱によるフォノン熱伝導度の補正効果の定量計算なども行われた．

電流やフォノン流の量子統計力学的な平均値に関する理論を超えて，これらの揺らぎやノイズに関する理論も提案されている．実験的に観測されるノイズのなかには，本質的ではない外因的なものも少なくはなく，再現性の乏しいものも多いが，量子力学的な粒子・波動の二重性に由来するショット・ノイズや，温度に由来する熱ノイズのように，不可避かつ本質的・普遍的なノイズもある．こういった物理的に意味のある普遍的なノイズは，極低温の精密計測実験によって測定される．電流とフォノン流の自己無撞着理論を拡張し，それを完全計数統計理論と結び付けることにより，電流ノイズに対するフォノンの影響が理論的に調べられている[20]．ノイズの電圧依存性に非弾性トンネル分光と類似したキンク構造が現れるが，その現れ方は電子のファノ因子に強く依存して大きく変化することが見いだされている．その観測には今後の実験技術の進展を要する．

4 単一分子から分子アーキテクトニクスへ

本章（Part Iの3章 Basic concept-3）3節で述べたとおり，単一分子の分野で培われた（散乱効果も含めた）非平衡伝導理論は，計算エレクトロニクス分野においてもいち早く取り入れられ，半導体ナノエレクトロニクス材料研究にも用いられるようになってきている．大規模計算手法とも組み合わされ，µm長のチャネルサイズまで密度汎関数法に基づく第一原理計算が可能になり，簡便な電子状態近似を用いた三次元論理素子への応用もなされつつある．こういった実用材料の実験的な機能評価を原子・分子レベルで行うことは絶望的に困難であり，その機能を原子・分子レベルの化学で設計・制御するのはなおさら困難である．「分子アーキテクトニクス」で重視しているのはまさしくこれらの2点であり，「分子アーキテクトニクス」で目指すべき物質・材料は，精密実験計測の対象となる単一分子系と実用材料の中間に位置し，材料全体の機能の評価と同時に，原子・分子レベルでの局所計測評価と設計・制御ができ，Control Experiment が可能な物質・材料群であろう．そういった物質・材料群に対する理論計算，評価計測と，化学合成・試料デザインの三位一体の研究は，材料科学分野と化学の間の繋がりをより強固にし，そういった研究を本質的なステージへとレベルアップするために必須かつ有用であろう．本章最後の本節では，それの網羅的なカバーを試みず，単一分子が分子アーキテクトニクス材料に組み上がった時に，単一分子の部分局所的な性質が，どのように分子アーキテクトニクス材料の全体機能に反映されるか（または反映されないか）考えたい．そういった議論を行うためにDNAを用いる．

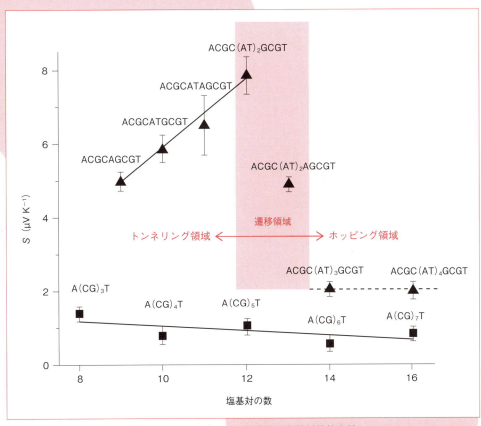

図6 DNAのゼーベック係数の塩基対数依存性
塩基対を部分的に違う種類の対に置換することにより，DNA全体の電気伝導機構を変えることができる[15].

DNAは，リン酸と糖からなる一次元螺旋骨格にアデニン(A)，グアニン(G)，シトシン(C)，チミン(T)の4種類の塩基が配列をなして結合することにより形成されるシングルヘリックス1本鎖が，同様に形成される別の1本鎖と螺旋構造をとってからみ合わさり形成するダブルヘリックス構造をとり，2本のヘリックス中の塩基対は鎖方向へ一次元的に交互に積層(スタック)している．人工的な塩基配列をもつ合成DNAに対する実験研究により，DNAの鎖方向の電気特性・輸送係数が塩基配列により特徴づけられ，とくにダブルヘリックス中のすべての塩基対がATペアからなるDNAと，CGペアからなるDNAは，おのおの，弾道的トンネル伝導機構とホッピング伝導機構による電気特性を示すと理解されている．この結果は，DNAの電気伝導度とゼーベック係数の鎖長依存性を実験的に調べた結果と，弾道的トンネル伝導機構においては，一様な一次元鎖の電気伝導度は exp(−βN)，ゼーベック係数は N に比例し，ホッピング的な伝導機構において電気伝導度は $1/N$ に比例する一方で，ゼーベック係数は N に依らず一定値をとるという理論結果とを合わせて導かれた結論である．これらの合成DNAでは，比較的に短い鎖長(小さな N)から上記の理論結果が示すスケール則にデータがのることが実験的に観測されている．部分局所的な性質の改変がDNA全体の電気機能にどのように反映されるかを調べるため，すべての塩基ペアがCGペアからなるDNAの一部をATペアに置き換え，電気伝導度とゼーベック係数の置換長依存性を調べた．ここではとくに，ゼーベック係数の結果を図に例示した(図6)．置換長が短いうちは，もともとはホッピング伝導機構に基づいていたDNAの電気特性が，弾道トンネル的な長さ依存性を示すようになる．さらに置換長を長くしていくと，再びホッピング伝導機構的な長さ依存性を示すようになる(リエントラント)[21]．リエントラント的な振る舞いについては，理論的によく理解できておらず，ミステリアスな結果であるが，このようなアプローチで構成分子の性質とそれから構成される材料の機能を連関付けて解明していくことを通じて，材料科学と化学の間の繋がりをより強くしていくことが今後ますます重要になるであろう．

まとめ

単一分子はきわめて量子力学的なオブジェクトであり，バルク電極などの観測系とどのように接するかによって，その電気的な性質が大きく変化する．紹介例に示したように，電気的には優れた応用ポテンシャルをもっているが，第1期分子エレクトロニクス研究で目指されていたように，単一分子そのものを応用用途の素材として用いようとすれば，繰り返し耐性に劣るという難題に悩まされることになる．繰り返し耐性や力学的な強度・安定性の確保という点に関しては，バルク材料にかなわない．一方，メモリ材料などの先端ナノエレクトロニクス分野では，デバイスの微細化が進み，原子・分子レベルの現象を用いて，その機能が実現されるようになっている．材料機能の発現の場が極微に求められる事例が，今後ますます増えていくであろう．今後はそういった事実を背景に，単一分子系と実用材料の中間に位置し，材料全体の機能の評価と同時に原子・分子レベルでの局所計測評価と設計・制御ができ，Control Experiment が可能な物質・材料群，すなわち分子アーキテクトニクス材料の研究を推進することが，材料分野と化学の間の繋がりをより強固にし，その連携研究を本格的なステージへとレベルアップするために必須かつ有用になっていくであろう．

◆ 文 献 ◆

[1] 田沼静一，家 康弘 編，「メゾスコピック伝導（実験物理科学シリーズ4）」，共立出版 (1999)．

[2] S. Datta, 「Electronic Transport in Mesoscopic Systems」, *Cambridge University Press* (1995)．

[3] 浅井美博，広瀬賢二，小林伸彦，石田浩，「電気伝導シミュレーションの現状と課題」，日本物理学会誌，**64**(4), 263 (2009)．

[4] G. M. Morales, P. Jiang, S. Yuan, Y. Lee, A. Sancheg, W. You, L. Yu, *J. Am. Chem. Soc.*, **127**, 10456 (2005)．

[5] H. Nakamura, Y. Asai, J. Hihath, C. Bruot, N. J. Tao, *J. Phys. Chem. C*, **115**, 19931 (2011)．

[6] M. Bürkle, L. Xiang, G. Li, A. Rostamian, T. Hines, S. Guo, G. Zhou, N.J. Tao, Y. Asai, *J. Am. Chem. Soc.*, **139**, 2989 (2017)．

[7] Y. Li, M. Bürkle, G. Li, A. Rostamian, H. Wang, Z. Wang,

D. Bowler, T. Miyazaki, L. Xiang, Y. Asai, G. Zhou, N. J. Tao, unpublished.

[8] 浅井美博，中村恒夫，島崎智実，「分子エレクトロニクス基礎理論の最近の進展 －熱散逸を伴う非平衡伝導問題を中心にして－」，固体物理，**46**，777（2011）．

[9] Y. Asai, *Phys. Rev. B*, **84**, 085436 (2011).

[10] N. Okabayashi, M. Paulsson, H. Ueba, Y. Konda, T. Komeda, *Phys. Rev. Lett.*, **104**, 077801 (2010).

[11] S.-K. Lee, R. Yamada, S. Tanaka, G. S. Chang, Y. Asai, H. Tada, *ACS Nano*, **6**, 5078 (2012).

[12] R. Rhyner, M. Luisier, *Nano Lett.*, **16**, 1022 (2016).

[13] M. Luisier, G. Klimeck, *Phys. Rev. B*, **80**, 155340 (2009).

[14] R. Rhyner, M. Luisier, *Phys. Rev. B*, **89**, 235311 (2015).

[15] M. Bürkle, Y. Asai, *Sci. Rep.*, **7**, 41898 (2017).

[16] S.-K. Lee, M. Bürkle, R. Yamada, Y. Asai, H. Tada, *Nanoscale*, **7**, 204972 (2015).

[17] M. Bürkle, Y. Asai, *Nano. Lett. Articles ASAP*, DOI: 10.1021/acs. nanolett. 8b03651.

[18] N. Mosso, Y. Dreschler, F. Menges, P. Nirmalraj, S. Karg, H. Riel, B. Gostmann, *Nat. Nanotechnol.*, **12**, 430 (2017).

[19] L. Cui, W. Jeong, S. Hur, M. Matt, J. C. Klöckner, F. Pauly, P. Nielaba, J. C. Cuevas, E. Meyhofer, P. Reddy, *Science*, **355**, 1192 (2017).

[20] Y. Asai, *Phys. Rev. B*, **91**, 161402 (R) (2015).

[21] Y. Li, L. Xiang, J. L. Palma, Y. Asai, N. J. Tao, *Nat. Commun.*, **7**, 11294 (2016).

Chap 3
Basic Concept-4
揺らぎを利用したエレクトロニクス
Electronics Exploiting Fluctuation

葛西 誠也
（北海道大学量子集積エレクトロニクス研究センター）

1 はじめに

　本章のねらいは，固体半導体エレクトロニクス分野において知られている揺らぎをポジティブに利用するいくつかの例とそのトリックをお伝えし，分子エレクトロニクスで活用するヒントをつかんでいただくことである．

　現在の固体エレクトロニクスにおいて，揺らぎはネガティブな事案である．昨今，技術進歩が揺らぎの悪効果を助長している側面があり，問題は深刻化している．こうした背景から，揺らぎをポジティブに使う逆転の発想への関心が少なからずある．発想を具体化する研究もまた存在する．

　揺らぎを利用する着想の多くは，生物の機能に端を発している．内外の揺らぎを抱えつつも生物の機能性や効率は，人類がつくりだした機械を凌駕する．この事実は，生物は厳しい環境で生き抜く過程で，人類が知りえない仕組みを獲得し，人工システムとは異なる方法論に従い行動していることを示唆する．ゆえに，生物の仕組みや方法論を解き明かし，人工的に再現し利用可能にすることが，揺らぎ利用の一つのアプローチとなる．

　本章では，揺らぎがもたらすポジティブな現象や有用な機能とトリックについて三つの例を紹介し，最後に分子でそのトリックを再現する可能性について触れる．

2 揺らぎと使いこなしの鍵

　揺らぎが固体エレクトロニクスにおいて悪と見なされる典型が，「ばらつき」と「ふらつき」である（図1）．一つの素子の特性が時間を追うごとに変化する場合は「ふらつき」，同じようにつくった複数の素子が異なる特性を示した場合は「ばらつき」となる．時間的に細かい変化を「雑音」とよぶことが多い．電気信号を担う電子は，素子サイズを縮小するほど環境の影響を大きく受け，揺らぎが顕著になるフェルミ粒子であり，場との相互作用が強いためである．

　揺らぎを特徴付けるものとして，「時空間スケール」，「強度」，「規則性」が挙げられる．時間スケールが素子の動作時間程度であればふらつき，それより長い場合はばらつきに見える．もし，規則性がわずかにでもあれば，揺らぎの原因を知る，あるいは揺らぎをうまく使う手がかりになる．

　さて，揺らぎを利用するためには，難解な呪文を使いこなす必要がある．著者が知り得たものは三つ，「非線形」，「ダイナミクス」，「統計的性質」である．実はこれらはエレクトロニクス分野では敬遠されている．なぜならば，電子回路設計を支えているのが「線形」，「静的」，「決定論」だからである．こうした扱いにくい性質の理解と活用がエレクトロニクスにおける揺らぎ利用に求められる．

3 確率共鳴

　ザリガニの敵察知が雑音によって向上することが，1993年に報告された（図2）[1]．この挙動は確率共鳴とよばれ，雑音を加えることで微弱信号に対する感度が向上あるいは最適化される非線形現象である．のちに種々の生体機能で同様の挙動が観測され，確率共鳴は生物に特徴的な現象として知られるようになった．もともとは地球の氷河期の周期が10万年であることを説明するために，1981年にBenziらが提案したモデルである[2]．

図1 エレクトロニクスにおける揺らぎのイメージ
電気特性の揺らぎは，変動の時間スケールが短い場合は「ふらつき」(左)，長い場合は「ばらつき」として表れる(中央)．非常に小さなナノ構造や分子の中の電子は周囲環境の影響を大きく受けるため，われわれの日常生活環境では単分子デバイス中の電子は簡単な雨具を着装しているものの，熱や電磁波の激しい嵐にさらされた状態であり，電気特性の揺らぎが避けられない(右)．

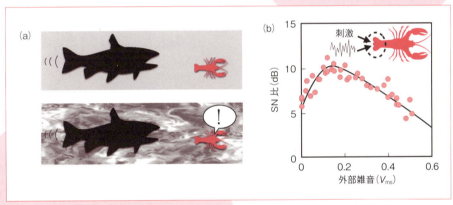

図2 生物に見られる確率共鳴：ザリガニの敵察知行動と水の揺らぎ
(a) 水中が静かな場合ザリガニは敵を察知できないが，周囲の水が揺らぐとザリガニは敵を察知できる．
(b) 尾びれの水流感覚器における刺激感度と外部雑音の関係．水流を感知する感覚器に刺激と雑音を同時に与えると，適度な雑音強度のもとで感度が最大になる(データは文献[1]より抜粋)．

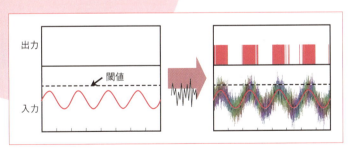

図3 確率共鳴の基本メカニズム
入出力の関係が閾値関数である場合，入力が微小であると閾値を超えることができず出力はない(左)．しかし，微小入力に適度な雑音が加わると確率的に閾値を超えるので出力が現れる(右)．このとき出力はパルス列となり，その密度は入力振幅を反映している．

確率共鳴の基本メカニズムは，閾値系や双安定系といった非線形系における雑音支援の状態遷移である．閾値系の場合を図3に示す．信号が弱いと閾値を超えず出力は得られない．しかし，適度な強度の雑音が信号に加わると，確率的に閾値をよぎり，信号に応じた出力が得られる．Benziの報告の後，ただちにシュミットトリガーという双安定電子回路で現象が再現された[3]．今ではさまざまな電子デバイスで現象を観測することができる．

筆者らは，電界効果トランジスタ(FET)の非線形特性を使い，確率共鳴の電子的発現に成功した(図4)[4]．これにより半導体チップ上での現象の利用を可能になった．半導体デバイスや電子回路はネットワークを自由に構成できるため，よい実験プラットフォームとなった．たとえば生物の感覚器は，多数の神経細胞が並列化することで確率共鳴応答を強固にするが[5]，これを半導体FET並列ネットワークで再現できる(図5)．ここでの応答向上は，複数の雑音は無相関であるという統計的性質を利用している．さらに素子やネットワークの物理的ばらつきもポジティブな役割を果たすことがわかった[6,7]．ネットワークのばらつきが信号伝搬遅延のダイナミクスを生み，これが雑音の自己無相関性を引き出し，多数の雑音源があるのと等価な状態をつくる．

今では確率共鳴はさまざまな系で発現可能となった．しかし，なぜ雑音が微弱信号に対する感度を改善するのだろうか．

確率共鳴による応答改善の効果は，おもに二つ知られている．一つはディザ(dither)である．閾値関数は，図6のように出力を2値化しコントラストを高めるが，色の濃淡，すなわち信号の振幅情報が失われる．しかし，信号に雑音を加えると，出力に濃淡情報が反映される．これは入力信号振幅がインパルス密度やパルス幅に変換され，情報が保存されるためである．誤差拡散ともよばれ，ADC(アナログ—デジタル変換器)やテレビなどに応用されている．

二つ目は状態遷移における摩擦の効果である．摩擦が雑音による細かい遷移を抑制する一方で，同じ方向の遷移を促すインパルスが連続すると，累積効果によって状態遷移を可能にする．この考え方では，インパルス連続のタイミングと信号の時間スケールが合致すると，信号が強調されると期待される．しかし，確率微分方程式による解析の結論は[8]，雑音が応答を積極的に改善することを明示しない．

最近，筆者らは従来の解析に見落としがあることに気がついた[9]．実は従来の解析には適応条件があり，摩擦が小さい場合は適応外になる．摩擦が小さいと，応答は雑音の性質に強く依存し，その性質によっては応答改善の可能性がある．実際，ガウス雑音では応答改善が見られる．これは第3の応答改善の効果といえる．

電子ブラウン・ラチェット

筋肉は熱揺らぎを筋力に変換しており，揺らぎを利用する典型例である．力の発生メカニズムはブラウン・ラチェットとよばれるもので，トルクレンチのような機構である．電子ブラウン・ラチェットは，本機構によって熱揺らぎを受ける電子から一方向運動を取り出し，直流電流を取り出すデバイスである．

まず筋力発生のメカニズムを簡単に紹介する．アクチン分子のレール上をミオシン分子が熱揺らぎによってランダムに前後する(図7)．ここでATPがミオシン分子に供給されると，加水分解によって生成されたエネルギーがミオシン分子の移動方向を制限し，ミオシンが一方向に移動する．この分子レベルの力が集積して筋収縮を生み出す．電気的解釈としては，ATPの化学反応によるミオシンの分極と緩和である．分極の影響を受けてアクチンのポテンシャルが非対称になり，この非対称ポテンシャルがアクチンの揺らぎ運動に偏りを生じさせる(図7中央)[10]．分極は一定時間後緩和するため，ATPの供給タイミングに従いポテンシャルの形成と消滅が繰り返される．これは，ポテンシャルのフラッシングとよばれる．

最初の電子ブラウン・ラチェットは，1999年に報告された[11]．ナノサイズの矢じりを1列につないだ無機半導体構造で，多重非対称ポテンシャルを形成している．このデバイスは，極低温にて直流電流成分を生成した．しかし内部ポテンシャルの変調度が小さく，熱揺らぎにかき消されるため，室温での動作は困難であった．

そこでわれわれは，一次元の半導体チャネルに非対称形状の電界制御ゲートを多重に並べたデバイス

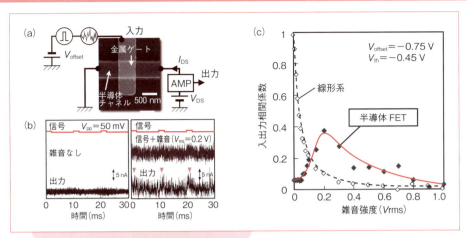

図4 半導体電界効果トランジスタ(FET)における確率共鳴
(a)実験系，(b)実験で観測された入出力波形：雑音がない場合(左)と入力信号に雑音を加えた場合(右)，(c)入力信号とFET出力の相関係数の雑音強度依存性．線形系は雑音の増大にともない入出力相関が低下するが，FETの入出力相関は特定の雑音強度で最大となり線形系を上回る．

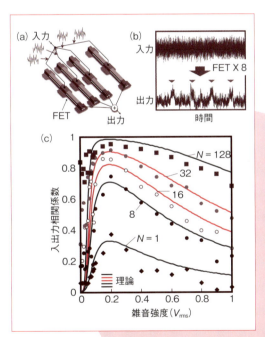

図5 トランジスタ並列ネットワークにおける確率共鳴
(a)感覚神経系を模したFET並列ネットワーク構成の模式図，(b)雑音を加えた入力波形と8個のFETネットワークの出力波形，(c)入出力相関係数−雑音強度曲線のFET素子数依存性．素子数Nを増すと雑音強度によらず入出力相関は常に高くなり，生物の感覚神経系の性質を再現する．

を試作した〔図8(a)〕[12]．ゲート電圧によってポテンシャルの大きさを制御できる．試作デバイスでは，10 meV以上のポテンシャル変調が可能で，室温で直流電流の生成に成功した〔図8(b)〕．ゲートが対称形状の場合には直流電流は生成されなかったことから，ポテンシャル非対称性が電流生成に寄与していることがわかる．また疑似ランダム信号でフラッシングすることで，電流生成できることを確認した．生成電流量は疑似ランダム信号に残る規則性を反映する[12]．

揺らぎと計算

現在のコンピュータの計算はきわめて高精度であり，このため揺らぎを徹底的に排除している．しかしビッグデータ利活用や人工知能の発達によって，コンピュータに求められる計算が変化し，揺らぎに対する立場が変わりつつある．典型例は，商用化された量子アニーリングマシンである．これは最適化問題を解く計算機である．最適化問題は限られたリソースを適正配分するなど，社会のさまざまな実問題と関連している．この計算機では，アニーリングという言葉が象徴するように，揺らぎが計算において重要な役割を果たす．

われわれは，単細胞生物である粘菌が迷路の経路を探索することに着想を得た，最適化問題を解く計算機「電子アメーバ」を生み出した[13]．粘菌は脳をもたない自律分散系であるが，餌を探す能力をもつ．青野らは，餌の与え方と粘菌の動きを動的に制御することで，巡回セールスマン問題など，難解な最適化問題を解くことを可能にしている[14,15]．

電子アメーバは，粘菌が餌を探すうえで重要な三つの振る舞いを電子的に表現することで，解探索能力を創発する電子システムである（図9）．スター型ネットワークの各枝に流れる電流が仮肢に相当し，電流の有無で1,0を表現する．計算における粘菌の重要な性質は，体積保存，揺らぎをともなった仮足の伸張，光による収縮である．電子回路ではそれぞれ電流保存，非線形ダイオードによる電流整流＋外部揺らぎ，FETによる電流制御によって表現する．

解くべき問題をシステムにマッピングする必要があるが，これはアメーバを取り巻く環境を記述する

ことに相当する．電子アメーバではバウンスバックルールとよぶ方法を用いる[15]．このルールは，問題の答えにならないような形状に粘菌がなったときに，どの部分がダメなのか推定して叩く，というものである．与えられたルールのもとで，電子アメーバは状態変化を続け，ルールをすべて満たすと動きを停止する．静止したときの枝電流分布が解を与える．

制約式 $f=1$ を満たす変数の組を探す制約充足問題（SAT）という最適化問題の解を探索する電子アメーバの挙動を図10に示す．回路動作をスタートさせると，いくつかの変数が振動を始める．このままでは解に到達しないため，エラーを与えて振動からの脱出を試みた．図10では，バウンスバックルールによる制御信号に，一定間隔でランダムにエラーを入れている．エラー導入を繰り返すと，系は静止状態に到達した．このとき電子アメーバが示す状態は，SAT制約式を充足しており，解を発見している．

電子アメーバでは揺らぎとして与えたエラーの性質が，解探索性能と関連することが推察される．実験的にこの点を確認した（図11）．結果は揺らぎであるランダムエラーの時間スケールと，電子アメーバの動作時間スケールが整合したときに，最も効率よく解を探すことができた．計算においても系のダイナミクスが重要であることがわかる．

おわりに～分子系で揺らぎを利用する

最後に，分子エレクトロニクスで，揺らぎを利用するヒントを考えたい．「非線形」，「ダイナミクス」，「統計的性質」を分子の性質や振る舞いで表現し制御することがポイントとなる．

固体材料からみた分子の特徴は，極小でかつ構造が規定されていること，構造が小さく電子状態は外場に敏感であること，まったく同じ分子を多数利用できることである．個々の分子は入出力ダイナミクレンジが狭く，小さな信号しか扱えないが，複数の分子の出力を加算することで，レンジを広げることができる．並列的な物理構成は，確率共鳴応答向上のためのネットワークと同様である．多数の分子の統計的性質が全体の性質を決める．個々の分子構造が規定されているために明確な基準軸があり，揺

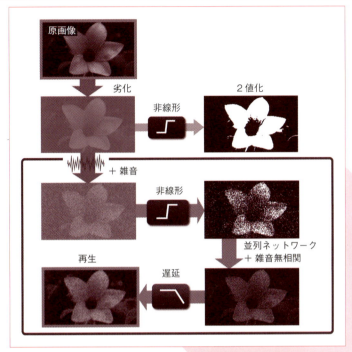

図6 確率共鳴における信号再生の全体像と各要素の役割

劣化(低コントラスト化)した画像に雑音を加えると劣悪になるが,ステップ関数のような非線形素子に通すと,コントラストが高まり,かつ元画像の濃淡が反映された出力が得られる.濃淡が反映されたのは,雑音によって濃淡情報が白と黒の点の密度に置換されたためである.非線形素子の並列ネットワークを構成し,おのおのに異なる雑音(無相関雑音)を加えることで,出力の空間解像度が高まる.さらに,各素子の応答がばらつくと細かい白と黒の点の密度がぼやける(平均化される)ことで灰色が生まれ,元画像の濃淡が再生される.感覚神経系においても,その構造や応答性質から,このようなプロセスが行われていると推測される.

図7 ミオシン―アクチン系分子モーターと電気的動作メカニズムおよび電子ブラウン・ラチェットの動作

アクチンのレールの上をミオシンが一方向に移動することで力が発生する.ここでは化学反応によるミオシンの分極,ミオシン電荷によるアクチンの電荷の中和,アクチンレールの非対称電位ポテンシャルの消滅,熱によるミオシンの揺動,ミオシン分極緩和,アクチン非対称ポテンシャル再生,のサイクルが繰り返される.ミオシンの揺動距離が前後対称ならば,非対称ポテンシャル再生時に,ミオシンは急峻な壁の方向へ移動する確率が高い.電子ブラウン・ラチェットは,ミオシンを電子で置き換え,非対称ポテンシャルを半導体と電界効果によってつくりだす.

らぎが無相関であれば，分子の性質は形質として系全体に反映される[16].

固体デバイスで難しくかつ分子で可能な性質は，構造変化や可塑性である．入力信号によって分子構造がスイッチするような系があると興味深い．キャリア移動と構造変化の時定数が異なることから，鹿威しのようなダイナミクスが得られる．

このように，固体材料では不可能でも分子では可能なトリックが多数あるように思える．固体エレクトロニクスの流儀にとらわれない，化学ならではの揺らぎ利用法が編み出されることを期待している．

◆ 文 献 ◆

[1] J. K. Douglass, L. Wilkens, E. Pantazelou, *Nature*, **365**, 337（1993）.
[2] R. Benzi, S. Sutera, A. Vulpiani, *J. Phys. A*, **14**, L453（1981）.
[3] S. Fauve, F. Heslot, *Phys. Lett. A*, **97**, 5（1983）.
[4] S. Kasai, T. Asai, *Appl. Phys. Express.*, **1**, 083001（2008）.
[5] J. J. Collins, C. C. Chow, T. T. Imhoff, *Nature*, **376**, 236（1995）.
[6] S. Kasai, K. Miura, Y. Shiratori, *Appl. Phys. Lett.*, **96**, 194102（2010）.
[7] Y. Tadokoro, S. Kasai, A. Ichiki, *Digital Signal Processing*, **37**, 1（2015）.
[8] 太田隆夫, 『非平衡系の物理学』, 裳華房（2000）.
[9] S. Kasai, A. Ichiki, Y. Tadokoro, *Appl. Phys. Express*, **11**, 031001（2018）.
[10] R. D. Astumian, *Science*, **276**, 917（1997）.
[11] H. Linke, T. E. Humphrey, A. Löfgren, A. O. Sushkov, R. Newbury, R. P. Taylor, P. Omling, *Science*, **286**, 2314（1999）.
[12] T. Tanaka, Y. Nakano, S. Kasai, *Jpn. J. Appl. Phys.*, **52**, 06GE07（2013）.
[13] S. Kasai, M. Aono, M. Naruse, *Appl. Phys. Lett.*, **103**, 163703（2013）.
[14] M. Aono, Y. Hirata, M. Hara, K. Aihara, *New Generation Computing*, **27**, 129（2009）.
[15] 青野真士, 「自然計算から拡張生命へ」, 電子情報通信学会誌, **100**, 499（2017）.
[16] E. シュレーディンガー, 『生命とは何か－物理的に見た生細胞』, 岩波書店（2008）.

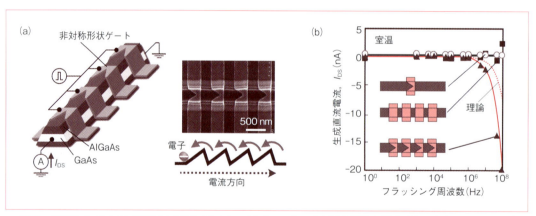

図8 半導体ナノワイヤを用いた電子ブラウン・ラチェット：(a)素子構造と試作素子，(b)フラッシング動作による直流電流の生成

くさびを入れた非対称ゲートに電圧を印加することで，非対称ポテンシャルを形成する．ナノワイヤ端には電流計のみを設置し，電圧は印加しない．ゲート電極が対称形状の場合や非対称ゲートが一つの場合には，フラッシングしても電流は生成されないが，非対称ゲートを多重化した素子において電流が生成される．

Chap 3 揺らぎを利用したエレクトロニクス

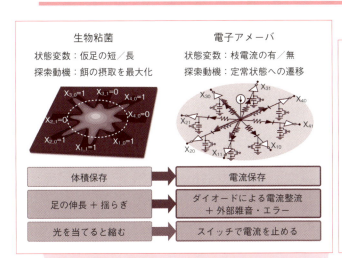

図9 最適化問題を解く生物粘菌と電子アメーバ
解探索に重要な粘菌の振る舞いと，それらの電子的再現手段．

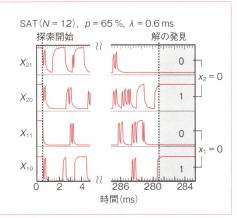

図10 電子アメーバによる制約充足問題SATの解探索プロセス
全24変数のうち一部のみを表示．pとλは外部エラー確率と周期(図11を参照)．探索開始時から各変数は不規則な振動を繰り返すが，制約式を充足する解を発見すると，振動を止めて一定値で安定化する．エラーがない場合，特定の振動を続けて安定状態には至らない．

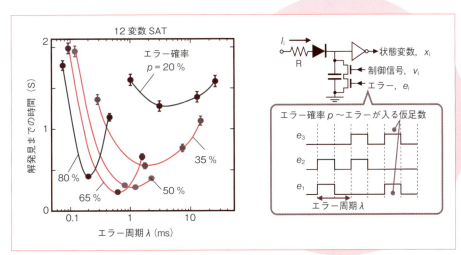

図11 電子アメーバにおける揺らぎと計算性能
解を発見するまでの時間(計算時間)は，揺らぎとして外部から与えるエラー確率や周期に依存し，解探索に最適なエラーが存在する(左)．電子アメーバ仮足の等価回路とエラー信号(右)．

53

Part II

研究最前線

Chap 1

単分子の電気伝導計測

Electrical Measurement of Single Molecule

木口 学
(東京工業大学理学院)

Overview

金属電極間に少数分子あるいは単分子を架橋させた分子接合の電気伝導計測は，電気伝導度が計測しやすく，電子素子への応用で最も基礎となる物性量でもあるため，分子エレクトロニクス研究開始当時からいちばん活発に行われてきた計測である．分子接合の電気計測は，計測できる分子について手当たり次第に電気伝導度を決定するという初期段階を経て，トランジスタ，スイッチなどの機能をもつ単分子接合の電気計測に発展した．電気計測は単分子素子への応用を目指した研究以外にも，単分子の化学反応やDNAのセンシングなど，高感度分析にも利用されている．

また単分子接合の電気伝導度計測は，分子間の相互作用のない分子固有の性質，あるいは電子の位相長より短いサイズの物質を扱うので，量子現象など基礎科学的に重要な情報を与える計測でもある．たとえば，π分子の重なりの大きさや量子干渉効果が単分子接合の伝導度計測から実証され，分子間やイオン間の電子輸送特性も単分子レベルで解明されている．

そして電気計測法も，電極間電圧を固定した伝導度計測から，電流-電圧特性 (I-V) 計測，伝導度の揺らぎを計測するショットノイズ計測などへと発展している．とくに分子接合の I-V は，次章以降で詳細に解説するが，分子接合の整流特性，熱起電力，スピン，振動に関する情報を与え，重要な計測になりつつある．

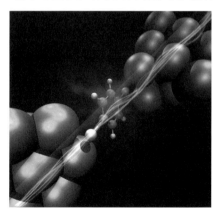

▲単分子接合の概念図

■ **KEYWORD** マークは用語解説参照

- ブレーク・ジャンクション（break junction：BJ）
- 分子接合（molecular junction）
- 単分子デバイス（single molecular device）
- 分子トランジスタ（molecular transistor）
- 分子スイッチ（molecular switch）
- 分子ダイオード（molecular diode）
- トンネル伝導（tunnel transport）
- 量子干渉（quantum interference）
- 分子間相互作用（intermolecular interaction）

はじめに

分子の電気伝導度は，分子素子で最も基礎的な物性量であり，分子エレクトロニクス研究の初期から計測が行われてきた．分子の伝導計測の手法は，少数分子を計測するか単分子を計測するかで変わってくる．少数分子を計測する場合には，微細加工で作製したナノギャップ電極に分子を導入することで計測できる．単一分子の伝導度を計測する場合には，電極間を架橋する分子数を調整するために可変ナノギャップ電極が必要であり，ブレーク・ジャンクション（break junction：BJ）が用いられる．BJ には STM（scanning tunneling microscope：走査型トンネル顕微鏡）を用いた BJ と，弾性基板上に固定した金属線を，基板を湾曲させることで破断させる mechanically controllable break junction（MCBJ）が用いられる．いずれも，分子存在下で金属線を破断させることでナノギャップを作製し，形成したナノギャップに分子を捕捉することで分子接合を作製する．ギャップ間隔を調整することで架橋分子数を制御し，単分子接合を作製する．本章では，おもに単分子の伝導度計測について紹介する．

1 分子デバイス開発

電子機器を組み立てるには，スイッチ，ダイオード，抵抗，メモリ，結線材料が必要である．これらすべての機能が現在，単分子接合で報告されている．本章では，歴史的に有名な研究を中心に紹介する．

単分子ダイオードにおいて鍵となるのは，分子の配向制御である．非対称分子を用いて単分子接合を形成し，非対称な I-V を計測した例は多数あるが，その多くの研究では分子の配向を制御できておらず，整流の向きは接合ごとに，ばらついている．Ismael らは，分子につける保護基を工夫することで分子の配向制御に成功した[1]．彼らは電子リッチなビフェニルと電子不足のビピリミジンを連結した非対称ジブロック分子を用い，分子の両端に異なる保護基を導入した．まずビフェニル側の保護基を外して分子を Au 基板上に吸着させ，続いてビピリミジン側の保護基を外して，STM 探針に接続できるようにした．形成された単分子接合では分子の配向が揃っており，電流がビピリミジン側からビフェニルへ流れる整流性が再現性よく観測された．

単分子トランジスタを実現するために重要なこと

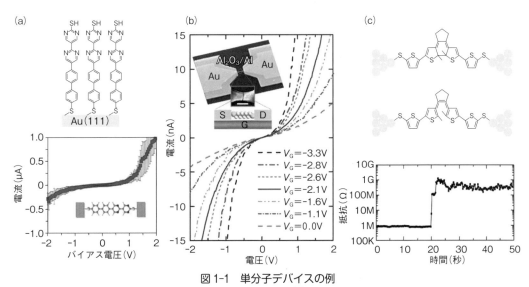

図1-1　単分子デバイスの例

(a) 非対称分子を用いた単分子ダイオードおよび電流−電圧特性[1]．基板に対する分子の配向を揃えることで，整流性の向きを制御している．(b) オクタンジチオールを用いた単分子トランジスタ．極薄ゲート絶縁膜を用いてゲート電圧をかけている[2]．負のゲート電圧をかけることで，伝導度が増加している．(c) フォトクロミック分子を用いた単分子光スイッチ[3]．光照射によって抵抗値が 100 倍以上増加している．

は，架橋した単分子に電界がかかるように，ゲート電極と分子の距離をソース-ドレイン電極間距離，つまり分子サイズと同程度まで小さくすることである．極薄のゲート絶縁膜の作製が鍵となる．Songらは，Al電極を酸化することで厚さ6 nmの極薄Al_2O_3ゲート絶縁膜を作製した[2]．そして，ベンゼンジチオール（BDT）やオクタンジチオール（ODT）単分子接合にゲート電圧をかけることで，伝導度を変調させることに成功した．BDT，OBT単分子接合ともに，ゲート電圧を負にすることで伝導度が大きくなるp型半導体の特性を示した〔図1-1(b)〕．

単分子スイッチでは，外部摂動によって単分子接合のどの部分を変化させるかが鍵である．単分子接合では，界面構造も伝導性に影響を与えるので，分子骨格だけでなく界面構造を変化させても伝導度をスイッチさせることができる．分子骨格を変化させるスイッチとしてはジアリールエテンを用いた単分子スイッチが有名である[3,4]．ジアリールエテンは可視光によって開環反応，紫外光によって閉環反応が進行する．Dulicらはジアリールエテンを架橋させた単分子接合を作製し，可視光照射による抵抗変化を計測した[3]．図1-1(c)に示すように，光照射によって単分子接合の抵抗値が100倍以上増加した．環が閉じている状態では分子はπ共役していたのが，開環することで共役が切れて抵抗値が増大したと考えられている．最近ではグラフェン電極を用いることで，1年以上安定して動作するジアリールエテン単分子光スイッチも報告されている[4]．単分子スイッチのもう一つのアプローチは，界面構造の制御である．筆者らは，ピラジンおよびオリゴチオフェンを用いて，界面の構造変化を利用した単分子スイッチを報告した[5]．ピラジン単分子スイッチでは，電極間距離により分子の配向角を変調し，分子と電極金属の相互作用の大きさを変えることで，伝導度を可逆的に2値の間でスイッチさせた〔図1-2(a)〕．オリゴチオフェン分子では，図1-2(b)に示すように，それぞれのチオフェン環の硫黄部位でAuに接続することが可能である．電極間距離を変えることで接続位置をスライドさせ，3段階に伝導度をスイッチさせることに成功した．接続位置により伝導度は10倍ずつ変化し，最大で100倍変化した．ピラジン，オリゴチオフェン単分子スイッチともに，界面の構造変化を利用したスイッチであり，単分子接合の特徴を生かした機能発現である．

2 伝導度計測に基づく分子固有の性質解明

単分子計測では，分子間相互作用のない理想的な環境で分子固有の性質を調べることができる．Venkataramanらはビフェニルベンゼン単分子接合を用いて，π分子間の重なりの大きさを伝導度のかたちで表現することに成功した[6]．彼らは，ビフェニルベンゼンに置換基を導入することで，二つのベ

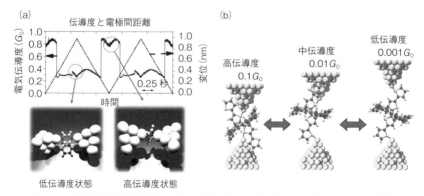

図1-2 界面構造を変調させることで動作する単分子スイッチ［カラー口絵参照］
(a)分子の吸着構造変化を利用したピラジン単分子スイッチ．電極間距離を変化させることで，伝導度が可逆的に2値の間をスイッチ．(b)分子の吸着位置の変化を利用したオリゴチオフェン単分子スイッチ．

ンゼン環のねじれ角を調整した．ビフェニル単分子接合の伝導度は，図1-3(a)に示すように，ねじれ角(θ)に従って$\cos^2 \theta$のかたちで変化した．観測された伝導度のねじれ角依存性は，π軌道同士の重なりの大きさが$\cos \theta$で表現できることを示している．

分子のπ共役性や芳香族性と電子伝導性の関係も単分子接合を用いた計測から明らかにされている[7~9]．飽和炭化水素ワイヤ（アルカン）やカルテノイドなどのπ共役ワイヤについて，単分子伝導度のワイヤ長依存性が計測された〔図1-3(b)〕．長さ数nm以下の単分子接合では，その伝導度はβを減衰定数，ワイヤ長をlとして$\exp(-\beta l)$と表現できる．βが小さいほど，分子は電気をよく流すことになる．アルカンではβは1Å^{-1}であるが，π共役系ではβは0.5Å^{-1}以下となり，π共役性の優れた伝導性が示された．とくに金属を含むポルフィリンワイヤでは0.01Å^{-1}と桁違いに小さな値も報告されている[8]．単分子ワイヤの伝導度の長さ依存性からは，電子の伝導機構の切り替わる様子も観測されている．分子ワイヤが長くなり，電子の位相長や平均自由行程より長くなると，伝導機構がトンネル機構から，電子が分子内に滞在するホッピング伝導機構に切り替わる．山田らは，オリゴチオフェンワイヤの長さが6 nmより短いとトンネル伝導で，それ以上ではホッピング伝導に切り替わることを報告している[9]．

反芳香族分子は平面構造をもつ環状のπ分子であり，π電子を$4n$個もつ．$4n+2$個のπ電子をもつ芳香族分子と比較して，特異な電子配置を反映し，狭いエネルギーギャップ，高い反応性，常磁性の発現などが期待されている．藤井らは，反芳香族分子であるノルコロールと，類似骨格をもつ芳香族分子のポルフィリンを用いて，単分子伝導度計測を行った[10]．その結果，図1-3(b)に示すようにノルコロール単分子接合はNiポルフィリン単分子接合と比較して20倍高い伝導性を示し，反芳香族分子の優れた伝導性が単分子レベルで実証された．

超分子を用いた単分子伝導度計測により，分子間あるいはイオン間の電子輸送を単分子レベルで明らかにすることもできる．分子間あるいはイオン間の電子輸送特性を分子レベルで明らかにするためには，電極間を架橋する分子，イオンの数およびその配列を厳密に制御する必要がある．一般的にはその制御

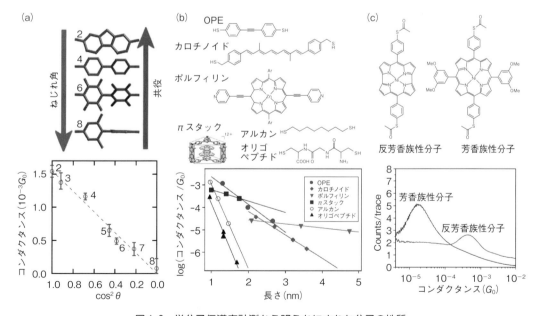

図1-3　単分子伝導度計測から明らかにされた分子の性質
(a)ビフェニル単分子電気伝導度のねじれ角依存性．(b)単分子ワイヤの電気伝導度の分子長依存性．(c)反芳香族性分子（ノルコロール）と芳香族性分子（ポルフィリン）の単分子電気伝導度のヒストグラム．

> **+ COLUMN +**
>
> ★いま一番気になっている研究者
>
> ## Latha Venkataraman
> (アメリカ・コロンビア大学 教授)
>
> 金属への接合部位を NH$_2$ とすることで，単分子接合の電気伝導度が一定の値を示すことを明らかにした研究者である．このアンカー部位を用いて，さまざまな化学現象を単分子接合の電気伝導度の形で明快に示してきた．たとえば，ビフェニルの伝導度がねじれ角の2乗に応じて変化すること，量子干渉効果，スイッチング特性，整流特性の発現などを非常にきれいなデータで示した．

は難しいが，かご型分子を用いることで，かご内に内包させる分子数と配列を揃えることができる．内包分子数を変えた，かご型分子について，単分子伝導度を計測することで，われわれはπスタックおよびイオン間の伝導特性を単分子レベルで解明することに成功した〔図1-3(b)〕.[11,12] 伝導度の積層数依存性から，π分子間ではβは$0.1\ \text{Å}^{-1}$，Auイオン間では$0.05\ \text{Å}^{-1}$と決定され，π分子間，金属イオン間の優れた電子伝導性が示された．

3 まとめと今後の展望

電気計測が，分子エレクトロニクスの基本的なユニットの評価，そして分子固有の性質や量子状態を研究するための適切な計測法であることを紹介してきた．本章では，分子と金属の接合界面の影響をそれほど考慮してこなかった．一方，分子接合では，分子が金属と2か所で接触しており，界面において分子と金属間の相互作用が大きい場合，分子の電子状態は孤立分子からは変化を受け，気相や結晶では観測されない性質を示すことが期待できる．実際，バルクで絶縁体である水素が，単分子接合では金属単原子と同程度の伝導度を示すことが知られている．Pt-H$_2$-Pt接合の場合，水素分子が電極に架橋することで，水素の反結合性の分子軌道がPtのフェルミ準位まで下がり，高い伝導度を示す．同様の現象はベンゼン，フラーレンなどのπ共役系分子を電極金属に直接接続させた系において観測されている[13]．また，単分子接合にすると分子反応の活性化障壁が結晶状態と比較して減少することも，スマネン分子

の実験から明らかにされている[14]．分子接合研究は分子素子への応用を目指した研究が今後も主要なトピックスになると思われるが，界面相互作用を積極的に利用した物性探索などの基礎研究も今後の展開として期待される．また，本章では電気伝導度に特化して話を展開したが，伝導度計測に加え，単分子接合の熱起電力，表面増強ラマン散乱，電流－電圧特性，磁気応答などを計測することで，単分子接合の物性をより詳細に調べること，また単分子接合の構造や電子状態を解明することもできる[15]．新しい計測法の開発は，分子エレクトロニクス研究のさらなる発展のために不可欠である．

◆ 文 献 ◆

[1] I. Diez-Pérez, J. Hihath, Y. Lee, L. Yu, L. Adamska, M. A. Kozhushner, I. I. Oleynik, N. Tao, *Nature chemistry*, **1**, 635 (2009).

[2] H. Song, Y. Kim, Y. H. Jang, H. Jeong, M. A. Reed, T. Lee, *Nature*, **462**, 1039 (2009).

[3] D. Dulic, S. J. van der Molen, T. Kudernac, H. T. Jonkman, J. J. de Jong, T. N. Bowden, J. van Esch, B. L. Feringa, B. J. van Wees, *Phys. Rev. Lett.*, **91**, 207402 (2003).

[4] C. Jia, A. Migliore, N. Xin, S. Huang, J. Wang, Q. Yang, S. Wang, H. Chen, D. Wang, B. Feng, *Science*, **352**, 1443 (2016).

[5] M. Kiguchi, T. Ohto, S. Fujii, K. Sugiyasu, S. Nakajima, M. Takeuchi, H. Nakamura, *J. Am. Chem. Soc.*, **136**, 7327 (2014).

[6] L. Venkataraman, J. E. Klare, C. Nuckolls, M. S.

Hybertsen, M. L. Steigerwald, *Nature*, **442**, 904 (2006).

[7] N. Tao, *Nat. Nanotechnol.*, **1**, 173 (2006).

[8] G. Sedghi, V. M. Garcia-Suarez, L. J. Esdaile, H. L. Anderson, C. J. Lambert, S. Martin, D. Bethell, S. J. Higgins, M. Elliott, N. Bennett, J. E. Macdonald, R. J. Nichols, *Nat. Nanotechnol.*, **6**, 517 (2011).

[9] S. K. Lee, R. Yamada, S. Tanaka, G. S. Chang, Y. Asai, H. Tada, *ACS nano*, **6**, 5078 (2012).

[10] S. Fujii, S. Marques-Gonzalez, J. Y. Shin, H. Shinokubo, T. Masuda, T. Nishino, N. P. Arasu, H. Vazquez, M. Kiguchi, *Nat. Commun.*, **8**, 15984 (2017).

[11] M. Kiguchi, T. Takahashi, Y. Takahashi, Y. Yamauchi, T. Murase, M. Fujita, T. Tada, S. Watanabe, *Angew. Chem. Int. Ed. Engl.*, **50**, 5708 (2011).

[12] M. Kiguchi, J. Inatomi, Y. Takahashi, R. Tanaka, T. Osuga, T. Murase, M. Fujita, T. Tada, S. Watanabe, *Angew. Chem. Int. Ed. Engl.*, **52**, 6202 (2013).

[13] M. Kiguchi, O. Tal, S. Wohlthat, F. Pauly, M. Krieger, D. Djukic, J. C. Cuevas, J. M. van Ruitenbeek, *Phys. Rev. Lett.*, **101**, 046801 (2008).

[14] S. Fujii, M. Ziatdinov, S. Higashibayashi, H. Sakurai, M. Kiguchi, *J. Am. Chem. Soc.*, **138**, 12142 (2016).

[15] S. Kaneko, D. Murai, S. M. González, H. Nakamura, Y. Komoto, S. Fujii, T. Nishino, K. Ikeda, K. Tsukagoshi, M. Kiguchi, *J. Am. Chem. Soc.*, **138**, 1294 (2016).

Chap 2

単分子接合の熱電変換と熱伝導

Thermoelectricity and Thermal Transport in Single-Molecule Junctions

山田 亮
（大阪大学大学院基礎工学研究科）

Overview

近年，エネルギー利用効率の向上の観点から，熱流の制御（サーマルマネジメント）が注目を集めている．サーマルマネジメントに要求される材料の特性は幅広く，たとえば電子素子の加熱を防ぐためには高い熱伝導率が求められるのに対して，省エネルギーの観点からは，高い断熱性能が求められる．加えて，排熱の有効利用の観点から注目されている熱電変換では，固体の熱伝導特性と電子物性の両方を制御する必要がある．

単分子接合は，金属-有機物-金属という異種材料の接合であり，ナノスケールの輸送過程を扱うための良いモデル系である．電荷輸送に関する研究と比べると，熱輸送についての研究は，まだ実験手法が確立されておらず，研究がスタートしたばかりである．本章では，比較的研究が進んでいる単分子接合の熱電変換について，概要と現状にふれた後，単分子接合における熱輸送に関する簡易的なモデルと単分子膜で得られている実験結果を中心に解説する．

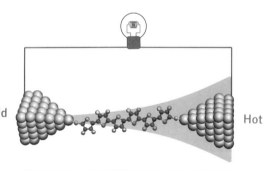

▲単分子接合における熱電変換と熱流の概念図
［カラー口絵参照］

■ **KEYWORD** 📖マークは用語解説参照

- ■単分子接合（single-molecule junctions）
- ■熱電（thermoelectricity）
- ■熱輸送（thermal transport）
- ■フォノン輸送（phonon transport）

はじめに

まず，バルク物質におけるサーマルマネジメントの基本物理量について復習しておく[1]．物体に温度差が加えられると，温度の高い方から低い方に向かって熱が輸送される．物体中を単位時間・単位面積当たりに通過する熱の流れを熱流(J)とよぶ．Jは，均一な物体に与えられた温度勾配∇Tに対して，次式で定義される．

$$J = -K\nabla T \tag{1}$$

比例定数Kを熱伝導率とよぶ．Kは，電気伝導でいうところの電気伝導率に相当し，規格化されている量であるので，材料の大きさによらない物質固有の値である．固体中のJのキャリアは，大きく分けて，格子振動(フォノン)と自由電子であり，バルクスケールの材料においては，Kは，Jの担い手となる粒子の速度v，単位体積当たりの比熱C，平均自由行程lを用いて，一般的に

$$K = 1/C \cdot v \cdot l \tag{2}$$

と表される．電子とフォノンのそれぞれに対して，式(2)のパラメータを検討することで，バルク材料の熱伝導機構を知ることができる．絶縁体ではフォノンによる熱伝導が支配的となるのに対して，金属では，自由電子による熱伝導が支配的となり，Kは電気伝導率(σ)と温度(T)によって，下式によって記述される(Wiedemann-Frantz則)．

$$K = L_0 T \sigma \tag{3}$$

ここで，Tは絶対温度，L_0は，

$$L_0 = \frac{\pi^2}{3}\left(\frac{k_B}{e}\right)^2 = 2.44 \times 10^{-8} \text{ V}^2\text{K}^{-2}$$

でローレンツ数とよばれる．

金属や半導体などの電荷キャリアをもつ材料に温度差を加えると，温度が高い場所においては，温度の低い場所よりも高いエネルギーをもった電荷担体が多く発生し，電荷担体のエネルギー分布が物質中で異なる状態ができる．この結果，温度の高い場所から低い場所へ移動し，電位差，すなわち電圧が発生する．この現象を熱起電力とよぶ．温度差が低いときには，発生する電圧(V_thermal)と温度差ΔTは比例関係と見なすことができ

$$V_\text{thermal} = -S\Delta T \tag{4}$$

と表すことができる．比例定数Sをゼーベック係数とよぶ[2]．

熱起電力を利用し，温度差から電力を取り出す方法を熱電変換とよび，工場や自動車のエンジンなどの排熱から電気を作り出す発電機構として，あるいは，小型で機械的動作部分がないことから，小電力機器用のメンテナンスフリーの小型電源としての活用が期待されている．

現在のところ熱電変換の効率はあまり高くなく，実用に耐えうる材料はきわめて限られている．この理由は，電源としての効率を良くするためには，温度差を維持するための高い熱絶縁性と，低い内部抵抗，大きなSの三者を同時に成立させる必要があるのに対し，高い電気伝導度の材料では，電荷担体による熱輸送が効率良く起こるため，高い熱絶縁性は実現できないことに加え，Sが電子状態に依存するため[2]，これらのパラメータを独立に制御し性能を最適化できないためである．キャリア密度の温度依存性が比較的高い半導体材料が熱電変換に有望な材料と考えられており，精密なドーピング制御により熱電変換効率を最適化する試みが行われている．

単分子接合は，電極と有機物が結合した不均一な系であることに加え，その大きさは，典型的な金属中での電子およびフォノンのlと同程度か，それよりも小さい．このため，式(2)や，その他のバルク物質を対象として得られた理論的な枠組みをそのまま適用することはできない．逆にいうと，バルク材料が抱えている問題点に縛られない，新たな熱電変換材料開発の道が切り開かれる可能性がある．

単分子接合における熱流の担い手を考えてみると，多くの場合，電気伝導度が小さいため，フォノンが主要な役割を果たすと予想される．一方で，電流密度は比較的大きな値となるため，電子-フォノン相互作用による接合におけるフォノンの生成・消滅に伴って，加熱や冷却が起こる可能性がある[3]．とく

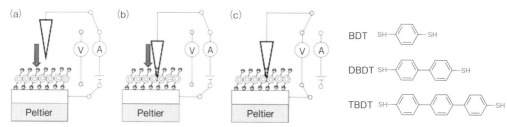

図2-1 S_{junction}の測り方と分子構造
STMの探針と基板の間に温度差を加え、電流を測定しながら針を基板に近づけていく(a)．電流が単分子の電気伝導度以上になったら針の位置を固定し(b)，電圧測定に切り替える(c)．図右に、測定に使用した分子の構造(BDT，DBDT，TBDT)を示す．

に接合部における電子のエネルギー散逸過程は、単分子接合の安定な維持を実現するうえでも理解すべき重要な課題といえる．

単分子接合に代表されるナノスケールの素子を利用し、電荷と同様にフォノンを制御する「フォノン素子」の可能性が議論されており[4]，これまでに熱整流器、電界効果光学フォノントランジスタ、熱変調器、ヒートポンプ、量子ラチェットなどが提唱されている．これらの理学的な興味に加え、エネルギーの無駄を省くため、あるいは、排熱を有効利用するための熱電変換という視点からも、単分子接合に代表される異種材料を混合させた、ナノ材料の熱輸送特性や熱電特性に関する関心が高まっている．

1 単分子接合における熱電変換

単分子接合のサーマルマネジメントに関連する研究のうち、最も早く行われたのは、単分子接合のゼーベック係数(S_{junction})の測定である[5]．Reddyらは、走査型トンネル顕微鏡(STM)の探針と基板の温度に差をつけ、単分子接合を形成したときに発生した熱起電力の温度依存性からS_{junction}を測定した(図2-1)．まず、測定対象の分子の単分子膜を基板上に形成し、基板と針の間に温度差を形成する．次に、あらかじめブレーク・ジャンクション(BJ)法[6,7]によって測定した単分子接合の電気伝導度(G)に相当する電流が流れる位置まで、STMの針を基板に近づける．その後、針の位置を固定して、電圧計に切り替えて熱起電力を測定する．測定された電圧には、電線や探針材料に由来する熱起電力も含まれるので、最終的には、それらの寄与を取り除き、S_{junction}を決定する[8,9]．

彼らは、ベンゼン環を直列につないだ三つの分子について測定を行い、Au-BDT-Au接合では、$S_{\text{BDT}} = 8.7 \pm 2.1\ \mu\text{V/K}$，DBDTでは$S_{\text{DBDT}} = 12.9 \pm 2.2\ \mu\text{V/K}$，TBDTでは、$S_{\text{TBDT}} = 14.2 \pm 3.1\ \mu\text{V/K}$と、ベンゼン環数が増えるにつれて$S$が大きくなる傾向を見いだした．

この結果を、単分子接合の電気伝導のモデルとしてよく用いられるBreit-Wignerresonanceモデルにより解釈してみよう[10]．図2-2に単分子接合のエネルギーダイアグラムを示す．分子と電極が近づくことにより、両者の間で電子交換が起こるようになる〔図2-2(a)〕．この電子交換強度を電子カップ

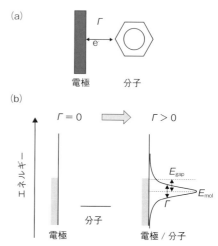

図2-2 電極と分子が接近したときの分子準位の変化
(a) 電極と分子の間の相互作用(電子交換 Γ)の概念図．
(b) Γによる分子の電子状態の広がり．

リング(Γ)で表す．伝導に寄与する分子のエネルギーレベル(E_{mol})は，電極との電子交換の結果，Γだけ広がりをもった状態となる〔図2-2(b)〕．単分子接合で分子に結合している二つの電極と分子準位のΓが等しいとき，単分子接合を電荷が透過する確率(T)は，下に示すローレンツ関数で表すことができる．

$$T(E) = \frac{(\Gamma/2)^2}{(\Gamma/2)^2 + (E_{\mathrm{mol}} - E)^2} \quad (5)$$

Landauerの取り扱いに従うと，バリスティックな電気伝導度をもつ電極に単分子接合が挟まれているときの，フェルミレベル(E_F)近傍での電気伝導度(G)は，$T(E_F)$を使って，

$$G = \frac{2e^2}{h} T(E_F) = \frac{2e^2}{h} \frac{(\Gamma/2)^2}{(\Gamma/2)^2 + (E_{\mathrm{mol}} - E_F)^2} \quad (6)$$

となる．さらに，このとき，S_{junction}は，次式で与えられる[11]．

$$S_{\mathrm{junction}} = -\frac{\pi^2 k_B^2 T}{3e} \left.\frac{\partial \ln(T(E))}{\partial E}\right|_{E=E_F} \quad (7)$$

図2-3に，$T(E)$とS_{junction}の関係を示す．E_{mol}がE_Fからやや離れている場合(off-resonant条件)，Γが一定でE_{mol}がE_Fに近づくと，S_{junction}は大きくなる．また，フェルミレベルよりも高いエネルギー状態が伝導に寄与している場合には$S_{\mathrm{junction}} < 0$，低いエネルギー準位が寄与している場合には，$S_{\mathrm{junction}} > 0$となることがわかる．通常，$E_F$は，分子の最高被占軌道(HOMO)と最低空軌道(LUMO)の間に位置すると考えられるので，S_{junction}の符号から，主要な伝導性軌道がLUMO ($S_{\mathrm{junction}} > 0$)か，HOMO ($S_{\mathrm{junction}} < 0$)かを決めることができる．

このモデルに沿ってBDTの実験結果を考察すると，BDTでは，HOMOが伝導性軌道となっており，ベンゼン環を直列につなぐにつれて，E_{mol}がよりE_Fに近づいたと解釈できる．この結果は，分子長さが長くなるにつれてπ電子の広がりが大きくなり，LUMOとHOMOのエネルギーギャップが小さくなることに対応する．もちろん，E_{mol}だけでなく，Γも変化する可能性があるため，電子状態を知るためには，ΓとE_{mol}両方の値を知る必要がある．ΓとE_{mol}の値は，S_{junction}とGの同時測定や，電流電圧特性の測定により実験的に求めることが可能である[12～15]．

このように，S_{junction}は，接合の電子状態を明らか

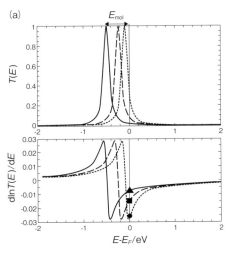
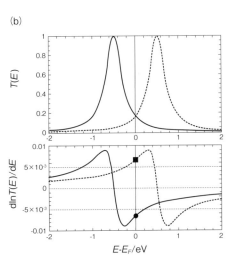

図2-3　$T(E)$と$\mathrm{d}\ln T(E)/\mathrm{d}E$の関係

(a)E_{mol}がシフトしたときの例．E_{mol}がE_Fに近づくと〔(a)上〕とE_Fにおける$\mathrm{d}\ln T(E)/\mathrm{d}E$の値は大きくなる〔(b)下〕．(b)$E_{\mathrm{mol}}$が$E_F$をまたいだ時の例．$E_{\mathrm{mol}}$が$E_F$よりも低いときには，$\mathrm{d}\ln T(E)/\mathrm{d}E < 0$となり，$E_F$よりも高いときには，$\mathrm{d}\ln T(E)/\mathrm{d}E > 0$となる〔(a)下〕．式(6)により，$S_{\mathrm{junction}}$の符号は，$\mathrm{d}\ln T(E)/\mathrm{d}E$のそれを反転させたものになることに注意．

にするうえで非常に有用であり，分子長，分子軌道のエネルギー準位や金属の仕事関数の影響などが明らかにされ[10, 16]．ほぼ，上記のモデルに従うことが明らかになっている．さらに，Seekei らは，Ni-BDT-Ni 接合の $S_{junction}$ を測定し，電極が金のときには，$S_{junction} > 0$ であるのに対し，電極が Ni のときには $S_{junction} < 0$ となることを明らかにした[17]．この結果は，Ni-BDT-Ni 接合において，強磁性電極である Ni の影響を受けて，単分子接合の電子状態がスピンの向きに応じて分裂を起こしたために起きたと解釈された．このように $S_{junction}$ の測定は単分子接合の電子状態を実験的に明らかにするうえで重要となっている．一方で，より分子長が長くなったときに主要な伝導機構となる，熱活性型の電気伝導領域[18]に関する $S_{junction}$ の報告は数えるほど[19]であり，今後の進展が待たれる．

2 単分子接合における熱伝導

2-1 Landauer モデルによる熱流の取り扱いと quantum thermal conductance（QTC）

電荷輸送の時と同様に，単分子接合の熱輸送も，Landauer の表式に従って考察を進めることが可能で，一つの熱輸送モードに対する熱伝導度 σ_0 は量子化され，

$$\sigma_0 = \frac{\pi^2 k_B^2 T}{3h} \tag{8}$$

となる[3]．ここで，h はプランク定数である．この結果は熱の輸送媒体に依存せず，熱伝導度の量子化は，フォノン，電子，さらには光子に対して実験的に観測されている[3]．

2-2 単分子接合における熱伝導率

単分子接合の熱伝導率については，まだ信頼性のある実験的な結果は得られていない．一方，単分子接合でも重要な分子骨格部分の熱伝導率測定に関しては，いくつかの関連する研究が行われている．分子配向の整ったポリマーのナノファイバーでは，通常のバルクの有機物の熱伝導率に比べてきわめて高い熱伝導率が報告された[20, 21]．これらの材料は絶縁体であることから，フォノンによる熱伝導率が支配

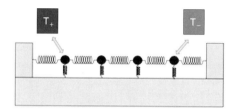

図 2-4　単分子中を伝搬するフォノン輸送のモデル

的であり，分子内ではきわめて効率が高いフォノン輸送が起こっていることを示唆している．単分子接合では，分子で繋がれた二つの金属電極間の熱輸送を取り扱うため，金属と分子の界面での熱輸送，とくにフォノンの輸送を考慮する必要がある．以下では，単分子接合におけるフォノン輸送の簡単なモデル（図 2-4），および，第一原理計算に基づく最近の理論予測の概要を紹介する．

2-3 分子内のフォノン輸送

図 2-4 に，単分子鎖におけるフォノン輸送を解析するための単純化したモデルを示す．このモデルでは，質点がお互いに相互作用しながら一列に並んでいる．基板などの外界との相互作用は，底面とつながれたバネによって表されている．質点間の相互作用が，フックの法則に従い，外界との相互作用が無視できる場合は，一次元鎖のバンドモデルに相当し，標準的な固体物理の教科書でも取り上げられている．1955 年に Fermi，Pasta，Ulam らは，原子間相互作用をより正確に取り入れるため，質点間の相互作用に Lennard-Johns ポテンシャルを採用した．このモデルは FPU 問題といわれ，今もなお，モデルが示す非線形な特性については研究が行われている[22, 23]．これらの一次元鎖モデルの主要な結論は，熱伝導率は原子数を N とすると，$K \propto N^\alpha (\alpha > 0)$ となることである．より近代的な計算手法を取り入れた最近の結果では，$\alpha \sim 0.4$ と予測されている[24, 25]．すなわち，一次元鎖の熱伝導率は，その長さに依存して変化するが，十分に長くなると，ほぼ一定と見なせるようになる．

2-4 電極との結合（カップリング）の効果

上で紹介したモデルは，あくまでも単分子鎖における熱伝導率のモデルであり，電極（あるいは熱浴）

> **+ COLUMN +**
>
> ★いま一番気になっている研究者
>
> ## Richard McCreery
> (カナダ・アルバータ大学,国立ナノテクノロジー研究所 教授)
>
> McCreery教授は,カーボン電極を利用した独自の単分子膜形成技術を元に単分子膜を利用した素子に関する研究を行っている.ギターのエフェクターというかたちで単分子膜素子として初めて市販品を生み出すなど(https://www.nanologaudio.com/),単分子エレクトロニクス業界では最も工学応用に近い研究を手がけている.一方で,やや古くなったものの,彼の執筆した総説〔*Chem. Mater.* 16, 4477,(2004)〕は,電子移動反応の研究から分子エレクトロニクスへの研究の流れが簡潔にまとめているだけでなく,単分子エレクトロニクス分野において理解しておくべき事項が網羅的にまとめられており,本分野を学ぶ者にとっては良い出発点といえる.

と接合された系である単分子接合には直接適用できない.単分子接合における熱輸送成分である電荷輸送とフォノン輸送のうち,電荷輸送の取り扱いはLandauerの取り扱いが成功を収めている.フォノンについても同様の取り扱いが可能で,さまざまな解析が行われている.

Segalらは,熱浴につながれたアルキル鎖をモデルとし,熱浴と分子のフォノンモードのカップリングを取り入れた計算を行い,次のような興味深い結果を得た[25].熱浴と分子振動のカップリングが弱い場合は,炭素数 $N = 4$ のときに熱伝導率が極大値を示すとともに,$N > 10$ のときには熱伝導率は分子の長さに依存しなくなる.熱浴と分子のカップリングが強い場合は,フーリエの法則に従う.その他にも,第一原理計算に基づいた解析が数多く行われ[16],分子の長さが短い領域では,あるところで熱伝導率が極大値を示すことと,ある程度の長さ以上では,ほぼ一定に落ち着くことの2点が,共通の性質として予測されている.

2-5 実験結果

熱浴に繋がれた単分子鎖の熱伝導率が,分子の長さに対して極大値を示すかどうかは,興味深い実験対象である.光学的な手法を用いた金属−アルカンチオール単分子膜−金属接合の熱伝導率測定では[26],熱伝導率の極大値は観測されていなかったが,試された分子の長さは,炭素数にして5以上であり,もうすこし短い領域での挙動に興味がもたれた.

Meierらは,走査型熱顕微鏡(scanning thermal probe microscopy:SThM)を利用し,針と基板の間に挟まれた単分子膜の熱伝導率を炭素数2のアルカンチオール分子まで観測し,炭素数3〜4近辺に熱伝導率の極大らしい挙動を報告した[27].しかし,この測定において使用された温度(200℃あるいは300℃)では,アルカンチオールの単分子膜の固体構造が保たれていない可能性[28, 29]はもとより,分子が表面から脱離している可能性もあり[30],結果の信頼性には疑問が残る.この他にも,単分子接合の熱伝導では,金属のフォノンモードと分子のフォノンモードのミスマッチから熱伝導率が低くなるとの期待もある[26, 31].アンカー部分を変化させたり[32],基板となる金属の種類を変化[33]させたりした報告も見られるが,いずれの場合も測定対象となる単分子膜の構造や,とくに上部電極側の分子膜へのコンタクトの制御の再現性,均一性など実験上の問題点が多く,これらの結果を元に,どこまで精密な議論が可能かは疑問が残る.単分子計測を含めたより精密な実験が待たれる.

3 まとめと今後の展望

本章では,単分子接合の熱起電力測定を中心に研究の最新の推移を解説した.単分子接合,金属−有機単分子層−金属接合の熱伝導については,理論的な研究が先行しており,実験による研究は始まったばかりであり,今後の進展が望まれる.有機材料と

いう観点から見ると，単分子内，あるいは，分子レベルで配向を制御した高配向性有機ナノファイバーなどでは，通常のバルク材料と比べると非常に高い熱伝導率が報告されており，分子スケールで材料の構造を制御することで，これまでにない高い熱伝導材料を実現する新たな材料系としても注目に値する．

◆ 文　献 ◆

[1] チャールズ・キッテル 著，宇野良清ら 訳，『キッテル固体物理学入門 第六版』，丸善出版（1988）．
[2] 水谷宇一郎，『金属電子論（下）』，内田老鶴圃（1996）．
[3] Y. Dubi, M. Di. Venra, *Rev. Mod. Phys.*, **83**, 131 (2017).
[4] N. Li, J. Ren, L. Wang, G. Zhang, P. Hänggi, B. Li, *Rev. Mod. Phys.*, **84**, 1045 (2012).
[5] P. Reddy, S. Y. Jang, R. A. Segalman, A. Majumdar, *Science*, **315**, 1568 (2007).
[6] D. Xiang, X. Whang, C. Jia, T. Lee, X. Guo, *Chem. Rev.*, **116**, 4318 (2016).
[7] M. Kiguchi, "Single-Molecule Electronics," Springer (2016).
[8] S. K. Yee, J. A. Malen, A. Majumdar, R. A. Segalman, *Nano Lett.*, **11**, 4089 (2011).
[9] S. K. Lee, M. Buerkle, R. Yamada, Y. Asai, H. Tada, *Nanoscale*, **7**, 20497 (2015).
[10] L. Rincón-García, C. Evangeli, G. Rubio-Bollinger, N. Agraït, *Chem. Soc. Rev.*, **45**, 4285 (2016).
[11] M. Paulsson, S. Datta, *Phys. Rev. B*, **67**, 241402 (2003).
[12] A. A. High, J. R. Leonard, M. Remeika, L. V. Butov, M. Hanson, A. C. Gossard, *Nano Lett.*, **12**, 354 (2012).
[13] M. Tsutsui, T. Morikawa, Y. He, A. Arima, M. Taniguchi, *Sci. Rep.*, **5**, 11519 (2015).
[14] Y. Komoto, Y. Isshiki, S. Fujii, T. Nishino, M. Kiguchi, *Chem. Asian J.*, **12**, 440 (2017).
[15] A. Aiba, F. Demir, S. Kaneko, S. Fujii, T. Nishino, K. Tsukagoshi, A. Saffarzadeh, G. Kirczenow, M. Kiguchi, *Sci. Rep.*, **7**, 7949 (2017).
[16] L. Cui, R. Miao, C. Jiang, E. Meyhofer, P. Reddy, *J. Chem. Phys.*, **146**, 092201 (2017).
[17] S. K. Lee, T. Ohto, R. Yamada, H. Tada, *Nano Lett.*, **14**, 5276 (2014).
[18] S. K. Lee, R. Yamada, S. Tanaka, G. S. Chang, Y. Asai, H. Tada, *ACS Nano*, **6**, 5078 (2012).
[19] Y. Li, L. Xiang, J. L. Palma, Y. Asai, N. Tao, *Nat. Commun.*, **7**, 11294 (2016).
[20] H. Fujishiro, M. Ikebe, T. Kashima, A. Yamanaka, *Jpn. J. Appl. Phys.*, **36**, 5633 (1997).
[21] S. Shen, A. Henry, J. Tong, R. Zheng, G. Chen, *Nat. Nanotechnol.*, **5**, 251 (2010).
[22] E. Fermi, J. Pasta, S. Ulam, *Los Alamos Report* LA-1940, **1955** 978.
[23] S. Lepri, R. Livi, A. Politi, *Phys. Rep.*, **377**, 1 (2003).
[24] A. Dhar, *Adv. Phys.*, **57**, 457 (2008).
[25] D. Segal, A. Nitzan, P. Hänggi, *J. Chem. Phys.*, **119**, 6840 (2003).
[26] R. Y. Wang, R. A. Segalman, A. Majumdar, *Appl. Phys. Lett.*, **89**, 173113 (2006).
[27] T. Meier, F. Menges, P. Nirmalraj, H. Hölscher, H. Riel, B. Gotsmann, *Phys. Rev. Lett.*, **113**, 060801 (2014).
[28] R. G. Nuzzo, E. M. Korenic, L. H. Dubois, *J. Chem. Phys.*, **93**, 767 (1990).
[29] F. Bensebaa, T. H. Ellis, A. Badia, R. B. Lennox, *Langmuir*, **14**, 2361 (1998).
[30] N. Nishida, M. Hara, H. Sasabe, W. Knoll, *Jpn. J. Appl. Phys.*, **35**, 5866 (1996).
[31] H. Sadeghi, S. Sangtarash, C. J. Lambert, *Nano Lett.*, **15**, 7467 (2015).
[32] M. D. Losego, M. E. Grady, N. R. Sottos, D. G. Cahill, P. V. Braun, *Nat. Mater.*, **11**, 502 (2012).
[33] S. Majumdar, J. A. Sierra-Suarez, S. N. Schiffres, W.-L. Ong, C. F. Higgs, A. J. H. McGaughey, J. A. Malen, *Nano Lett.*, **15**, 2985 (2015).

Part II
研究最前線

Chap 3

スピン計測
Single Spin Measurement

米田 忠弘
(東北大学多元物質科学研究所)

Overview

量子情報処理に電子のスピン自由度を用いたデバイスに関心が集まる．また分子のスピンを用いた分子スピントロニクスが議論され，単一分子磁石など新しい分子の合成も発展している．このような背景でスピンが関与する物性を原子レベルで分析・制御する技術は必須の要素技術である．本章では，STM を用いた原子レベルの空間分解能をもったスピン検出技術の最近の発展について述べる．検出原理として，スピン偏極トンネリング・近藤効果・磁場中でのゼーマン分裂・ESR 動作などを組み合わせた手法について議論する．

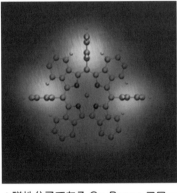
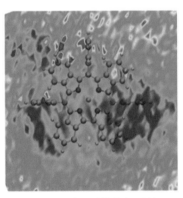

▲磁性分子である Cu-Benzo コロール分子の構造(左)と近藤共鳴で見たスピン分布(右) [カラー口絵参照]

■ **KEYWORD** 🔲マークは用語解説参照

- ■量子情報処理(quantum computing)
- ■分子スピントロニクス(molecular spintronics)
- ■走査トンネル分光(scanning tunneling spectroscopy)
- ■走査型トンネル顕微鏡(scanning tunneling microscopy：STM)
- ■非弾性トンネル分光 (inelastic tunneling spectroscopy：IETS)
- ■スピン偏極 STS (spin polarized STS)
- ■トンネル磁気抵抗(tunneling magnetoresistance：TMR)
- ■磁気異方性エネルギー(magnetic anisotropy energy：MAE)
- ■近藤共鳴(Kondo resonance)
- ■単一分子磁石(single molecule magnet)
- ■ゼーマン分裂(Zeeman splitting)
- ■電子スピン共鳴(electron spin resonance：ESR)

はじめに

分子の電子材料への応用は軽量・安価といった一面から，スピンの自由度を用いた情報処理などの高度な応用へ移行しており，分子のもつシャープな電子状態やスピン状態，あるいは構造と電子状態・スピン状態が密接に連動する性質などが注目されている．さらに分子合成でも，単一分子で磁石の性質をもつ単一分子磁石の高性能化が進んでいる．分子スピントロニクスのデバイスを構築するためには，原子スケールで分析や計測を行い，スピン依存の物性を明らかにする必要に迫られていることを示している．

本章では，走査型プローブ顕微鏡を用いた原子単位でスピン検知を試みる最近の研究を紹介する．走査型トンネル顕微鏡(STM)は，探針と試料の間に流れるトンネル電流を用いて両者の間の距離を一定に保ちながら，表面を二次元方向に走査することで像を得ている．原子が観察できるという特性を得るためには，その相互作用がプローブ-試料間距離について指数関数的に変化するものでなくてはならない．プローブ-試料間に働く磁気的力を利用した磁気力顕微鏡(MFM)も存在するが，その力がプローブ-試料の距離に関して指数関数的な変化を示さず，基本的に原子レベルの分解能は期待できない．そのため，本質的に原子分解能をもつSTM動作を用いて単一スピンを検知する手法は，原子レベルでのスピン物性を理解するうえで有望である．

1 基本原理

1-1 スピン偏極STM

走査型トンネル分光(scanning tunneling spectroscopy：STS)における電流と電圧の関係を考える．サンプルに$V_{bias}(>0)$のバイアスを印加したとき，トンネル電流はエネルギーがフェルミレベルE_fとE_f-eV_{bias}の間の領域に限って生じ，それは探針の状態密度$\rho_{tip}(E)$と試料の状態密度$\rho_{sample}(E)$を用いて次のように表される．

$$I_{tunnel} \propto \int_{E_f-eV_{bias}}^{E_f} dE \rho_{tip}(E) \rho_{sample}(E+eV_{bias}) \lambda(E) \qquad (1)$$

ここで$\lambda(E)$は透過確率でありWKB近似を用いて次のように表される．

$$\lambda(E) = \exp\left(-2\int_0^d dx \sqrt{\frac{2m\psi(E,x)}{\hbar^2}}\right)$$

ここで$\psi(E,x)$は真空障壁の高さ，$m, \hbar$はそれぞれ電子質量とプランク定数である．またdはトンネルギャップ間距離である．

式(1)においてV_{bias}が小さいとき(実際，金属の表面観察には数mVという小さなバイアスが用いられる)，積分領域$[E_f-V, E_f]$において$\rho_{tip}(E) = \rho_{tip}(E_f)$, $\rho_{sample}(E+V) = \rho_{sample}(E_f)$, $\lambda(E) = \lambda(E_f)$と近似可能であり，その場合に$dI/dV$は次のように表現される．

$$dI/dV = \rho_{tip}(E_f) \rho_{sample}(E_f) \lambda(E_f) \qquad (2)$$

さらにスピン偏極STS(SP-STM)においては，スピン依存した状態密度を考え，トンネル過程ではスピン反転が生じないと仮定すると(図3-1参照)，dI/dVは上向き(↑)，下向き(↓)のスピン成分を独立に計算することで式(3)のように変形される．

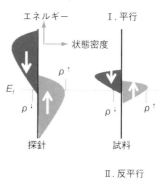

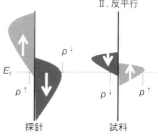

図3-1　スピン偏極STMのエネルギー図
探針と試料のスピンが平行(上)反平行(下)．

$$dI/dV = (\rho_{\text{tip}}{}^{\uparrow}(E_f)\rho_{\text{sample}}{}^{\uparrow}(E_f) + \rho_{\text{tip}}{}^{\downarrow}(E_f)\rho_{\text{sample}}{}^{\downarrow}(E_f))\cdot\lambda(E_f) \quad (3)$$

この関係式はトンネル磁気抵抗（TMR）でよく用いられる．スピン依存した状態密度が図3-1に模式化された系で計算した場合，コンダクタンス dI/dV は探針と試料のスピンが平行のほうが，反平行の場合に比べて大きくなり，スピン平行の場合に大きなコンダクタンスが期待できる．しかしながらこれはバンド構造の形状とスピンによるエネルギーシフト量で変化し，その大小は反転するので，注意が必要である．SP-STM はスピン偏極トンネル電流の差で上向きスピンと下向きスピンの原子やドメインを可視化しようとするものである．

1-2 近藤効果

近藤効果は孤立したスピンと伝導電子の相互作用によって引き起こされる現象である．銅や金といった非磁性金属の中に希薄な磁性原子が存在するときに，ある閾値温度よりさらに冷却すると，金属の抵抗が逆に上昇する現象が古くから知られていた．通常の金属では電気抵抗はおもに格子振動による散乱に起因しており，温度 T が降下するにつれ，T^5 の関数に従って減少する．しかし，希薄磁性合金では温度がある値より低下した場合，再び抵抗が増大する．

その機構は近藤によって孤立スピンと伝導電子のスピンの高次の摂動を考慮した理論で説明された[1]．

ここでは定性的にその原理を述べる（図3-2 参照）．近藤効果の生成機構として，孤立したスピンと伝導電子がスピン反転を伴う相互作用が考えられている．ポテンシャルとしてはその両者間の交換相互作用 J を考える．孤立スピンには，従来の議論では主として d 電子が考えられており，オンサイトでのクーロン反発エネルギー U が高いため，電子が一つしか入れず，スピンをもった状態にある．伝導電子は非磁性金属の伝導電子バンドを考える．この相互作用の結果，図3-2(a) に示すように，伝導電子のスピンと孤立スピンが反転する．いろいろな経路が考えられるが，図3-2(b)で示されるものが，近藤効果を形成する重要な過程と考えられている．ここでは，伝導電子バンドがフェルミ準位まで電子が満たされた状態を灰色の丸の状態で示し，黒丸と白丸はそれぞれ電子とホールに相当する．k に伝導電子をもつ始状態（エネルギー ε_k）から k'' のホールを形成し，k' に電子を励起する中間状態を経て，ホールを k が埋めることで k' に電子が存在する終状態となる．電子の散乱確率は $\sum \dfrac{-J^2 n_{k''}}{\varepsilon_k - (\varepsilon_{k'} + \varepsilon_{k'} - \varepsilon_{k''})}$ に比例する．$n_{k''}$ はその状態 k の電子数である．ここで，エネルギー保存則から始状態・終状態のエネルギーが等しくなるとして（$\varepsilon = \varepsilon_k = \varepsilon_{k'}$）積分に変換すると，散乱確率が $g(\varepsilon) = \int \dfrac{J^2 n_{k''}}{\varepsilon - \varepsilon_{k''}} \rho_0(\varepsilon_{k''}) d\varepsilon_{k''}$ に比例することとなる．ここで ρ_0 は電子の密度である．この関数の積分により $g(\varepsilon) = -\ln\left(\dfrac{|\varepsilon|}{D}\right)$ が導かれ（D は伝導電子のバンドの広がりのエネルギー），ε がフェルミレベルに接近すると，発散することがわかる[2]．また $\varepsilon = 0$ として熱によるフェルミ付近の kT を考えた場合，同様の議論から $g(\varepsilon) = -\ln\left(\dfrac{kT}{D}\right)$ となる．抵抗は散乱確率に比例すると考えると，低温でそれが上昇し $T \to 0$ において発散し，実験で観察された抵抗値の上昇を説明可能である．これらは磁気的なスピンの反転を伴う相互作用で実現したものであり，スピンを含まない散乱過程ではこれらの発散は起こ

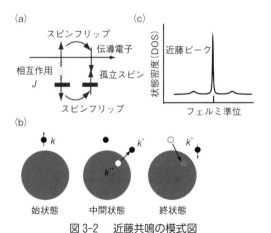

図3-2　近藤共鳴の模式図
(a)孤立スピンと伝導電子の交換相互作用 J によるスピン反転，(b)近藤状態がフェルミ準位に示す高い状態密度，(c)電子・スピン状態．

らない．

抵抗変化の反転が起こる温度は近藤温度とよばれ，$T_k \propto \exp\left(-\dfrac{1}{\rho_0 J}\right)$ で表され，相互作用が弱いと近藤温度が指数関数的に低くなり，実験的に観測されない．

電流を担う伝導電子にこの効果を応用すれば，実際のコンダクタンス変化を生じさせることが可能なため，スピントロニクスの要素技術として，最近再び注目され多くの研究がなされている．

トンネル電流分光では，上述の k' に対応し $T \to 0$ で発散する準位が，フェルミ準位付近に鋭い半値幅のピークとして観察することが可能であり〔図3-2(c)〕，単一スピンの情報を間接的に得ることができる．

1-3　外部磁場印加によるゼーマン分裂

スピンを磁場中に置いた場合，図3-3(a)に示すように，上向きと下向きスピンのポテンシャルはゼーマン分裂に相当するエネルギー差を生じるが，この分裂を利用したスピンの検知手法が多く提案されている．

最初は，4章で述べられている非弾性トンネル分光（inelastic tunneling spectroscopy：IETS）を用いるスピン検出であり，ゼーマン分裂エネルギーより大きいエネルギーをもつトンネル電子はスピンを反転させることが可能であり，それがエネルギー損失として IETS で観測可能である．

ゼーマン分裂とマイクロ波を組み合わせた ESR の動作原理を図3-3(b)に示す．磁場中に置かれた上向きスピン，下向きスピンのゼーマン分裂によるエネルギー差と，RF コイルから照射されるマイクロ波のエネルギーが一致したとき，共鳴的にマイクロ波の吸収が起こり，その共鳴を検知することでスピンの検出，g 値の決定を行う．この ESR 手法を STM と組み合わせてスピン検知に利用する手法として，次のような機構が調べられている．

(1) 局在したスピンは磁場中で歳差運動を行うが，その周期に同期したトンネル電流の変化を周波数分解することで検知する手法．

(2) 波長可変のマイクロ波を照射するとき，その波

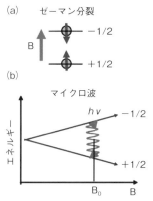

図3-3　ゼーマン分裂のエネルギー図(a)，外部磁場 B 中のゼーマン分裂と，マイクロ波($h\nu$)との共鳴(b)

長が共鳴条件を満たせば，分子の動きが共鳴的に増大されてトンネル電流に反映され，それを検出する手法．

(3) トンネルデバイスに GHz の変調電位を重畳し，誘起されるトンネル電流の変化を用いて ESR シグナルを検出する手法．

2　STM を用いたスピン検出の実際

2-1　SP-STM の実際

ここでは，W(110)表面上に蒸着した Mn のレイヤーについての研究例を見る[3]．表面に蒸着された Mn 膜に関して，スピンの配列が強磁性であるか反強磁性であるかを可視化することができる．強磁性，反強磁性の場合のスピンの整列を図3-4 の(a)と(b)にそれぞれ示す．スピンを考慮に入れた電子状態に対する単位格子は，(a)の場合は原子の周期性から得られる菱形，(b)の場合はスピンの違いを考慮した長方形で表され，後者がより大きな格子となる．この例ではスピン偏極した探針は，真空中で Fe あるいは Gd を蒸着することで作成されている[4]．図3-4(c)には，探針に W を用いてスピン偏極しない状態での STM 像，および図3-4(d)に Fe を蒸着した探針を用いて得られた STM 像を比較する．図に示されたように，W 探針を用いた像においては菱形の格子像が観察されるが，これは(110)面の原子構造から予想される形状である．他方，同じ範囲

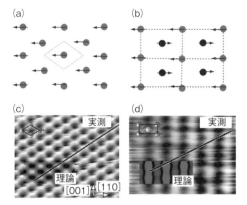

図3-4 SP-STMでのMn/W(110)表面の観察
(a) 強磁性, (b)反強磁性的なMnスピンの整列, (c)スピン非偏極, (d)SP-STM像.

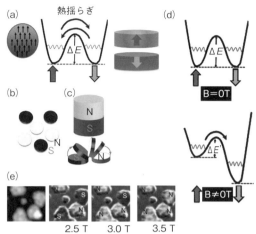

図3-5 強磁性2層コバルト島のSP-STM観察
(a)磁石のエネルギー模式図. (b)～(d) 強磁性体コバルト膜の磁性と磁場反転およびそのエネルギーの模式図. (e) STM像(左：20×20nm)とSP-STM像(右3枚). 白と黒のコントラストがS極・N極の島に相当する.

を強磁性探針で観察した像は，より大きいユニットを示している．これは反強磁性の交互に現れるスピンを反映した電子状態によるものであり，この手法により原子レベルでスピン分布が可視化されたことになる．

続いて強磁性薄膜の島に対するSP-STMの例を示す．強磁性物質の高い保持力は，図3-5(a)左図に示すように，磁石の最小単位であるスピンが互いに絡み合って同じ方向を向こうとすることに由来する．したがって，磁石のN極・S極の向きを反転するには，全スピンが一斉に反転する大きなエネルギーが必要となる．このエネルギーは，図3-5(a)中央に示したΔに相当する．これはスピン同士の多体効果によって決定されることから，その大きさは磁石に含まれるスピンの数に比例する．このことは，記録密度が向上し，一つの記録要素(ビット)に割り当てられるスピンの数が減少するとき，反転エネルギーも減少し，高い保持力がもはや得られないという問題が生じる．この問題の解決手法として，各スピンの反転に必要な磁気異方性エネルギー(MAE)を増大させる手法が考えられる．たとえば，非常に大きいMAEが実現された場合，磁石の基本単位の単一スピンでも，長い時間そのスピンの方向を保持でき，本当の磁石となることが可能となる．

ここではMAEの原子レベルでの理解のため，金属基板に成長させた，強磁性薄膜であるコバルト2層膜で形成されるナノサイズの島についての例を見る．この薄膜の島は，オセロの駒が白と黒のどちらかが上を向くように，N極・S極のいずれかが表面から飛び出す方向を向く．その様子は図3-5(b)で示したように，島ごとに白黒，すなわちN極・S極が決定される．しかし，外部から磁場を掛ける，すなわち外部の磁石を近づけると，図3-5(c)に示すような変化を示す．エネルギー的には図3-5(d)に示したように，外部磁場があると，N極・S極の駒のエネルギーに差が生じ，結果としてΔが減少し反転が可能となる．この反転を生じる外部磁場の大きさから，ΔおよびMAEエネルギーを求めることが可能である．

この実際の実験での結果を図3-5(e)に示す．STM像には金表面上に成長した2層のコバルト薄膜の島が存在し，四つの類似の大きさの島と小さい島から構成されている．図3-5(e)の右3枚のパネルがSPマッピング像であり，白と黒のコントラストから，島がN極かS極か区別が可能である．S極の外部磁場を印加したため，最初N極・S極の島が2：2であったのが，3.0 Tの磁場を掛けると3：1に，3.5 Tの磁場では4：0となって，N極の島のみが観

察される．反転に必要な外部磁場の強さを多くの島で計測し，MAEを正確に測定することが可能である．ともに非磁性金属である銅と金の2種類の基板での結果を比較すると，銅と比較して金の基板に成長させたコバルト島には約2倍のMAEが観察された．理論計算との比較により，金の大きなスピン軌道相互作用の影響によって，コバルトに大きなMAEが観察されたことが理解された[5]．

2-2 近藤共鳴を用いたスピン検出の実際

STMを用いた近藤共鳴の検出には，先に図3-2(c)で示したE_f付近に形成される鋭い状態密度のピークをSTSで観察することで可能である．STSで通常観察される電子状態は100 meV程度の半値幅をもつが，近藤ピークは数meVの線幅であり，特徴的なスペクトル形状をもつ．

STMを用いた近藤共鳴の検出は表面に吸着した金属原子に対して開始された．よく知られた例はCu(111)表面上のCo原子についての実験がある[6]．

Coにおいて近藤共鳴が観察されただけでなく，原子操作技術を用いて多数のCo原子を円形に並べてCuの表面準位を閉じ込めて定在波を形成し，それと近藤効果の相互作用を調べている．円の中にCo原子を置いた場合，本来原子が存在しないはずの楕円のもう一方の焦点付近にも，近藤効果が観察されている．これらは，伝導電子(表面準位)の反射によって本来存在しない磁性効果がこの点で観察されたと説明されるが，完全に理解されてはいない．

最近の研究では，分子スピンの検出にも有効であることが示され，とくにπラジカルのスピンに対して強い強度で近藤共鳴が観察され，化学識別に有効であることが報告されている．例としてSMM試料分子である，2層のフタロシアニン(Pc)を配位子とするテルビウム錯体〔bis(phthalocyaninato)terbium(III) complex：TbPc$_2$〕である[7]．金の上に孤立した分子が図3-2(a)に見ることができる．コントラストが高い分子が八つの輝点で下部に観察される．

TbPc$_2$分子において，中心に3+となるTb，上下2層に2−となるフタロシアニン配位子が配置するため，中性分子においてはフタロシアニン配位子のπ軌道に不対電子が存在する．その結果，テルビウム4f電子由来の$J = 6$スピンと，π軌道スピンが混在する複数のスピン系をもつ．

図3-6(b)に位置に依存したdI/dV曲線を示す．探針を配位子の八つの輝点の上に置いた場合，近藤ピークに特徴的な鋭いフェルミ準位付近のピークが観察されるが，分子中心に置いた場合には観察されない．これは中心金属ではなく，配位子であるフタロシアニン配位子のπ軌道が強い近藤ピークを形成していることを示している．実験的には，ピークの温度依存性，磁場依存性を調べることで近藤ピークであることが確認された[8]．

局所的な電流によりスピンを変化させる技術は，スピントロニクスにおいても局所スピン操作技術として重要である．ここでは，TbPc$_2$分子の上下層の相対的な回転角度をトンネル電流で変化させ，TbPc$_2$分子の磁石としての性質を変化させた実験を紹介する．

まず，TbPc$_2$分子の特徴として上下のフタロシア

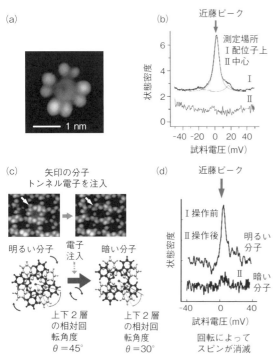

図3-6 SMMであるTbPc$_2$分子の近藤共鳴，および原子操作による磁性スイッチ
(a),(b)TbPc2分子のSTM像と近藤共鳴ピーク．(c),(d)原子操作による配位子の回転と磁性のオン・オフ．

ニン配位子の相対的な回転角度(θ)は比較的自由に回転し，実際の分子の薄膜の中にも回転角度が異なる分子($\theta = 45°, 30°$)が存在する．このような上下の配位子の相対角度の回転は，トンネル電子の注入によっても制御可能である．図3-6(c)は，トンネル電流注入前後のSTM像であり，矢印で示したターゲット分子にトンネル電子を注入することで，2枚の配位子の相対角度を回転させる．STM像でターゲット分子を比較した場合，注入前に明るく観測された分子は，トンネル電子の注入で暗い分子に変化している．$\theta = 45°$から$\theta = 30°$に変化したことによって説明可能である．また，図3-6(d)に示したように，配位子を回転させる前($\theta = 45°$)では明瞭な近藤状態が観測されたが，配位子を回転させた後($\theta = 30°$)では近藤状態は出現しない．これは電流で分子の配位子の相対角度を回転させることで，磁性がオンの状態からオフの状態へ操作可能であることを示唆する[8]．

2-3 外部磁場印加の実際

前述のように，磁場中に置かれた上向きと下向きスピンは，ゼーマン分裂に相当するエネルギー差をもつ．しかし，これより大きいエネルギーをもつトンネル電子は，スピンを反転させることが可能であり，それがエネルギー損失としてIETSで観測可能である．

例として，NiAl酸化表面に蒸着されたMn原子について行われた実験を見る[9]．図3-7(a)に示すように，STM像でMn原子は孤立した突起として観察される．このMn原子上で観察されたdI/dV曲線において，磁場$B = 0$ではフェルミ準位付近に上に凸の構造が観察されるが，Bの上昇とともに下に凸の形状に変化してくる．これは$B = 0$では近藤効果がおもな相互作用であるが，Bの上昇とともにスピンフリップの特徴が現れたと考える．後者は非弾性過程に相当し，dI/dV曲線は図3-7(b)の中央のスペクトルの形状が，フェルミ準位を中心に左右対称に現れたと予想される．図3-7(b)で観察されたピーク形状は，この状況に等しい．また図3-7(c)では，磁場に依存する立ち上がりの詳細がプロットされており，Bに比例して立ち上がり電圧が増大していくことが見られるが，その関係をプロットすると，図3-7(d)となる．磁場の強さに比例した立ち上がり電圧は，ゼーマン分裂した準位間のエネルギーに相当すると考えられ，gの値として1.88〜1.98が観察されている．

塚原らは，鉄フタロシアニン分子に関して配位子が形成するポテンシャルによって，鉄3dスピンが分裂するゼロ磁場分裂を，この手法によって明瞭に観察している[10]．

このゼーマン分裂が生じている状態，およびさらにマイクロ波を組み合わせた系で，通常のESRで観察されるスピン共鳴と類似の現象を利用した

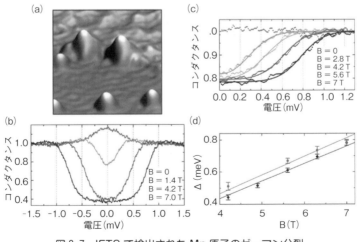

図3-7 IETSで検出されたMn原子のゼーマン分裂

STS測定手法の開発が盛んに行われている.

最初の例は,マイクロ波がない状態でも,磁場中に置かれたスピンの運動は,古典的にはラーマー歳差運動で記述することができる.その歳差運動の周期と同期したトンネル電流の変調を検出することが可能で,その周期からラーマー周波数,さらにはg値の決定が可能である[11,12].

マイクロ波を照射する場合,図3-3(b)で示した共鳴状態でエネルギーの吸収が起こる.その場合,トンネルギャップに存在する原子分子に機械的動きが生じ,ギャップ間隔が変化することからトンネル電流に変調が生じるが,それを検出することでスピン解析する手法が報告されている[13].

さらにトンネルバイアスに高周波の変調電位を印加することで,磁性原子が同期して機械的振動を生じることを利用した,ESR-STMが提唱されている[14].この振動は,時間変動する磁界を生じ,マイクロ波と同等の働きをすることが期待される.共鳴状態で生じるトンネル電流の変調を検知することで,ESR-STMとして利用しようとするものである.

3 まとめと今後の展望

STMを利用して,スピンを原子レベルの空間分解能をもって観察する手法について述べた.最初はスピン偏極STMであり,探針と試料のスピンが平行か反平行かによって,トンネルコンダクタンスに差が生じることを利用する手法である.Mn薄膜のスピン整列の可視化と,Au基板上のCo_2層膜の島の面外スピン方向を決定し,MAEエネルギーを求める手法を紹介した.外部磁場が回転可能であれば,面内スピンの方向についても議論可能であり,スカーミオンなどのスピン構造解明が発展している.第2に,近藤共鳴を用いたスピン検出は3d磁性原子だけでなく,分子のπラジカルも強い近藤共鳴を示すことが理解され,分子の化学分析に利用されている.現在4fスピンによる近藤共鳴は,おそらく軌道の局在性が理由で,観察されていない.その検出手法の開発は大いに期待される.最後に,外部磁場中でのゼーマン分裂,時間変化する磁場の印加によるESR検出について述べた.今後は核スピンの検出など,より広範囲の化学分析に利用されるとともに,量子情報処理の基礎動作の検証に発展すると考える.

◆ 文 献 ◆

[1] J. Kondo, *Prog. Theor. Phys.*, **32**, 37 (1964).
[2] G. Gruner, A. Zawadowski, *Rep. Prog. Phys.*, **37**, 1497 (1974).
[3] S. Heinze, M. Bode, A. Kubetzka, O. Pietzsch, X. Nie, S. Blugel, R. Wiesendanger, *Science*, **288**, 1805 (2000).
[4] R. Wiesendanger, I. V. Shvets, D. Burgler, G. Tarrach, H. J. Guntherodt, J. M. D. Coey, S. Graser, *Science*, **255**, 583 (1992).
[5] P. Mishra, Z. K. Qi, H. Oka, K. Nakamura, T. Komeda, *Nano Lett.*, **17**, 5843 (2017).
[6] H. C. Manoharan, C. P. Lutz, D. M. Eigler, *Nature*, **403**, 512 (2000).
[7] K. Katoh, Y. Yoshida, M. Yamashita, H. Miyasaka, B. K. Breedlove, T. Kajiwara, S. Takaishi, N. Ishikawa, H. Isshiki, Y. F. Zhang, T. Komeda, M. Yamagishi, J. Takeya, *J. Am. Chem. Soc.*, **131**, 9967 (2009).
[8] T. Komeda, H. Isshiki, J. Liu, Y.-F. Zhang, N. s. Lorente, K. Katoh, B. K. Breedlove, M. Yamashita, *Nat. Commun.*, **2**, 217 (2011).
[9] A. J. Heinrich, J. A. Gupta, C. P. Lutz, D. M. Eigler, *Science*, **306**, 466 (2004).
[10] N. Tsukahara, K. I. Noto, M. Ohara, S. Shiraki, N. Takagi, Y. Takata, J. Miyawaki, M. Taguchi, A. Chainani, S. Shin, M. Kawai, *Phys. Rev. Lett.*, **102**, 167203 (2009).
[11] T. Komeda, Y. Manassen, *Appl. Phys. Lett.*, **92**, 212506 (2008).
[12] Y. Sainoo, H. Isshiki, S. M. F. Shahed, T. Takaoka, T. Komeda, *Appl. Phys. Lett.*, **95**, 082504 (2009).
[13] S. Müllegger, S. Tebi, A. K. Das, W. Schöfberger, F. Faschinger, R. Koch, *Phys. Rev. Lett.*, **113**, 133001 (2014).
[14] S. Baumann, W. Paul, T. Choi, C. P. Lutz, A. Ardavan, A. J. Heinrich, *Science*, **350**, 417 (2015).

Part II
研究最前線

Chap 4

非弾性トンネル分光

Inelastic Electron Tunneling Spectroscopy

髙木 紀明
(京都大学大学院人間・環境学研究科)

Overview

電子線は，原子・分子から固体まで物質の個性を調べるプローブとして広く使われている．物質に入射し散乱した電子のエネルギーを測ることで，組成や電子状態，基準振動モード，スピン状態を調べることができる．走査型トンネル顕微鏡 (scanning tunneling microscope：STM) を用いた非弾性トンネル分光 (inelastic electron tunneling spectroscopy：IETS) では，STM の探針と試料を流れるトンネル電子がプローブとなる．トンネル電子は，試料表面に吸着した原子・分子の基準振動やスピンを励起することで運動エネルギーを失いトンネルする．この非弾性トンネル過程を利用した分光法が STM-IETS である．通常の物理化学分析では巨視的な数の原子・分子が相手であるが，STM-IETS は原子・分子一つ一つを分析することができる究極の顕微分光法である．個々の分子を基板上で組み合わせてデバイス機能を発揮するモジュールを創成しようとする，分子アーキテクトニクスには欠かせない基盤技術である．

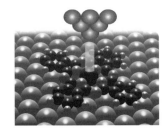

▲ STM トンネル分光と分子状態のエネルギースケール
[カラー口絵参照]

■ **KEYWORD** 📖マークは用語解説参照

- ■走査型トンネル顕微鏡 (scanning tunneling microscopy：STM)
- ■単分子分光 (single molecule spectroscopy)
- ■トンネル分光 (tunneling spectroscopy)
- ■非弾性トンネル分光 (inelastic electron tunneling spectroscopy)
- ■振動励起 (vibration excitation)
- ■スピン励起 (spin excitation)
- ■零磁場分裂 (zero field splitting) 📖
- ■磁気異方性 (magnetic anisotropy) 📖
- ■スピントロニクス (spintronics) 📖

はじめに

物質の個性は、価電子状態、振動状態、スピン状態とその組み合わせによって決まる。これらのエネルギースケールは、それぞれ数 eV、数百から数十 meV、サブ meV オーダーである。したがって、これらの情報を得るには、物質それぞれの状態に適した計測法が使われる。価電子状態を知るには光電子分光や可視光吸収分光、振動状態には赤外分光やラマン分光、スピン状態の計測には電子スピン共鳴が使われる。実は、試料は固体表面に限られるのだが、走査型トンネル顕微鏡(STM)は、これらの物性情報を一手に引き受けて測定できる強力なツールである。

STM は、固体の表面の原子構造を観察する顕微鏡として開発された。金属の探針を導電性試料の表面に数ナノメートル以下の距離に近づけたときに流れるトンネル電流が、探針-試料間距離に指数関数的に変化することを利用している。このトンネル電流は、探針-試料間の距離だけでなく、さまざまな物性情報を運んでいる。表面に吸着した分子にフォーカスすると、分子の最高被占軌道(highest occupied molecular orbital：HOMO)や最低空軌道(lowest unoccupied molecular orbital：LUMO)のエネルギー、およびその軌道の対称性や空間分布などの局所状態密度に関する情報を含んでいる。また、トンネル電子が分子の振動やスピンを励起して流れる非弾性トンネル過程を調べることで、分子の指紋である基準振動、磁気特性を物語るスピン状態を知ることもできる。STM は、物理化学分析でお馴染みのさまざまな分光を単一分子の高い空間分解能で実現する、きわめてユニークな分析ツールである。本章では、STM を用いた非弾性トンネル分光(STM-IETS)について紹介する。

1 非弾性トンネル分光

図 4-1 を見ながら、STM 探針から吸着分子を介して基板に流れるトンネル電流 I を、探針-試料間に印加した電圧 V の関数として測定することを考えよう。V がゼロから増えると、トンネルギャップの抵抗に応じて I は線形に増加する。V がさらに増え $\Delta/e \leq |V|$ の条件を満たすとき、弾性的なトンネル経路に加え非弾性的なトンネル経路が開く。ここ

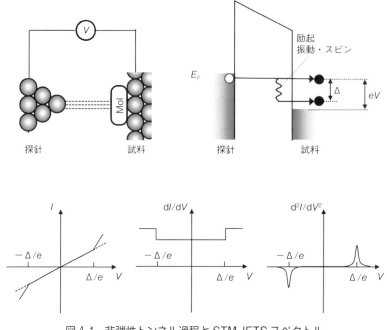

図 4-1　非弾性トンネル過程と STM-IETS スペクトル

で，Δ は吸着分子の基準振動やスピン励起のエネルギー，e は素電荷である．トンネル電流は，弾性的・非弾性的な二つの経路を流れるので，弾性的な経路のみに比べて I の増加率が増し，I-V 曲線の傾きが大きくなる．トンネル電流の一次微分 dI/dV や二次微分 d^2I/dV^2 を V の関数として測定すると，この傾きの変化に対応して dI/dV スペクトルには $V = \pm \Delta/e$ にステップ構造が，d^2I/dV^2 スペクトルには一組のピークと逆ピーク構造が，それぞれ観測される．一般に，振動励起による I の変化分は小さく，dI/dV スペクトルにその痕跡を捉えることが困難なため，d^2I/dV^2 スペクトルが測定される．一方，スピン励起による I の変化分は大きく，dI/dV スペクトルを測定すれば，十分な信号・ノイズ比を得られることが多い．

STM-IETS の測定では，試料温度 T は重要なファクターである．T が上昇すると，d^2I/dV^2 スペクトルのピーク幅は，$k_B T$（k_B はボルツマン定数）程度に広がり，信号・ノイズ比が著しく悪くなる．また，T の上昇は分子の表面拡散や STM 顕微鏡自体の熱ドリフトを引き起こし，特定の単分子を指定したスペクトルの測定が困難になる．そのため，顕微鏡と試料全体を液体ヘリウムで $T = 4 \sim 5$ K まで冷却し測定が行われる．スピン励起の測定はさらなる低温が必要である．励起エネルギーは温度に換算して数ケルビンのオーダーであるため，1 K 以下に T を下げる必要がある．

2 1 分子の振動を見る

1980 年代初め STM が開発された頃に，1 個の分子の振動スペクトルを STM によって測定できることが理論的に示されている[1]．その約 10 年後，W. Ho らが Cu 表面に吸着したエチレン分子の振動スペクトル測定に初めて成功した[2]．現在では STM-IETS は表面振動分光の一つとして認知されている[3,4]．図 4-2 は，Au(111)表面に成長したチオール単分子膜の IETS スペクトルである[5]．図中の矢印で示すように，0 mV に対して対称な電圧値にピークと逆ピークのペアが明瞭に観察される．正電圧側に注目すると，30 mV のピークは Au-S 結合の伸縮振動，100～200 mV にある 3 本のピークはそれぞれ末端 CH_3 基の変角振動，C-C 結合の伸縮振動と CH_2 はさみ振動であり，360 mV のピークは C-H 伸縮振動である．チオール分子の振動スペクトルと非常によく一致している．

トンネル電子による振動励起は，図 4-3 に示すようなメカニズムで起こる[1]．トンネル過程の始状態において，分子は電子状態および振動状態ともに基底状態にある．トンネル電子が流れると，トンネル電子は分子軌道に一時的に捕捉され，分子は負イオン状態になる．この状態がトンネル過程の中間状態になる．負イオン状態における分子の平衡構造は基

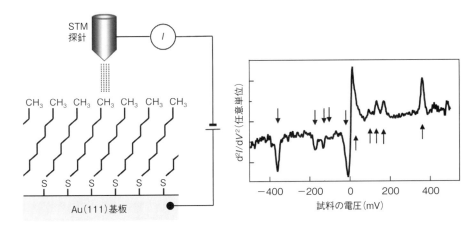

図 4-2 Au 基板上のアルカンチオール SAM 膜の STM-IETS 測定
測定の概略図と SAM 膜中の一つのチオール分子で測定された IETS スペクトル．測定は，超高真空および液体ヘリウム温度で行われている．

| Part II | 研究最前線 |

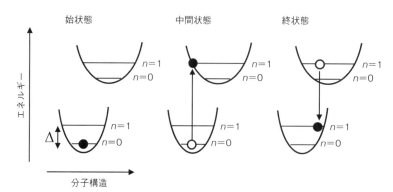

図 4-3 非弾性トンネル過程における分子の量子状態と振動励起
各曲線は，負イオン状態(上段)と基底状態(下段)のエネルギーと分子構造の関係および振動準位を示している．

底状態とは異なるため，分子は安定構造をとろうと基底状態に比べてわずかに変形する．電子が基板に移り分子が中性に戻った終状態では，この変形した分子の状態が振動励起状態として残る．このようにして，分子を介して電子がトンネルする際に分子振動が励起される．電子が捕捉される分子軌道と強く振電相互作用する振動モードが励起される[6]．

STM-IETSは，吸着分子の振動スペクトルを計測する分光法として認知されているが，吸着分子の振動が見えるのであれば，基板のフォノンも見えるはずである．AuやCuの表面フォノン[7,8]や炭化ケイ素基板に成長させたグラフェンのフォノン[9]について報告されている．

3 1分子のスピンを見る

STM-IETSを用いたスピン検出は，2004年にA. J. Heinrichらによって初めて行われた[10]．彼らは，酸化したNiAl合金表面に吸着したMn単原子のゼーマン分裂を，外部磁場下において観測した．分子系への適用は，X. Chenら[11]および塚原ら[12,13]によって相次いで報告され，STM-IETSをベースとした顕微分子磁性研究という新たな展開に発展している[14]．以下に，塚原らによるFePc分子のスピン分光について紹介する．

FePcは，Fe^{2+}を中心にもつ平面型の有機金属分子である(図4-4)．Fe^{2+}のd軌道は，図4-4のように結晶場分裂し，$S=1$三重項状態をとる．この状態は，スピン軌道相互作用(spin orbit interaction：SOI)によりさらに分裂する．この分裂は，零磁場分裂(zero field splitting：ZFS)とよばれる[15]．FePcのZFSは，有効スピンハミルトニアン

$$H = DS_z^2 + E(S_x^2 - S_y^2) \qquad (1)$$

によって記述される．ここで，S_x，S_y，S_zはスピン演算子であり，分子面をxy平面にとり，分子面に

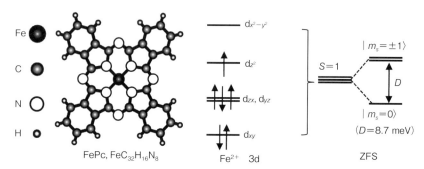

図 4-4 鉄フタロシアニン(FePc)の分子構造と電子配置およびゼロ磁場分裂(ZFS)

80

垂直な方向をz軸としている．Dは面内／面直の磁気異方性を示す定数であり，Eは面内での異方性を表す．$D<0$では，S_z^2が大きい方がエネルギー的に安定であり，分子面直方向が磁化容易軸となる．逆に，$D>0$では，磁化容易軸は面内を向く．バルクFePcでは，$D=8.7$ meV，$E=0$ meVが得られており[16]，面内に磁化容易軸があり，面内には等方的な磁気異方性を示す．FePcは，このような興味深い磁気特性に加えて，化学的に安定で取扱いが容易であるため，表面と磁性分子との相互作用を調べるうえで最適なモデル分子である．

図4-5にCu(110)(2x1)-O表面に吸着したFePcのSTM像(a)とその構造モデル(b)，およびSTM-IETSスペクトルとその外部磁場変化(c)(d)を示す．分子のSTM像は，中心の明るい輝点を囲む4枚ローブからなる．輝点はFe^{2+}を，ローブはイソインドール基に対応している．分子構造と1対1対応するSTM像は，分子がその分子面を表面平行にして吸着していることを示している．

dI/dVスペクトルには，$V=0$ mVに関して対称な位置に2段のステップ構造（$\Delta 1$と$\Delta 2$）がある．これらのステップは，零磁場分裂した$S=1$のスピン状態間のスピン励起によるものである．分子面垂直方向に磁場を印加すると，$\Delta 1$と$\Delta 2$は高電圧側にシフトする．一方，平行に磁場を加えると，$\Delta 1$は低電圧側に，$\Delta 2$は高電圧側にわずかにシフトする．シフト量は，磁場の方向に大きく依存し磁気異方性がバルクと異なることを示している．外部磁場によるゼーマン相互作用を考慮したハミルトニアンは以下のようになる．

$$H = DS_z^2 + E(S_x^2 - S_y^2) + \mu_B g \cdot \vec{B} \quad (2)$$

ここで，g，μ_B，$\vec{B}$は，それぞれLandeのgテンソ

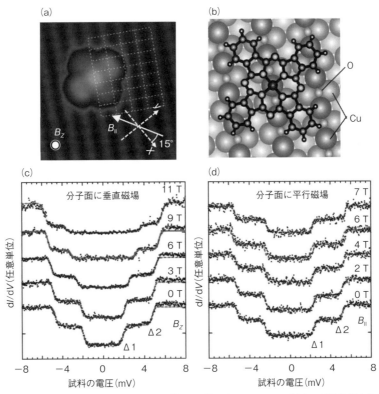

図4-5 Cu(110)(2x1)-O表面に吸着した鉄フタロシアニン分子のSTM像(a)と構造モデル(b)およびSTM-IETSスペクトルとその外部磁場変化(c)(d)

STM像の上下に走るライン構造は，CuとO原子が交互に配列した一次元表面酸化物である．各スペクトルは，STM探針を分子の中心に位置するFe^{2+}上に固定して，分子面に垂直磁場($B_z = 0 \sim 11$ T)および平行磁場($B_\parallel = 0 \sim 7$ T)下において測定されている．

ル，Bohr 磁子，外部磁場である．このハミルトニアンを用いてスペクトルの磁場変化を解析すると，$D = -4.0$ meV，$E = 1.1$ meV，$(g_{xx}, g_{yy}, g_{zz}) = (1.82, 2.02, 2.34)$．$Fe^{2+}$ の SOI 定数 -19.1 meV と決定される．興味深いのは，表面に吸着すると D が負になることである．すなわち，吸着前は面内磁気異方性を示すのに対し，吸着により磁化容易軸が面直方向にスイッチングしたことを意味する．FePc の磁気異方性は，SOI による．電子の古典的な軌道運動を考えると，その軌道面は，分子面とそれに垂直な面に大別される．吸着により面内の軌道運動が主となり，その結果，面直方向の軌道磁気モーメントに引きずられスピンの向きが面直方向にスイッチングしたと理解される．E が 0 でないのは，面内にも磁気異方性をもつようになったことを意味している．これは，吸着により分子の対称性が 4 回対称から 2 回対称に低下したことを意味している．たしかに，STM 像を見ると，対向するローブの組は異なる明るさで見えており，対称性が低下したことを示している．

トンネル電子によるスピン励起は，トンネル電子と試料の局在スピンとの交換相互作用による．理論の詳細は総説論文[17]にまとめられているので参照されたい．

4 まとめと今後の展望

以上見てきたように，STM-IETS は，振動やスピンを見る強力なツールである．分子アーキテクトニクスが目指す単分子をベースとする分子デバイスの創成には，単分子の電子・磁気物性をよく規定する必要がある．そのためには，STM-IETS は必須のツールである．分子振動や基板のフォノンは，ナノスケールでの熱の発生や散逸と深く関わるため，今後ますます重要な研究対象になると考えられる．また，スピンは情報のストレージだけでなく，スピントロニクスデバイスでの低エネルギー消費型の演算や量子情報処理の鍵である．さらに，これらの自由度を検出できることは，逆に制御・操作できることも意味している．STM-IETS で培った基盤技術を元に，デバイスシーズとなる新奇物性の制御・操作技術の展開に大きな可能性を感じている．

◆ 文献 ◆

[1] B. N. J. Persson, A. Baratoff, *Phys. Rev. Lett.*, **59**, 339 (1987).
[2] B. C. Stipe, M. A. Rezaei, W. Ho, *Science*, **280**, 1732 (1998).
[3] W. Ho, *J. Chem. Phys.*, **117**, 11033 (2002).
[4] T. Komeda, *Prog. Surf. Sci.*, **78**, 41 (2005).
[5] N. Okabayashi, M. Paulsson, H. Ueba, Y. Konda, T. Komeda, *Phys. Rev. Lett.*, **104**, 077801 (2010).
[6] M. Paulsson, T. Frederiksen, H. Ueba, N. Lorente, M. Brandbyge, *Phys. Rev. Lett.*, **100**, 226604 (2008).
[7] H. Gawronski, M. Mehlhorn, K. Morgenstern, *Science*, **319**, 930 (2008).
[8] E. Minamitani, R. Arafune, N. Tsukahara, Y. Ohda, S. Watanabe, M. Kawai, H. Ueba, N. Takagi, *Phys. Rev.*, **B93**, 085411 (2016).
[9] E. Minamitani, R. Arafune, T. Frederiksen, T. Suzuki, S. M. F. Shahed, T. Kobayashi, N. Endo, H. Fukidome, S. Watanabe, T. Komeda, *Phys. Rev.*, **B96**, 155431 (2017).
[10] A. J. Heinrich, J. A. Gupta, C. P. Lutz, D. M. Eigler, *Science*, **306**, 466 (2004).
[11] X. Chen, Y. S. Fu, S. H. Ji, T. Zhang, P. Cheng, X. C. Ma, X. L. Zou, W. H. Duan, J. F. Jia, Q. K. Xue, *Phys. Rev. Lett.*, **101**, 197208 (2008).
[12] N. Tsukahara, K. Noto, M. Ohara, S. Shiraki, Y. Takata, J. Miyawakai, M. Taguchi, A. Chainani, S. Shin, N. Takagi, M. Kawai, *Phys. Rev. Lett.*, **102**, 167203 (2009).
[13] N. Tsukahara, M. Kawai, N. Takagi, *J. Chem. Phys.*, **144**, 044701 (2016).
[14] R. Hiraoka, E. Minamitani, R. Arafune, N. Tsukahara, S. Watanabe, M. Kawai, N. Takagi, *Nat. Commun.*, **8**, 16012 (2017).
[15] A. Abragam, B. Bleaney, "Electron Paramagnetic Resonance of Transition Ions," *Clarendon Press* (1970).
[16] B. W. Dale, R. J. P. Williams, C. E. Johnson, J. Thorp, *J. Chem. Phys.*, **49**, 3441 (1968).
[17] J.-P. Gauyacq, N. Lorente, F. D. Novaes, *Prog. Surf. Sci.*, **87**, 63 (2012).

Chap 5

多探針計測法
Multi-Probe Measurement Method

長谷川 修司
(東京大学大学院理学系研究科)

Overview

試料に複数本の探針を接触させ，試料に電流を流し込んだり電圧を検出したりする電気的測定がよくなされるが，ナノメートルからマイクロメートルスケールの構造体や領域の電気特性を多探針で測定するには，走査型トンネル顕微鏡 (scanning tunneling microscope：STM) の機能を利用して，複数本の探針を制御する必要がある．4探針型STMによってカーボンナノチューブや配位高分子ナノシートなどの電気特性が測定可能となった．しかし，4探針型STMでは，探針のナビゲーションのために走査型電子顕微鏡や光学顕微鏡が必要であり，そのため，極低温や強磁場中での測定は困難である．そのためには固定型マイクロ4端子プローブ法が有効である．それを用いて，金属原子がインターカレーションされたグラフェンの超伝導を，数ケルビンという極低温で発見された．

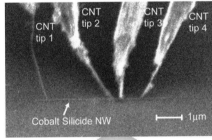 

▲カーボンナノチューブを利用した4探針型STM(左)と固定型マイクロ4端子プローブ(右)

■ **KEYWORD** マークは用語解説参照

- 4端子抵抗測定 (four-point probe resistance measurement)
- 4探針型走査型トンネル顕微鏡 (four-tip scanning tunneling microscope)
- カーボンナノチューブ (carbon nanotube)
- グラフェン (graphene)
- 配位高分子ナノシート (coordination polymer nano cheet)

| Part II | 研究最前線 |

はじめに

半導体デバイスなどの電気特性計測のために，プローバーとよばれる装置が使われる．そこでは，複数本の金属針をデバイスチップの指定されたパッドに接触させて，電気信号を入力したり出力を検出したりする．しかし，この章で紹介する多探針計測法は，薄膜や原子層，結晶表面，分子・ナノスケール構造体などの電気特性を直接計測する方法であり，デバイス評価のプローバーとは目的が異なる[1〜6]．

多探針計測法の一つは，多探針型走査型トンネル顕微鏡(scanning tunneling microscope：STM)である．独立に駆動する複数本のSTM探針を，試料の任意の位置に任意の配列で接触させて，電気特性を測定する．そのSTM機能と合わせることによって，原子レベルの構造と電気特性を関連付けることが可能である．図5-1に，タングステン探針，およびカーボンナノチューブ探針を使った4探針型STMの走査型電子顕微鏡(scanning electron microscope：SEM)像を示す．多探針型STMでは，試料を観察するだけでなく，探針のナビゲーションのために，SEMまたは光学顕微鏡が必要であり，必然的に大がかりな装置となる．

4探針(four-point probe：4PP)法による電気伝導度の測定では，4本の探針のうちの2本から電流 I を試料に流し込み，ほかの2本の探針で電圧降下 V を測定する．そうすると，4PP法による抵抗値 $R = V/I$ が得られる(正確にはこれに形状因子を乗じる)．この方法では，2探針法と異なり，プローブと試料との間の接触抵抗の影響を排除でき，試料だけの電気抵抗を測定できる．とくに，ナノメートルスケールの構造体を測定する場合には，探針と試料との接触点が原子レベルに小さくなるので，接触抵抗が必然的に大きくなり，2探針法の電気抵抗測定は意味をなさなくなる．また，4PP法では探針と試料がオーミック接触である必要もない．さらに，4探針型STMを使えば，図5-1(e)，(f)のように，探針間隔を30 nm程度まで縮小でき，微小領域やナノ構造，結晶最表面層の電気抵抗を測定することができる．また，図5-1(c)のように，4探針を正方形に並べることにより，結晶表面や薄膜の伝導度の異方性を正確に測定できることも示されている[7,8]．伝導度の異方性は，従来は van der Pauw 法[9]や

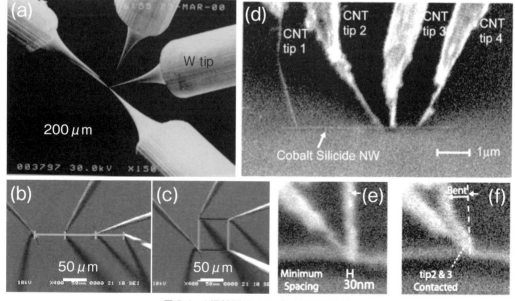

図5-1　4探針型STMの探針のSEM像
(a)〜(c)W探針．(b)直線4PP法，および(c)正方4PP法による伝導度の測定[7,12,15,16]．(d)〜(f)PtIr被覆カーボンナノチューブ探針．(d)コバルトシリサイドナノワイヤの伝導度の測定[12]．(e)では探針間隔が30 nm程度になっているが，(f)では探針どうしが接触してしまっている．

Wasscher法[10]などが知られていたが，4探針STMによる正方4探針法は，マクロなWasscher法のミクロ版といえる．後述するように，4探針STMは，表面電気伝導だけでなく，カーボンナノチューブ(carbon nanotube：CNT)やシリサイドナノワイヤなど，個々のミクロな構造体の電気伝導の測定にも適用可能である[11〜14]．

もう一つの多探針計測法は，図5-2に示すような固定型マイクロ4端子プローブ(micro-4PP，M4PP)法であり，図5-1の4探針型STM装置に比べれば，はるかに簡便な装置で駆動できる．図5-2(a)に，シリコン微細加工技術を駆使してつくられたM4PPチップのSEM像を示す．これは，デンマーク工科大学マイクロエレクトロニクスセンターにおいて，原子間力顕微鏡のカンチレバーの作成と同様の手法で開発・製作され，販売されている[17]．プローブ間隔は数百nm〜100 μmのさまざまなものが用意されている．酸化膜に覆われたシリコン結晶が土台となり，その上に必要な部分だけ金属膜で伝導路を形成している．図5-2(a)の挿入図のように，試料表面から30°程度の角度をもって試料とプローブを接触させる．すると，カンチレバー部分がたわみ，4本全部のプローブを容易に試料に接触させることができる．プローブの接触はSEMや光学顕微鏡で観察する必要はなく，電気的導通で検出するだけでよい．

このM4PPでは，図5-1の4探針型STMと違い，4本の探針の間隔や配列を変えることはできないが，図5-2(b)のように，試料にソフト接触する駆動機構だけで十分である．試料の加熱や蒸着時には試料からM4PPチップを遠ざけておき，試料作製を終えたあと，試料表面に接近・接触させる．また，極低温や強磁場中での測定に適している点で，4探針型STM法と相補的な有用性をもつ．

以下，4探針型STM法と固定型M4PP法によるいくつかの測定例を紹介する．

1 一次元分子系の測定例

図5-1(d)〜(f)のSEM像に示すように，カーボンナノチューブ(CNT)をSTM探針に利用する試みはいくつかなされているが，そのためには支持する金属針先端にCNTを接着する必要がある．しかし，金属針表面の酸化皮膜や汚染層，接着剤の導電性不足などのために，その接触点での電気的導通は必ずしも良好でない．そこで，金属支持針とCNTを接着したあと，スパッタ法やパルスレーザー蒸着法を使って，探針全体を金属皮膜で被覆して，良好な導電性を確保する必要がある[21]．図5-3に，パルスレーザー法によってタングステン薄膜で被膜した多層CNT探針の例を示す．このように作成されたCNT探針は，導電性ばかりでなく，図5-3(c)〜(e)に示すように，機械的な柔軟性をもっているので，直接接触による4PP電気計測の目的に適している．図5-1(d)は，4本のPtIr被覆CNT探針を使って，直径30 nm程度のコバルトシリサイドナノワイヤの電気抵抗を測定しているときのSEM像である[12]．

図5-2 固定型マイクロ4端子プローブ
(a)プローブチップ全体のSEM像．挿入図は，試料との接触を示す模式図．(b)プローブが試料表面に接触しているときのSEM像[18〜20]．

| Part II | 研究最前線 |

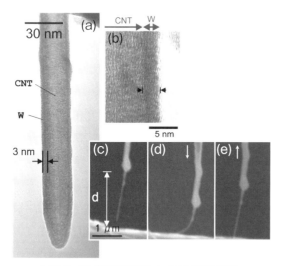

図5-3 W薄膜で被覆した多層CNT探針
(a)・(b)TEM像．(c)～(e)その探針を試料表面に接触させ，そのあと引き離す過程を観察したSEM像[21]．

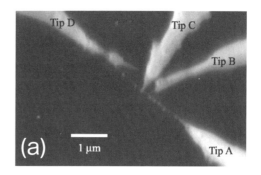

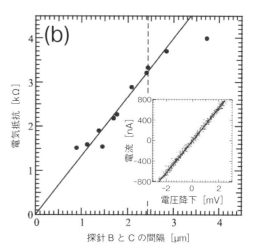

図5-4 金属被覆CNT探針の電気抵抗測定
(a)PtIr被覆した多層CNTの電気抵抗の4探針測定のSEM像．CNT上に玉状の付着物が見えるが，これは大電流をCNTに流したために，PtIr皮膜が凝集してできたPtIr塊である．(b)4端子抵抗の電圧探針(Tip BとTip C)間隔依存性．挿入図は，Tip BとTip Cの間隔が1.8 μmのときの，Tip A-Tip D間の電流とTip B-Tip C間の電圧の関係[22]．

図5-4(a)のTip Aは，W探針の先端に直径35 nm程度の多層CNTを接着し，PtIr薄膜で被覆した探針である．そのCNT探針の先端に，Tip Dを接触させて電流を流し，ほかの2本の探針(Tip BとTip C)をCNT部分に接触させて，その間の電圧降下を測定しているときのSEM像である[22]．図5-4(b)は，このように測定したTip BとTip C間の電圧から，Tip B-Tip C間の距離を変えて測定した4PP抵抗値である．探針間の距離の増加にほぼ比例して抵抗値が増加していることから，一次元の拡散伝導であること，また，その傾きから抵抗率は1.8 kΩ/μmであることがわかる．また，CNT探針部分とW探針の接着箇所をまたいで電圧を測定することによって(Tip B-Tip C間の距離が3.7 μmのデータ点)，その接着部の抵抗が0.7 kΩであり，十分低い抵抗値であることもわかった[22]．1本1本のCNTの電気抵抗を測るため，多くの研究では，リソグラフィ技術でつくった固定型の電極間にCNTを架橋させているが[23]，図5-4のように，4探針型STMを用いれば，電極間隔を任意に変えたりしてさまざまな配置で測定が可能となる．

2 二次元分子シートの測定例

シート状物質でも，マイクロメートルサイズのフレークしか合成できない場合が多いが，そのような試料に対しても，4探針型STM法は有効性を発揮する．図5-5に，異なる2種類の液体の界面で合成されたニッケル・ジチオレン・ナノシートの測定例を示す[24]．これは図5-5(a)に示すような分子鎖が，カゴメ格子状に連結した分子シートであり，架橋部の金属原子を，NiのほかにCuなどの他の金属原子に入れ替えることができる．また，作成した試料(ap-1)を酸化(ox-1)または還元(red-1)して，価数

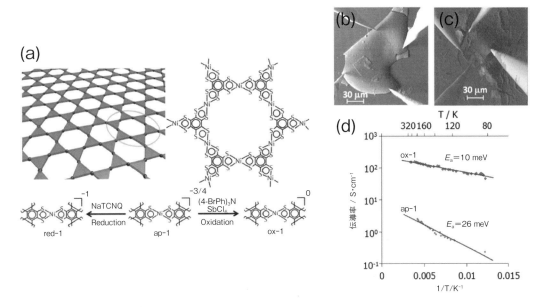

図 5-5　ニッケル・ジチオレン・ナノシート
(a)ニッケル・ジチオレン・ナノシートの構造と酸化還元反応の模式図．(b)酸化状態(ox-1)，および(c)作成時(ap-1)のフレークの伝導度を4探針型STMで測定しているときのSEM像．(d)伝導度の温度依存性[24]．

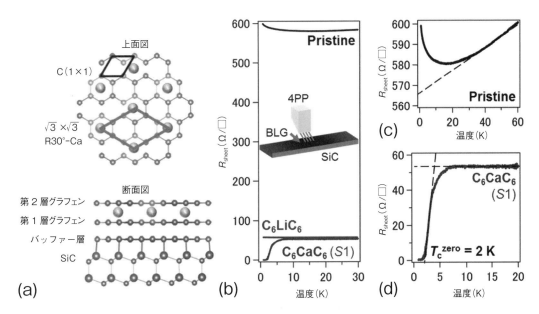

図 5-6　2層グラフェンと金属原子インターカレーション
(a)Caインターカレーションされた2層グラフェン(C_6CaC_6)の構造模式図．(b)2層グラフェン(pristine)，Liインターカレーションされた2層グラフェン(C_6LiC_6)，およびCaインターカレーションされた2層グラフェンのシート抵抗の温度依存性．(c)2層グラフェン，および(d)Caインターカレーションされた2層グラフェンのシート抵抗変化の拡大図[25]．

を変えることができる．また，この単層膜は二次元トポロジカル絶縁体であると理論的に予言されており，その電気特性に興味が集まっている．

図5-5(b)，(c)は，それぞれox-1とap-1の試料フレークに対して，4探針を接触させてvan der Pauw法によってシート伝導度を測定しているときのSEM像である．図5-5(d)には，そのようにして測定したシート伝導度の温度依存性を示す．両者とも半導体的な伝導特性を示し，エネルギーギャップがそれぞれ10 meVおよび26 meVと見積もられた．ox-1試料のシート伝導度は10^2 S/cmにもなり，有機分子シートとしては例外的に高い値を示している．従来は，多数のフレークを押し固めて伝導測定の試料としていたが，4探針型STM法では，マイクロメートルサイズの単一フレーク固有の特性を測定できる．

図5-6には，固定型M4PP法によって，2層グラフェンの電気抵抗を極低温で測定した例を示す[25]．SiC結晶を真空中またはアルゴンガス雰囲気中で加熱すると，Si原子が昇華して，残されたC原子がグラフェン層をつくることが知られている．2層グラフェンは，図5-6(a)に示すように，SiC基板結晶に結合したBuffer層とよばれるC層の上に，2層のグラフェン層ができている．そのシート抵抗を超高真空中で固定型M4PPで測定すると，図5-6(b)の"Pristine"で示されたデータおよび図5-6(c)のように，10 K程度までは冷却とともに抵抗値が減少するが，それ以下の温度で抵抗が上昇する．これは二次元系によく見られるキャリアの弱局在現象のためである．

この2層グラフェンにLiまたはCaをインターカレーションすることができる．その金属原子は図5-6(a)の模式図のように，2層のグラフェンの間に挿入されると考えられている(しかし，その構造は，まだ確定していない)．そのときの電気抵抗は，図5-6(b)に示すように，金属原子をインターカレーションする前に比べて1桁程度減少する．とくに，Ca-インターカレーションの場合には，3 K付近で抵抗が急激にゼロに向かって減少し，超伝導を示す．Li-インターカレーションの場合には超伝導を示さないことから，2価のCa原子からのグラフェンへの電子供給量が多いことが超伝導を誘起する原因と考えられる．

アルカリ金属やアルカリ土類金属は空気によって容易に酸化されることから，このような測定は，試料作製したあと，試料を空気に晒すことなく超高真空中で電気伝導を測定する必要がある[26]．

3 まとめと今後の展望

ここでは，多探針計測法として，4探針型STM法と固定型M4PP法の二つを紹介した．両者は，装置の構成や測定環境などに関して相補的な特徴をもっているので，測定の目的に応じて使い分ける必要がある．

4探針型STM装置では，4PP法のほかに，走査型トンネルポテンショメトリー法(scanning tunneling potentiometry：STP)が可能である[27〜29]．試料に電流を流すと，その電気抵抗のために電位勾配が生じるが，その電位分布をマッピングする方法がポテンショメトリーである．4探針型STM装置の2本の探針から試料に電流を流し込み，その電流によって生じたポテンシャル分布を，試料表面にトンネル接触させた第3の探針に流れこむ電流をゼロにするようにバイアス電圧を調整することによって，探針位置での電位を測定する．その測定を第3の探針を走査しながら行うと，ポテンシャル分布をマッピングできる．このような測定によって，原子スケールでの電気伝導の様子を可視化できる．磁性探針を使うと，スピン分解した伝導の様子が可視化でき，さらに今後重要性を増すと思われる[30]．

◆ 文献 ◆

[1] 長谷川修司，表面科学，**36** (3), 112 (2015)．
[2] 長谷川修司，吉本真也，保原　麗，固体物理，**42** (11), 757 (2007)．
[3] 長谷川修司，真空，**49** (11), 642 (2006)．
[4] 長谷川修司，白木一郎，田邊輔仁，保原　麗，金川泰三，松田　巌，電子顕微鏡，**38**, 36 (2003)．
[5] (a) 長谷川修司，白木一郎，田邊輔仁，保原　麗，金川泰三，谷川雄洋，松田　巌，C. L. Petersen, T. M.

Hanssen, R. Boggild, F. Grey, 表面科学, **23**（12）, 740（2002）; (b) 長谷川修司, 白木一郎, 谷川雄洋, C. L. Petersen, F. Grey, 固体物理, **37**（5）, 299（2002）.

[6] 長谷川修司, 白木 一郎, 田邊輔仁, グレイ フランソワ, 応用物理, **70**（10）, 1165（2001）.

[7] T. Kanagawa, R. Hobara, I. Matsuda, T. Tanikawa, A. Natori, S. Hasegawa, *Phys. Rev. Lett.*, **91**, 036805（2003）.

[8] I. Matsuda, M. Ueno, T. Hirahara, R. Hobara, H. Morikawa, S. Hasegawa, *Phys. Rev. Lett.*, **93**, 236801（2004）.

[9] L. J. van der Pauw, *Philips Res. Rep.*, **13**, 1（1958）.

[10] J. D. Wasscher, *Philips Res. Rep.*, **16**, 301（1961）.

[11] S. Yoshimoto, Y. Murata, R. Hobara, I. Matsuda, M. Kishida, H. Konishi, T. Ikuno, D. Maeda, T. Yasuda, S. Honda, H. Okado, K. Oura, M. Katayama, S. Hasegawa., *Jpn. J. Appl. Phys.*, **44**, L1563（2005）.

[12] S. Yoshimoto, Y. Murata, K. Kubo, K. Tomita, K. Motoyoshi, T. Kimura, H. Okino, R. Hobara, I. Matsuda, S. Honda, M. Katayama, S. Hasegawa, *Nano Lett.*, **7**, 956（2007）.

[13] H. Okino, I. Matsuda, R. Hobara, Y. Hosomura, S. Hasegawa, P. A. Bennett, *Appl. Phys. Lett.*, **86**, 233108（2005）.

[14] Y. Kitaoka, T. Tono, S. Yoshimoto, T. Hirahara, S. Hasegawa, T. Ohba, *Appl. Phys. Lett.*, **95**, 052110（2009）.

[15] I. Shiraki, F. Tanabe, R. Hobara, T. Nagao, S. Hasegawa, *Surf. Sci.*, **493**, 633（2001）.

[16] S. Hasegawa, I. Shiraki, F. Tanabe, R. Hobara, T. Kanagawa, T. Tanikawa, I. Matsuda, C. L. Petersen, T. M. Hansen, P. Boggild, F. Grey, *Surf. Rev. Lett.*, **6**, 963（2003）.

[17] http://www.capres.comを参照.

[18] I. Shiraki, F. Tanabe, R. Hobara, T. Nagao, S. Hasegawa, *Surf. Rev. Lett.*, **7**, 533（2000）.

[19] C. L. Peteresen, F. Grey, I. Shiraki, S. Hasegawa, *Appl. Phys. Lett.*, **77**, 3782（2000）.

[20] T. Tanikawa, I. Matsuda, R. Hobara, S. Hasegawa, *e-J. Surf. Sci. Nanotech.*, **1**, 50（2003）.

[21] (a) T. Ikuno, M. Katayama, M. Kishida, K. Kamada, Y. Murata, T. Yasuda, S. Honda, J.-G. Lee, H. Mori, K. Oura, *Jap. J. Appl. Phys.*, **43**（5A）, L644（2004）; (b) Y. Murata, S. Yoshimoto, M. Kishida, D. Maeda, T. Yasuda, T. Ikuno, S. Honda, H. Okado, R. Hobara, I. Matsuda, S. Hasegawa, K. Oura, M. Katayama, *Jap. J. Appl. Phys.*, **44**, 5336（2005）.

[22] H. Konishi, Y. Murata, W. Wongwiriyapan, M. Kishida, K. Tomita, K. Motoyoshi, S. Honda, M. Katayama, S. Yoshimoto, K. Kubo, R. Hobara, I. Matsuda, S. Hasegawa, M. Yoshimura, J.-G. Lee, H. Mori, *Rev. Sci. Intsr.*, **78**, 013703（2007）.

[23] R. Hobara, S. Yoshimoto, T. Ikuno, M. Katayama, N. Yamauchi, W. Wongwiriyapan, S. Honda, I. Matsuda, S. Hasegawa, K. Oura, *Jap. J. Appl. Phys.*, **43**, L1081（2004）.

[24] T. Kambe, R. Sakamoto, T. Kusamoto, T. Pal, N. Fukui, K. Hoshiko, T. Shimojima, Z. Wang, T. Hirahara, K. Ishizaka, S. Hasegawa, F. Liu, H. Nishihara, *J. Am. Chem. Soc.*, **136**, 14357（2014）.

[25] S. Ichinokura, K. Sugawara, A. Takayama, T. Takahashi, S. Hasegawa, *ACS Nano*, **10**, 2761（2016）.

[26] M. Yamada, T. Hirahara, S. Hasegawa, H. Mizuno, Y. Miyatake, T. Nagamura, *e-J. Surf. Sci. Nanotech.*, **10**, 400（2012）.

[27] A. Bannani, C. A. Bobisch, R. Möller, *Rev. Sci. Instrum.*, **79**, 083704（2008）.

[28] J. Homoth, M. Wenderoth, T. Druga, L. Winking, R. G. Ulbrich, C. A. Bobisch, B. Weyers, A. Bannani, E. Zubkov, A. M. Bernhart, M. R. Kaspers, R. Möller, *Nano Lett.*, **9**, 1588（2009）.

[29] T. Nakamura, R. Yoshino, R. Hobara, S. Hasegawa, T. Hirahara, *e-J. Surf. Sci. Nanotech.*, **14**, 216（2016）.

[30] T. Tono, T. Hirahara, S. Hasegawa, *New J. Phys.*, **15**, 105018（2013）.

Chap 6

分子力学計測

Mechanical Characterization of Single Molecule

杉本 宜昭　塩足 亮隼
(東京大学大学院新領域創成科学研究科)

Overview

固体表面上の有機分子やその集合体の構造を正しく理解することは，分子エレクトロニクスの根幹に関わる重要な課題である．原子間力顕微鏡 (atomic force microscopy：AFM) を用いれば，試料の導電性を問わず，微細な構造を調べることができる．AFMは，鋭い探針を試料表面でスキャンさせ，探針にかかる微弱な力を測定することによって，表面の一つひとつの原子・分子を観察する顕微鏡である．分子の内部構造 (分子骨格) が，AFMによって直接観察できることが示された2009年以降，AFMを用いた単分子計測の研究が目覚ましく発展している．この分子骨格の可視化により，固体表面に吸着した個々の有機分子を同定したり，分子内部の電荷状態を調べたりすることができるようになっている．このように，分子構造を可視化するAFMは，分子軌道を可視化する走査型トンネル顕微鏡 (scanning tunneling microscopy：STM) とは画像化機構が異なる相補的な手法として，重要な位置を占めつつある．

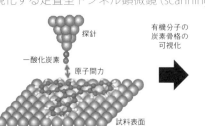
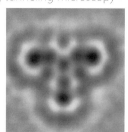

▲原子間力顕微鏡による超高分解能イメージング [カラー口絵参照]

■ **KEYWORD** 📖マークは用語解説参照

- ■原子間力顕微鏡 (atomic force microscopy：AFM) 📖
- ■走査型トンネル顕微鏡 (scanning tunneling microscopy：STM)
- ■非接触原子間力顕微鏡 (noncontact atomic force microscopy：NCAFM) 📖
- ■超高分解能イメージング (high resolution imaging)
- ■多環芳香族炭化水素 (polycyclic aromatic hydrocarbon)
- ■表面化学反応 (surface chemical reaction)
- ■水素結合 (hydrogen bond)
- ■メカノケミストリー (mechanochemistry)

はじめに

本章では，原子間力顕微鏡（AFM）を用いた個々の分子の超高分解能イメージングについて述べる．AFM は 1986 年に Binnig らによって発明された[1]．ちょうど同じ年，Binnig は走査型トンネル顕微鏡（STM）の発明でノーベル物理学賞を受賞している．AFM では，探針先端の原子と試料表面の原子との間に働く原子間力を計測して，イメージングを行う．そのため，STM では観察することができない絶縁体試料も観察することができる．また，AFM の装置構成は STM を包括しているので，導電性の探針と試料を用いることで，AFM/STM 同時測定を行うこともできる[2]．原子間力は図 6-1(a) に示すように，探針がついた板バネ（カンチレバー）のたわみを通して検出する．AFM は発明当初，探針先端が試料表面に接触しており，斥力領域で動作していた〔図 6-1(b)〕．この場合，探針と試料の間の摩擦力により探針先端が摩耗して，個々の原子分子を観察することはできなかった．そこで，カンチレバーを振動させることによって摩擦力を低減する，AFM が発明された．この方式では，カンチレバーの振動の振幅と周波数が測定量となりうる．そのうち，原子間力による振動振幅の変化を検出する AFM は，通称"タッピングモード AFM"とよばれ，大気中で動作させる AFM として最も普及している手法である．一方，超高真空中で個々の原子分子を観察するためには，原子間力による周波数の変化を検出する周波数変調 AFM が用いられる[3]．この方式では，探針先端の原子と表面原子との間に働く引力を精密に計測することができるため，表面を非破壊にイメージングすることができる．このことから，この方式は非接触 AFM ともよばれる〔図 6-1(b)〕．非接触 AFM の発展により，絶縁体も含むさまざまな試料の原子レベルでの観察が可能になった．さらに，2 原子間の化学結合計測[4,5]や化学結合力による原子操作[6]など，表面科学・ナノテクノロジーの重要なツールとしての地位を確立している．

1 超高分解能 AFM イメージング

トンネル電流に比べて原子間力の測定は技術的に困難であるため，当初，非接触 AFM の画像は STM 像に比べて画質が劣っていた．しかし本来，フェルミエネルギー近傍の電子状態を可視化する STM と比較して，空間的により局在した原子間力を可視化する AFM の方が空間分解能が高いはずである．実際最近では，AFM の装置性能が向上し，STM よりも高い空間分解能が得られるようになってきた．例として，図 6-2 にシリセンのモデル図と AFM 像を示す[7]．シリセンとはグラフェンの Si 版で，Si 原子で構成される単原子膜でハニカム構造をとる．しかし，グラフェンが完全に平坦であるのに対して，シリセンはバックル構造をとる〔図 6-2(a)〕．STM では，空間的に高い Si 原子のみが可視化されていた．一方，AFM ではシリセンを構成するすべての Si 原子が観測されている〔図 6-2(b)〕．この画像は探針との引力でイメージングされており，典型的な非接触 AFM 像であるといえる．

最近では，非接触領域よりも探針が試料に近い斥力領域においてでさえ，非破壊にイメージングが行えるようになってきた．2009 年，IBM の Gross らが AFM によって，有機分子の内部構造（分子骨格）が可視化されることを発表した[8]．この分子骨格の

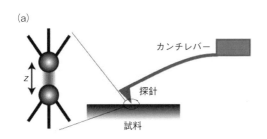

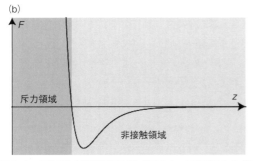

図 6-1 原子間力顕微鏡の模式図(a)，原子間力と探針―試料間距離の関係(b)

| Part II | 研究最前線 |

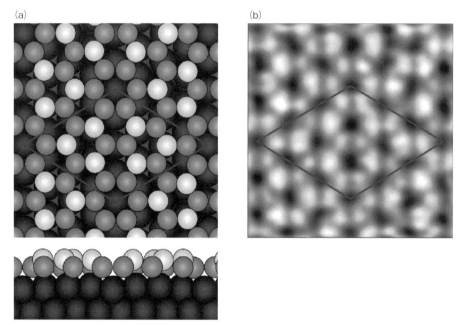

図 6-2　Ag 基板上のシリセンの構造モデル（黒丸が Ag，灰色と白丸が Si 原子）(a) と AFM 像 (b)

解像は，探針とのパウリの斥力によるものであることがわかっている．AFM 発明当初は，破壊的な接触であったのに対して，現在では制御された接触によって，非破壊な斥力イメージングが実現したといえる．安定して斥力イメージングを行うために，探針先端に CO 分子を一つ付着させることが常套手段となっている．CO の脱離を防ぐのに低温が必要であるため，このような超高分解能 AFM イメージングは通常，液体ヘリウム温度で行われる．このような手法によって，未知の有機分子の構造決定，単一分子内の電荷の分布の可視化，分子内の結合次数の識別，化学反応前後の分子構造の同定，グラフェンナノリボンの可視化などが立て続けに発表された[9]．以下，同じ方法を用いたわれわれの研究について紹介する．

1-1　基板との相互作用によって促進される化学反応の可視化

基板表面から力を受けて促進される化学反応について紹介する[10]．図 6-3(d) に示すような多環芳香族炭化水素を用いた．この分子は水素原子の立体反発によって，自由空間でねじれた構造が安定である〔図 6-3(g)〕．その分子を超高真空中で Cu 基板に吸着させて，低温で AFM イメージングを行ったところ，図 6-3(a) の像を得た．白いところほど探針にかかる斥力が強いことを意味している．この斥力によって分子の骨格が可視化されていることがわかる．この分子の AFM 像が鏡映対称性をもっていることから，基板表面に吸着したことで分子が平坦化していることがわかった〔図 6-3(d)〕．次に，この基板を室温以上で加熱して，再び低温で AFM 観察を行ったところ，図 6-3(d) とは異なる分子種が観察された．その中で最も多く観察された分子を〔図 6-3(b)〕に示す．これは，図 6-3(e) のモデル図に示すように，元の分子が Cu 基板上で脱水素反応を起こした分子であることが判明した．この分子もやはり，水素原子の立体反発によって，自由空間でねじれた構造が安定である〔図 6-3(h)〕．したがって，Cu 表面に吸着することによって，平坦化が起こってアズレン基が歪んだ状態である．さらに，基板をより高温で加熱して，再び低温で AFM 観察を行ったところ，図 6-3(c) の分子がおもに観察された．この最終生成物は，図 6-3(f) のモデル図に示すように，アズレン基の一つがフルバレン基に転位した分子であることがわかる．この分子は，図 6-3(i) に示すよ

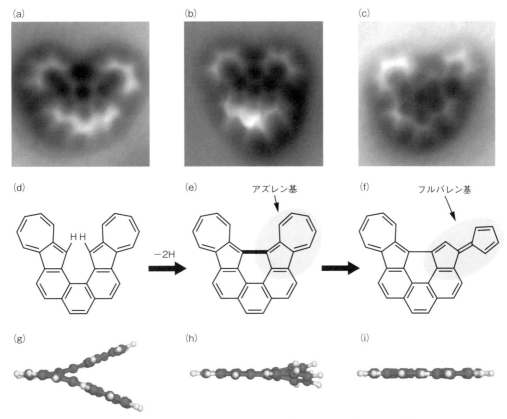

図 6-3 超高分解能 AFM イメージングによる表面化学反応の追跡
(a, d, g)反応物，(b, e, h)反応中間体，(c, f, i)生成物．(g, h, i)自由空間における分子の構造．

うに自由空間でも平坦な構造が安定である．したがって，基板に吸着する際の歪みのエネルギーは解消されているといえる．このようなアズレン基からフルバレン基への化学反応は報告されておらず，基板との相互作用によって引き起こされたものである．つまり，分子が基板へ吸着していることによって，アズレン基に歪みのエネルギーが蓄えられており，歪みをもたないフルバレン基への反応が促進されたといえる．このような，外部からの力によって促進される化学反応は，力を加えて反応を起こすメカノケミストリーと関連する技術であり，新しい分子エレクトロニクス材料を創成する新手法として期待される．また，このような表面化学反応の追跡は，個々の分子種を直接同定することができる超高分解能 AFM イメージングによって可能になったといえる．

1-2 水分子ネットワークの可視化

分子が連なった集合体の構造を決定することも，分子エレクトロニクスで必要とされる技術である．単純かつ普遍的な分子である水分子がつくるネットワーク構造を，AFM で可視化した研究を紹介する[11]．Cu 基板に超高真空中で水分子を吸着させると，図 6-4(c)の STM 像に示すように，水分子が水素結合によって集まった一次元的な構造が得られることが知られている[12]．第一原理計算によって，図 6-4(a,b)に示すような構造が提唱された[13]．六角形が敷き詰まった氷の結晶構造とは異なり，これは水分子が五角形にネットワークを組んでいるユニークな構造であることから注目を集めていた．しかし，図 6-4(c)に示すように，STM では個々の水分子が観察されておらず，五角形のネットワーク構造を直接確認できていなかった．そこで，有機分子の超高

| Part II | 研究最前線

+ COLUMN +

★いま一番気になっている研究者

Pavel Jelinek
(チェコ・科学アカデミー グループリーダー)

　Jelinek 博士は理論家であり，走査型プローブ顕微鏡に関する第一原理計算を専門としている．2009 年から表面科学研究室のグループリーダーとなった．そのグループは理論班と実験班の両方を有し，理論面と実験面それぞれ世界トップレベルである．理論面においてはたとえば，原子接合における原子間力と電気伝導度の間の普遍的な関係について解明している．また，有機分子の AFM イメージングにおける画像化機構の解明にも成功して注目を集めている．彼の研究室のウェブページで AFM 画像のシミュレーションが行えるようになっている．実験面では，有機分子を用いた単分子化学に力を入れており，超高分解能 AFM イメージングによる表面化学反応の追跡や，単分子の力学計測などで，顕著な成果を上げている．チェコで，非接触原子間力顕微鏡の国際会議を主催したり，その他多くのワークショップを開催したりするなど，AFM の分野を牽引している研究者の一人である．

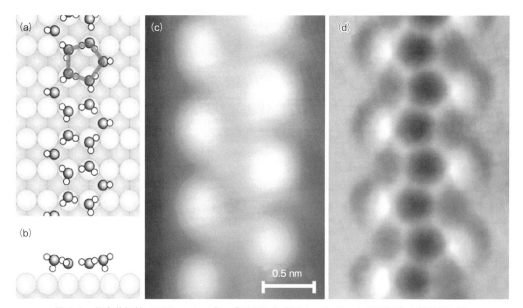

図 6-4　超高分解能 AFM イメージングによる水分子ネットワークの可視化と構造モデル
(a)トップビュー，(b)サイドビュー，(c)STM 像，(d)AFM 像．

分解能 AFM イメージングと同様の方法で，この水分子ネットワークを観察した．すると，図 6-4(d) に示すように，水分子ネットワーク構造を明瞭に可視化することに成功した．予想されていた構造〔図 6-4(a)〕と一致しており，水分子が五角形の水素結合ネットワークを構成することが直接示された．有機分子の骨格の可視化と同様，白いところほど探針にかかる斥力が強く，それにより水分子ネットワークの骨格が可視化されている．今後，有機分子を用いた複雑な集合体についても同様の手法によって，分子内部とそのネットワーク構造が観察可能になると期待できる．

2 まとめと今後の展望

　本章では，AFM を用いた有機分子および水分子ネットワークの超高分解能イメージングについて紹

介した.単分子あるいは単原子レベルで分子や集合体の構造を直接可視化する技術は,分子エレクトロニクスの研究に貢献できると考えられる.とくに平坦な分子に対しては,AFMによる超高分解能イメージングは,未知な分子を同定できるほど強力な手法である.一方で,平坦でない分子に対しては,分子の内部構造を反映した像が得られるものの,構造を直接同定することは難しい.今後,電子顕微鏡による単分子イメージングで行われているようなイメージ解析法[14]が,AFMにおいても発展すると考えられる.また,超高分解能イメージングはほとんど低温環境で行われており,このことが実用的な材料開発への応用を妨げる可能性がある.われわれは,室温環境下においても有機分子の骨格を観察できることを示している[15].汎用化のためには,低温環境におけるCO修飾探針に相当する探針制御技術が,室温でも用いられることが待ち望まれる.また,AFMではすでに大気,液中でも原子分解能が達成されているので[16],今後そのような環境でも分子の超高分解能イメージングが可能になるかもしれない.

また,本章ではイメージングについて紹介したが,AFMには力を定量化できるという最大の特徴がある.化学結合力の計測によって,表面の個々の原子を同定する試みも進められている[4,5].今後,超高分解能イメージングによって分子の特定の位置に針を近づけ,分子接合をつくり,探針にかかる力と電流を同時に計測する研究が進むであろう.それにより,接合部における分子の配向や電極との接合様式に関する情報を電気伝導度と関連付けて議論できるようになる.

さらに,探針によって分子に力を積極的に与えたときの分子系の応答にも,興味がもたれる.探針からの力学的刺激により,分子自体が変形したり,分子と電極のカップリングが変化したりすると考えられる.力学的な刺激に対する単一分子の電気伝導度の変化が解明できれば,力学的スイッチや応力センサーなど,新しい動作原理に基づく分子デバイスを創出できる可能性がある.分子エレクトロニクスで外場とされる光・電場・磁場に'力'を加えた新しい展開に期待がもたれる.

◆ 文　献 ◆

[1] G. Binnig, C. F. Quate, Ch. Gerber, *Phys. Rev. Lett.*, **56**, 930 (1986).
[2] Y. Sugimoto, M. Ondracek, M. Abe, P. Pou, S. Morita, R. Perez, F. Flores, P. Jelinek, *Phys. Rev. Lett.*, **111**, 106803 (2013).
[3] F. J. Giessibl, *Rev. Mod. Phys.*, **75**, 949 (2003).
[4] Y. Sugimoto, P. Pou, M. Abe, P. Jelinek, R. Perez, S. Morita, O. Custance, *Nature*, **446**, 64 (2007).
[5] J. Onoda, M. Ondracek, P. Jelinek, Y. Sugimoto, *Nat. Commun.*, **8**, 15155 (2017).
[6] Y. Sugimoto, P. Pou, O. Custance, P. Jelinek, M. Abe, R. Perez, S. Morita, *Science*, **322**, 413 (2008).
[7] J. Onoda, K. Yabuoshi, H. Miyazaki, Y. Sugimoto, *Phys. Rev. B*, **96**, 241302 (R) (2017).
[8] L. Gross, F. Mohn, N. Moll, P. Liljeroth, G. Meyer, *Science*, **325**, 1110 (2009).
[9] N. Pavliček, L. Gross, *Nat. Rev. Chem.*, **1**, 0005 (2017).
[10] A. Shiotari, T. Nakae, K. Iwata, S. Mori, T. Okujima, H. Uno, H. Sakaguchi, Y. Sugimoto, *Nat. Commun.*, **8**, 16089 (2017).
[11] A. Shiotari, Y. Sugimoto, *Nat. Commun.*, **8**, 14313 (2017).
[12] T. Yamada, S. Tamamori, H. Okuyama, T. Aruga, *Phys. Rev. Lett.*, **96**, 036105 (2006).
[13] J. Carrasco, A. Michaelides, M. Forster, S. Haq, R. Raval, A. Hodgson, *Nat. Matter.*, **8**, 427 (2009).
[14] R. M. Gorgoll, E. Yucelen, A. Kumamoto, N. Shibata, K. Harano, E. Nakamura, *J. Am. Chem. Soc.*, **137**, 3474 (2015).
[15] K. Iwata, S. Yamazaki, P. Mutombo, P. Hapala, M. Ondracek, P. Jelinek, Y. Sugimoto, *Nat. Commun.*, **6**, 7766 (2015).
[16] T. Fukuma, K. Kobayashi, K. Matsushige, H. Yamada, *Appl. Phys. Lett.*, **87**, 034101 (2005).

Chap 7

機能性分子ワイヤ
Functionalized Molecular Wires

寺尾　潤　正井　宏
（東京大学大学院総合文化研究科）

Overview

現代の情報化社会を支えるナノメートルスケールの電子デバイス製造において，種々の新規材料が開発されるものの，その中心には常にシリコンが用いられている．そのシリコン半導体を基盤とした情報処理デバイスは，トップダウン的手法による高集積化による性能向上を続けているが，ムーアの法則に従えば，2020年代には微細化の限界に達すると予想されている．これに対して，物質の最小の構成単位である原子・分子をビーカーなどの安価な製造プロセスによりボトムアップ的に組み上げ，デバイスを構築する分子エレクトロニクスは，次世代の超微細電子素子の製造技術として期待されている．なかでも分子デバイスの基本素子となる分子ワイヤの創製は，分子エレクトロニクスの実現に重要である．

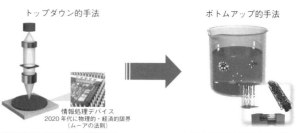

▲ボトムアップ的手法による分子エレクトロニクスの実現

■ **KEYWORD** 📖マークは用語解説参照

- 共役ポリマー（conjugated polymer）
- 分子ワイヤ（molecular wire）
- 導電性高分子（conductive polymer）
- 機能性高分子（functionalied polymer）
- 被覆型高分子（insulated polymer）
- ポリロタキサン（polyrotaxane）📖
- シクロデキストリン（cyclodextrin）📖
- 電荷移動度（charge mobility）📖

はじめに

　2000年度のノーベル化学賞受賞者である白川英樹らが，"電気を流すプラスチック"としてポリアセチレンを報告して以来，π共役ポリマーは有機発光ダイオード，有機電界効果トランジスター，有機光電池などの次世代の電子材料として注目を集めている．また，π共役ポリマーは，軽量・安価・フレキシブルな材料であり，折り曲げ自由なデバイスとして，集積回路，ディスプレイ，電子タグ，太陽電池パネルなどへの利用が図られている．さらに，低分子有機化合物に比べて，塗布，インクジェットや輪転機などの安価な溶液プロセスに適応可能である．一般にπ共役ポリマーは，ランダムに配向した共役鎖間のエネルギー移動や電子移動により，無機材料や低分子有機材料に比べて導電特性や光学特性が低い．また，共役鎖は光や熱，酸素下で容易に化学反応を起こすため，化学的耐久性が低い．分子エレクトロニクスでは，このπ共役ポリマーをバルクとしてではなく，1本のみを分子回路の配線素子(分子ワイヤ)として利用するため，分子エレクトロニクスを実現するには単分子性・化学安定性・一義的な物性・構造を有する分子ワイヤを合成し，これらをナノメートルスケールの極微電極間に集積化するプロセス技術の開発が不可欠である．その実現に向け，あたかもビニール被覆導線を作製するように，合成化学的手法によりπ共役ポリマー鎖を1本ずつ絶縁物で被覆する研究が活発に行われている．この被覆により，共役鎖間の相互作用は軽減され，溶解性・蛍光特性・共役鎖内電荷輸送特性が向上するとともに，共役鎖の単分子性と化学的安定性の付与が期待される．ここでは，単分子性を有する機能性分子ワイヤの合成と物性について紹介する．

1 被覆型共役ポリマー(分子ワイヤ)

1-1 分子ワイヤの合成法

　被覆型共役ポリマーの合成法としては[1]，大きく分けて，π共役ポリマー鎖に立体的にかさ高い側鎖を導入する方法と，シクロデキストリン(CD)やシクロファン，クラウンエーテル誘導体などの環状分子により，ポリマー鎖を三次元的に被覆する2種類の方法がある．前者は側鎖として立体的にかさ高いデンドリマーを共有結合で連結することにより，π共役ポリマーに溶解性を付与させ，かつπ共役ポリマー鎖間の接触を防ぐことができる．また，この手法により，合成される被覆π共役ポリマー(被覆分子ワイヤ)は，構成ユニットの構造が一義的であり，構造規則性がきわめて高い．しかし，その一方で，かさ高い側鎖間の立体的な反発により主鎖骨格のねじれが生じ，また，安定性・溶解性の向上のための側鎖の導入が，主鎖骨格本来の性質に影響を与える場合がある．それに対して，後者は，親水-疎水相互作用や配位などの比較的弱い相互作用を用い，環状化合物により主鎖を三次元的に効率よく被覆することができる．たとえば，水溶性の環状分子であるシクロデキストリン(CD)は，水中で，親水-疎水相互作用により有機分子を取り込み，ロタキサン(包接錯体)を形成することが知られており，種々の共役ポリマーのホスト分子として広く利用されている．共役ポリマーをCDで被覆したポリロタキサン型の分子ワイヤは，環状分子であるCDが，ポリマー主鎖に沿ってシャトリングするため，しばしば環状化合物が凝集し，被覆されないπ共役部分が生じ，その溶解性が低下する．また，構造規則性に乏しいため，一義的な物性が求められる分子エレクトロニクスの配線素子としては不向きである．さらに，CDを用いた場合，分子ワイヤは水溶性のため，導電性に影響する水分子の存在が問題となる．そこで筆者らは，デンドリマー型構造の高い構造規則性・溶解性と，ロタキサン型構造の高い三次元性の被覆に着目した．この両者の手法の長所を融合した新しい被覆共役ポリマーの合成手法の開発によって，分子エレクトロニクス素子として理想的な分子ワイヤを合成できると考えた．すなわち，環状分子としてメチル化シクロデキストリン(PMCD)を用い，共役鎖を被覆するとともに，連結することで，環状分子のシャトリングを抑制し，被覆位置が固定化された疎水性の環連結型分子ワイヤの合成に成功した(図7-1)[2]．

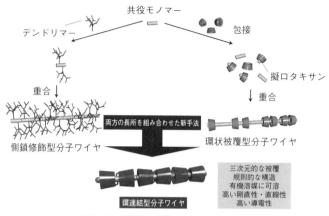

図 7-1 環連結型分子ワイヤの合成

1-2 環連結型分子ワイヤ物性

合成した分子ワイヤは，PMCDにより被覆されているため，共役鎖間の相互作用が抑制され，種々の有機溶媒に可溶である．得られた分子ワイヤは，被覆されていない共役ポリマーに比べて，共役鎖間のπ-π相互作用の軽減により，きわめて高い蛍光量子収率を示した〔図7-2(a)〕．また，高密度でPMCDにより被覆されている分子ワイヤでは，共役鎖の剛直性が向上し，偏光顕微鏡測定により，液晶性が発現することが明らかとなった〔図7-2(b)〕[3]．さらに，原子間力顕微鏡測定（AFM）では，被覆により共役鎖間の相互作用が軽減されるため，凝集し束状になることなく，長さ約200 nm，高さ約1.8 nmの単一の分子ワイヤが観測された〔図7-2(c)〕．

1-3 分子ワイヤの分子内電荷輸送特性

被覆分子ワイヤは共役鎖が被覆されるため，鎖間の相互作用が無視できる．そのため，共役鎖1本の電荷輸送特性のみを測定可能である．まず，分子ワイヤの繰り返しユニットとなるロタキサン型モノマーの単分子伝導度測定を，STM-ブレーク・ジャンクション法により行った[4]．その結果，対応する非被覆型の分子と比べて，より規定された伝導度（$3.2±0.5×10^{-4}\ G_0$）を示した．このことは被覆により，共役鎖間の相互作用，共役部位の回転，そして熱的揺らぎが軽減されたことに起因すると考えられる．今回得られた分子ワイヤのように，100 nmを超える共役分子の伝導度計測を行う場合，STM-ブ

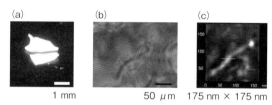

図 7-2 環連結型分子ワイヤの蛍光，偏光顕微鏡，AFM測定

レーク・ジャンクション法では不可能である．そこで，電極への接続を必要としない時間分解マイクロ波伝導度測定法（TRMC法），および過渡光吸収法（TAS法）により[5]，被覆型分子ワイヤの電荷移動度の評価を試みた．その結果，被覆により共役鎖上に発生したラジカルカチオンの長寿命化が観測され，固体状態においても伝導度測定を行うことに成功した．たとえば，主鎖骨格にポリフェニレンエチニレン鎖を有する分子ワイヤ**1**では，被覆により共役鎖上に発生したラジカルカチオンの長寿命化が観測され，固体状態において時間分解マイクロ波伝導度測定を行うことに成功し，分子内電荷移動度がアモルファスシリコンに匹敵する高い値（$0.7\ cm^2/Vs$）を示した[6]．興味深いことに，直線状のポリフェニレンエチニレン鎖をジグザグ型に変更した分子ワイヤ**2**を合成したところ，ジグザグ型分子ワイヤの分子内電荷移動度は，直線型と比べてより高い分子内電荷移動度（$8.5\ cm^2/Vs$）を示した（図7-3）[7]．この値は，同手法により測定した被覆型ポリチオフェン[8]およ

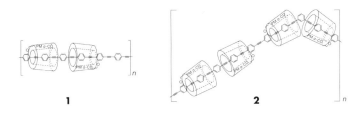

1
0.7 cm²/Vs

2
8.5 cm²/Vs

図 7-3 共役鎖骨格と分子内電荷移動度との相関

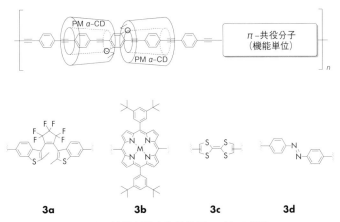

図 7-4 外部刺激応答性分子ワイヤの構造

びラダー型ポルフィリンポリマー[9]より高い値であり，分子内ホッピング過程による電荷移動度の上限値に迫る値である．このことは，ベンゼン環のメタ位で共役鎖を結合することで，規則正しくπ軌道を局在化させることにより，軌道レベルを揃えることで，分子内ホッピングの効率を高めたことに起因する．

2 機能性分子ワイヤの合成と機能

2-1 外部刺激応答性分子ワイヤの合成と機能

前節で記述したとおり，PMCD を用いてπ共役ポリマーを被覆・連結することにより，高い溶解性・剛直性・直線性および蛍光発光特性，分子内電荷移動特性など，配線材料として優れた物性を有する被覆型分子ワイヤの合成に成功した[10]．その一方で，分子エレクトロニクスにおける配線素子は，従来の無機配線材料を単に模倣する必要はなく，有機物ならではの物性の付与が望まれる．すなわち，

高い電荷輸送能を示すだけでなく，外部刺激に対して伝導性が変化すれば，既存と異なる新奇な電子素子の創成が期待できる．そこで，両端にエチニル基を有し，連結により被覆構造が固定化された被覆型モノマーと，種々の機能性を有する共役分子との共重合により，被覆型分子ワイヤ中に外部刺激応答性部位を有する機能性分子ワイヤの合成を行った（図 7-4）[11]．機能性分子として特定の波長の光に応答して構造が変化する，ジアリールエテン部位を有する分子ワイヤ **3a** では，紫外可視吸収スペクトル測定により，光異性化によるスイッチング挙動を確認した．また，環中心にさまざまな金属イオンの取り込みが可能なポルフィリン部位を有するモノマーとの共重合反応により得られるイオン応答性分子ワイヤ **3b** では，金属イオンの有無およびその種類によって分子内電荷移動度に差が出ることを明らかにした．酸化還元特性を有するテトラチアフルバレン（TTF）部位をもつモノマーとの共重合反応により

得られる．酸化還元応答性分子ワイヤ **3c** は，酸化・還元剤の添加により，発光のスイッチング挙動を示すことがわかった．さらに，シス-トランス光異性化を示すアゾベンゼン部位を有するポリマー **3d** は，紫外・可視光照射により，トランスからシスとなる構造変化に対応して，各ポリマー鎖が直線状から球状化する様子が，原子間力顕微鏡（AFM）により観察された．

2-2 含金属分子ワイヤの合成と機能

遷移金属錯体は，酸化還元特性，三重項状態や近藤効果など，d-電子に由来する物性や，非共有結合の特徴である結合の可逆性に基づく再利用や自己修復能などを有する．そのため，有機材料にはない優れた機能や新しい加工特性を配線材料に付与することが期待される[12]．この観点から筆者らは，遷移金属を有する一次元配位性ポリマーに着目し，有機被覆共役分子と遷移金属錯体との融合を試みた[13]．被覆型白金アセチリドポリマー **4a** は，希薄溶液中・固体中における発光極大波長は分子間相互作用に起因するシフトが観測されず，いずれの状態においても単分子性を保持し，強いリン光発光が観測された（図7-5）．一方，非被覆型ポリマー **4b** は，かさ高い側鎖である PMCD を有するにもかかわらず，固体中では分子間相互作用を十分に抑制できず，弱い蛍光発光のみが観測された．このことから，三重項励起状態が局在する共役鎖を三次元的に覆うことで，高密度に分子が密集する固体状態であっても，単分子性を保持し，失活を受けることなくリン光発光を可能にすることが示された．

次に，配位結合を有する含金属分子ワイヤの合成を試みた．可逆的な配位結合によって構成される分子ワイヤ **5** の特異な物性として，モノマーとポリマーの相互変換を達成した（図7-6）[14]．すなわち，**5** に対して強い配位能を有する一酸化炭素を，1気圧の条件で作用させたところ，ルテニウム上のピリジル基と配位子交換することで，被覆型架橋配位子とルテニウム錯体へと解重合した．続いて得られた溶液に対して UV 照射を行うことで，ルテニウム錯体は再び脱カルボニルを伴い，**5** を再生した．これは，配位結合を介した分子ワイヤならではの性質であり，一酸化炭素をセンシングする高分子素子となるだけでなく，再利用や修復が可能な高分子配線材料への応用が期待される．

さらに，金属配位部位を有する分子ワイヤ **6** の合成に成功した（図7-7）[15]．**6** のフィルムを，Sn^{4+} を含む溶液に数秒間浸漬させると，浸漬部分の発光色

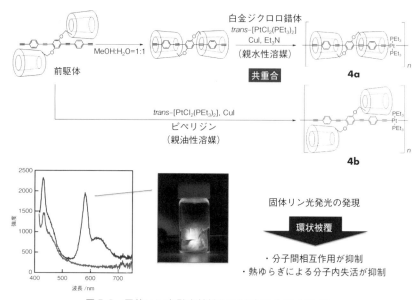

図7-5 固体リン光発光特性を示す含白金分子ワイヤ

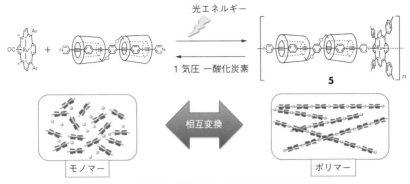

図7-6 自己修復機能を有する配位型分子ワイヤ

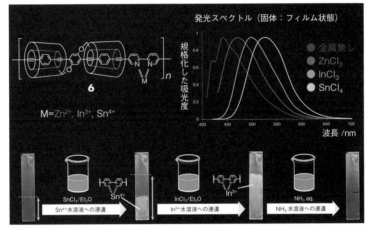

図7-7 イオンセンシング能を有する分子ワイヤ

が青色から黄色へと変化し，Sn^{4+}イオンの配位が確認された．また，そのフィルムをIn^{3+}を含む溶液に浸漬させると，Sn^{4+}が配位していた部分の発光色は黄色のまま変化せず，それ以外の部分が緑色の発光を示した．さらに，これらの配位した金属は，フィルムをアンモニア水に浸漬させることで容易に除去可能であった．このように，被覆構造を有する **6** は，その固体蛍光発光色を簡便かつ可逆的にチューニング可能であり，金属種を識別し可視化する固体金属イオンセンサーとしての働きも示した．

3 まとめと今後の展望

現在の有機合成技術は，高い選択性を発現する遷移金属触媒反応を駆使することにより，複雑な分子構造を有するさまざまな天然物や機能性超分子化合物の合成が可能となった．合成化学者にとって，複雑な化合物を効率よく合成することは，研究のモチベーションの一つであり，学術的に重要な研究課題である．しかしながら，有機合成化学分野の産業応用に目を向けてみると，最も高付加価値の合成化合物である医薬品は，たかだか分子量が300程度であり，より分子量が大きく薬効の高い複雑な化合物は，合成可能であっても製造コストの問題で製品化は困難である．今回紹介した機能性分子ワイヤは，超分子化学と遷移金属化学の最新技術を導入し，多段階反応により合成されており，これをバルクで用いるとなると，膨大な製造コストが必要である．しかしながら，有機合成の最大の利点は，その生産性の高さであり，多段階の合成操作を必要とするにしても，合成した高分子量の化合物1分子を製品として利用

| Part II | 研究最前線 |

+ COLUMN +

★いま一番気になっている研究者

Harry L. Anderson
(イギリス・オックスフォード大学 教授)

30代でイギリス・オックスフォード大学化学科の教授となったHarry L. Anderson教授は，超分子化学分野のフロントランナーである．2002年には導電性共役ポリマーをシクロデキストリンで貫通させたポリロタキサンを合成し，被覆型分子ワイヤとしての活用性を示した〔*Nat. Mater.*, **1**, 160 (2002)〕．この研究を皮切りに，ポリロタキサン型の被覆ワイヤに関する研究が大きく発展した．Anderson教授は，ポルフィリン分子を用いた研究にも注力しており，ポルフィリンワイヤを分子エレクトロニクスに融合した研究も展開している〔*Nat. Nanotechnol.*, **6**, 517 (2011)〕．最近ではポルフィリンを用いた巨大分子構造体構築法の新概念を提唱し発展させるなど，目覚ましい研究成果を出し続けている〔*Nature*, **469**, 72 (2011); *Nature*, **541**, 200 (2017)〕．

すれば，十分に採算が取れる．たとえば，規定した長さの機能性分子ワイヤを分子素子として利用し[16]，合成化学的手法によりナノ電極間に単分子配線すれば[17]，一挙にモル単位の製品を作製できるという利点がある．

◆ 文 献 ◆

[1] M. J. Frampton, H. L. Anderson, *Angew. Chem. Int. Ed.*, **46**, 1028 (2007).

[2] J. Terao, S. Tsuda, Y. Tanaka, K. Okoshi, T. Fujihara, Y. Tsuji, N. Kambe, *J. Am. Chem. Soc.*, **131**, 16004 (2009).

[3] J. Terao, Y. Tanaka, S. Tsuda, N. Kambe, M. Taniguchi, T. Kawai, A. Saeki, S. Seki, *J. Am. Chem. Soc.*, **131**, 18046 (2009).

[4] M. Kiguchi, S. Nakashima, T. Tada, S. Watanabe, S. Tsuda, Y. Tsuji, J. Terao, *Small*, **8**, 726 (2012).

[5] A. Saeki, S. Seki, T. Takenobu, Y. Iwasa, S. Tagawa, *Adv. Mater.*, **20**, 920 (2008).

[6] J. Terao, K. Ikai, N. Kambe, S. Seki, A. Saeki, K. Ohkoshi, T. Fujihara, Y. Tsuji, *Chem. Commun.*, **47**, 6816 (2011).

[7] J. Terao, A. Wadahama, A. Matono, T. Tada, S. Watanabe, S. Seki, T. Fujihara, Y. Tsuji, *Nat. Commun.*, **4**, 1691 (2013).

[8] K. Sugiyasu, Y. Honsho, R. M. Harrison, A. Sato, T. Yasuda, S. Seki, M. Takeuchi, *J. Am. Chem. Soc.*, **132**, 14754 (2010).

[9] F. C. Grozema, C. Houarner-Rassin, P. Prins, L. D. A. Siebbeles, H. L. Anderson, *J. Am. Chem. Soc.*, **129**, 13370 (2007).

[10] 寺尾 潤, 有機合成化学協会誌, **73**, 1007 (2015).

[11] H. Masai, J. Terao, *Polym. J.*, **49**, 805 (2017).

[12] H. Masai, J. Terao, Y. Tsuji, *Tetrahedron Lett.*, **55**, 4035 (2014).

[13] H. Masai, J. Terao, S. Makuta, Y. Tachibana, T. Fujihara, Y. Tsuji, *J. Am. Chem. Soc.*, **136**, 14714 (2014).

[14] H. Masai, J. Terao, S. Seki, S. Nakashima, M. Kiguchi, K. Okoshi, T. Fujihara, Y. Tsuji, *J. Am. Chem. Soc.*, **136**, 1742 (2014).

[15] T. Hosomi, H. Masai, T. Fujihara, Y. Tsuji, J. Terao, *Angew. Chem. Int. Ed.*, **55**, 13427 (2016).

[16] H. Masai, T. Fujihara, Y. Tsuji, J. Terao, *Chem. Eur. J.*, **23**, 15073 (2017).

[17] M. Taniguchi, Y. Nojima, K. Yokota, J. Terao, K. Sato, N. Kambe, T. Kawai, *J. Am. Chem. Soc.*, **128**, 15062 (2006).

Chap 8

分子の電極への
アンカーリング
Anchoring of Molecules Towards Electrodes

家　裕隆
（大阪大学産業科学研究所）

Overview

単分子レベルで精密に制御された分子構造をもとに，エレクトロニクス素子の構築を目指す分子アーキテクトニクスは，究極的な素子の微小化が可能なボトムアップのアプローチである．これを実現するためには，有機分子の金属電極へのアンカーリングが重要な位置づけとなる．理想的なアンカーリングのためには，キャリア輸送に適切，かつ，金属電極に対して接合能を有するアンカー官能基と，金属電極表面上で単分子でも自立可能な分子構造の両方を考慮した分子創製が不可欠である．本章では，テトラメタン骨格の三次元構造を特徴とする新規アンカーユニットの構造と，金電極へのアンカーリング特性の相関について紹介する．

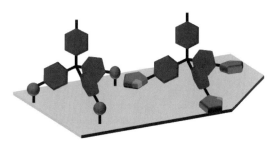

▲三脚型構造分子の金属電極へのアンカーリング様式
［カラー口絵参照］

■ **KEYWORD** □マークは用語解説参照

- ■π電子系（π-conjugated system）
- ■三脚型構造（tripodal structure）
- ■アンカーリング（anchoring）
- ■π電子混成（π-channel hybridization）
- ■物理吸着（physical adsorption）
- ■単分子膜（molecular monolayer）
- ■単分子接合（single-molecule junction）
- ■走査型トンネル顕微鏡（scanning tunneling microscope：STM）

はじめに

近年，有機分子，とりわけπ電子系分子をエレクトロニクス材料へ応用する研究が盛んに行われている．この応用は2種類に大別することができる．一つは，太陽電池などのπ電子系分子の薄膜を半導体活性層とする有機薄膜エレクトロニクスである．有機デバイスならではの特徴を活かせる点で，次世代のエレクトロニクス素子になると期待されている．もう一つは，1分子レベルでエレクトロニクス機能を発現させることを目指した単分子エレクトロニクスの概念をもとに，分子をボトムアップで精密に組み上げることで，エレクトロニクス機能の発現を目指す分子アーキテクトニクスである．後者は，現状のトップダウンアプローチのエレクトロニクス素子に対して，究極的な素子の微細化が可能になるという点で，画期的な展開が期待できる．いずれのエレクトロニクス応用に向けても，高性能・高機能の分子開発が不可欠であることは共通の状況である．一方で，アンカーリングの重要度が両者では決定的に異なる．すなわち，有機分子の集合体で機能する有機薄膜エレクトロニクス材料と比べて，分子アーキテクトニクス材料では，1分子あるいは少数分子での素子特性が鍵となる．そのため，有機分子と金属電極を確実に接合させ，かつ，高い電気伝導特性を可能にするアンカーユニットの有機分子への導入が不可欠となる．本章では，金属電極との接合を担うアンカーユニット応用に向けた，π電子系分子について概観する．

1 アンカーユニットの設計

有機分子をアンカーユニットへ応用するためには，(1)分子と金属電極の間でキャリア輸送に適切なエネルギー準位をもつ，(2)分子と金属電極を確実かつ堅固に接合，(3)金属電極上で分子が自立，の3項目を併せもつ分子設計が不可欠となる．(1)，(2)を満たすためには，アンカー官能基(図8-1のXに該当)の選択が重要であり，これまで安定な金との結合を容易に形成できるチオール基(硫黄―金結合)が最もよく用いられている[1,2]．また，カルボン酸，ホスホン酸，リン酸，アミノ基，ピリジン環なども，アンカー官能基としてよく用いられている．最近では，電極界面エネルギーレベルの観点から，硫黄―金結合に代わる新たな電極接合系の開発が望まれており，セレノール基が注目されている[3]．これらのアンカー官能基は，金電極と化学結合や物理吸着で接合する．これに対して，最近では，π電子系自体をアンカーに用いたπ電子―金接合(π電子接合)が，新たな接合形式として報告され始めている[4~6]．たとえば，アンカー官能基としてベンゼンやフラーレンを利用した接合は，高い電気伝導特性を示す[4,5]．一方，(2)，(3)を満たすためには，アンカーユニットの分子構造が重要な位置づけとなる．分子間相互作用に基づく自己組織化単分子(SAM)膜と異なり〔図8-1(a)〕，単分子で自立することが分子アーキテクトニクス応用に向けて不可欠である．そこで，電極表面上で倒れる可能性の高い単脚構造よりも〔図8-1(b)〕，アンカー官能基を複数導入した多脚

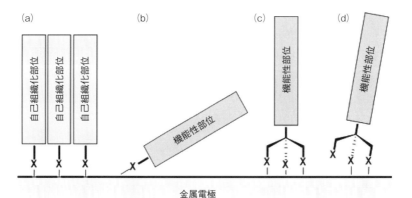

図8-1 金属電極への接合の模式構造

型構造[図8-1(c)]の方が有利となる．また，アンカー官能基の接合能が低く，単脚では接合ができない状況でも，多脚構造では複数のアンカー官能基を利用することができるため，協働的な効果により，接合が期待できる点でも有利である[図8-1(d)]．これらの点から，筆者らを含めていくつかのグループで，三脚型構造を採用している．本章では，テトラフェニルメタンの三脚構造に限定し，アンカー官能基の違いが金電極への接合能に与える影響を直接的に比較検討した筆者らの研究結果を概説する．

2 セレン官能基を含む三脚型アンカーユニット

フェルミ準位近傍での電子状態の評価から，セレン—金結合は硫黄—金結合に比べて，電荷注入障壁が小さくなることが示唆されている[3]．この点から，チオール基に代わるアンカーユニットとして，セレノールが期待されている．一方，有機合成の困難さから，これまでセレノール基を導入した多脚型アンカーユニットは，未達成であった．そこで，セレノール基をもつ三脚型アンカーユニット（**3SeH-Ph4T**）の開発を行った（図8-2）[7]．なお，この分子では，単分子膜のサイクリックボルタンメトリー（CV）測定で金電極への接合能評価を行うため，電気化学的に活性，かつ，可逆な酸化波が観測できるオリゴチオフェン誘導体（Ph4T）を導入している．

3SeH-Ph4Tの単分子膜で修飾された金基板を作用電極としてCV測定を行ったところ，Ph4Tに由来する酸化波が観測できたことから，分子が金基板に吸着していることが明らかとなった．Ph4Tの第一酸化ピークの面積から吸着量を見積もると，1.4×10^{-10} mol cm^{-2}になり，対応するチオールアンカーの三脚分子**3SH-Ph4T**を用いた場合とほぼ同じ（1.4×10^{-10} mol cm^{-2}）であった．また，**3SeH-Ph4T**のアルカリ溶液中カソード方向のCV測定で，セレン—金結合の切断に由来するピークが，Ph4Tの酸化ピークに対して約3倍の面積比で観測できたことから，すべてのセレノール基が金と接合していることが示唆された．

電圧印加時の接合安定性を比較するため，電位掃引を繰り返し，吸着量の変化を調べた．**3SeH-**

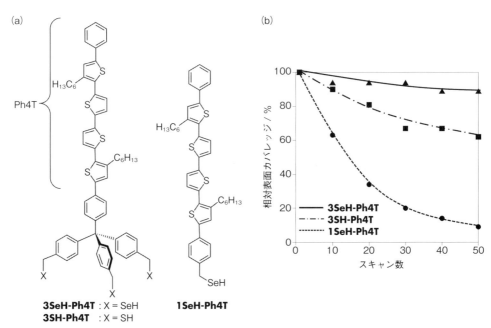

図8-2 **3SeH-Ph4T**および参照化合物**1SeH-Ph4T**の分子構造(a)および**3SeH-Ph4T**，**3SH-Ph4T**，**1SeH-Ph4T**の掃引回数に対する金表面での相対的な吸着量(b)

Ph4T と比べて，セレノール単脚型分子 **1SeH-Ph4T** は，電位掃引を行うと吸着量が大きく減少した〔図 8-2(b)〕．また，**3SH-Ph4T** より **3SeH-Ph4T** の方が，吸着量の減少量は少なかった．これらの結果から，三脚構造とセレン―金結合の組み合わせが，安定な接合に有効であることが明らかとなった．

3 ピリジン官能基を導入した三脚アンカーの開発

セレノール基が化学吸着に基づく接合であるのに対して，ピリジンは，弱い物理吸着で金属電極と接合するアンカー官能基である．4,4'-ビピリジンなどの単純な構造で，単分子電気伝導特性が評価されている[8]．しかし，ピリジン官能基の接合能は本質的に低いため，アンカーとしての応用は実質的に困難

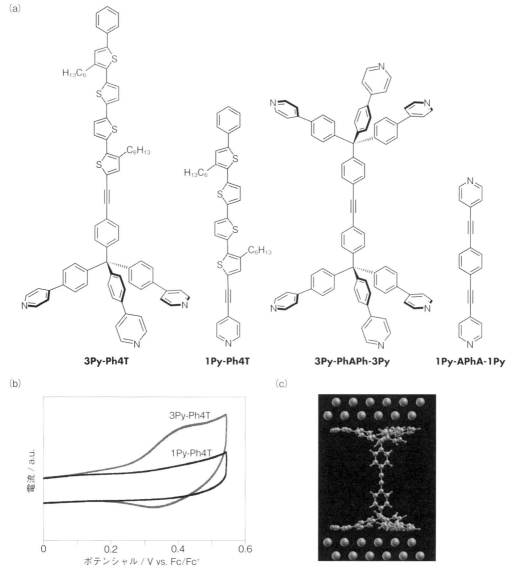

図 8-3 **3Py-Ph4T**，**3Py-PhAPh-3Py** および参照化合物の分子構造および(a)．**3Py-Ph4T**，**1Py-Ph4T** 修飾金基板のサイクリックブルタモグラム(b)，理論計算による金表面上での **3Py-PhAPh-3Py** 吸着構造(c)

である。一方で，4,4′-ビピリジンを用いた場合，電極間距離が短い時に，π電子接合が作用している可能性が提案されている[9]．われわれは，先に述べた三脚構造の協働効果を利用することで，ピリジン環の弱い接合能を補え，かつ，三次元の立体構造に起因してピリジン環のπ電子が金電極に接合可能な配置をとることができるのではないかと考え，新規三脚分子 **3Py-Ph4T** の開発を行った〔図8-3(a)〕[10,11]．

3Py-Ph4T および単脚ピリジンアンカー化合物 **1Py-Ph4T** の，単分子膜のCV測定を行ったところ，**3Py-Ph4T** は Ph4T 部位の酸化波が見られた．一方で，単脚ピリジンアンカー分子の **1Py-Ph4T** からは，酸化波が観測されなかった〔図8-3(b)〕．次に，金電極上での接合状態に関する知見を得るため，**3Py** 骨格分子の単分子膜修飾金基板を用いて，X線光電子分光（XPS）測定を行った．その結果，399.4 eV に N 1s に由来するピークが観測された．ピリジン環の非共有電子対を介した金電極への接合の場合には 400.2 eV，π電子を介した接合の場合は 399.6 eV に，それぞれ N 1s のピークが観測されることが報告されている[12]．筆者らの測定値は後者に近いことから，ピリジン環のπ電子を介して，金表面に接合していると示唆された．これらの実験結果から，ピリジンをアンカー官能基とする三脚構造が，金電極への安定かつπ電子を介した接合に有効であることが示唆された．

そこで，単分子の電気伝導度測定を行うため，フェニレンエチニレン分子ワイヤの両末端に，ピリジン官能基を含む三脚型アンカーユニットを導入した **3Py-PhAPh-3Py** を開発した．走査型トンネル顕微鏡を用いたブレーク・ジャンクション法（STM-BJ法）で測定を行った結果，**3Py-PhAPh-3Py** の電気伝導度は $5.0 \times 10^{-4}\ G_0$ と見積もられた．**3Py-PhAPh-3Py** の鎖長は，両末端に単脚のピリジン官能基を導入したフェニレンエチニレン分子ワイヤ **1Py-APhA-1Py** より長いにもかかわらず，得られた電気伝導度は，報告されている **1Py-APhA-1Py** の値（$3.5 \times 10^{-6}\ G_0$）より二桁高くなっていた[13]．

3Py-PhAPh-3Py の，Au表面への接合状態の理論計算から，ピリジン環が金に対してほぼ平行に接合した時に，π電子と金電極との間で相互作用が見られ，この状態での電気伝導度は $2.27 \times 10^{-4}\ G_0$ と，実験値と近くなることが見積もられた〔図8-3(c)〕．また，理論計算から **3Py-PhAPh-3Py** の最高占有軌道（HOMO）よりも，最低空軌道（LUMO）が，フェルミレベルに対して 1～1.2 eV 近いことも示唆された．これは，**3Py-PhAPh-3Py** がピリジン官能基を介して金電極に接合した時には，キャリアとして電子の寄与が大きいことを示すものであり，これまでの理論計算ともよく一致するものである[13]．これらの結果から，ピリジン官能基と三脚構造を組み合わせることで，高い単分子電気伝導度が可能になることが明らかとなった．

4 チオフェン官能基を導入した三脚アンカーの開発

分子レベルで素子を構築する際に用いる分子ワイヤの大部分は，キャリアが正孔のホール伝導特性を有する．そこで，π電子接合が可能なアンカー化合物のホール伝導特性の発現を目的として，電子豊富なチオフェン環をアンカー官能基に用いた三脚型アンカー化合物，**3Th-Fc** を開発した〔図8-4(a)〕[14]．なお，この分子では CV 測定に向けた電気化学的活性部位として，フェロセン（Fc）を導入している．これは，後述する XPS 測定でチオフェンアンカー官能基と Ph4T の硫黄原子の共存による，解析の複雑さを防げた点でも有効であった．

3Th-Fc 単分子膜で修飾された金表面の CV 測定を行ったところ，接合が観測され，その吸着量は $3.2 \times 10^{-11}\ \mathrm{mol\ cm^{-2}}$ であった．接合状態に関する知見を得るため，**3Th-Fc** の金基板上の XPS 測定を行った．その結果，チオフェンの硫黄原子に由来する $2p_{1/2}$，$2p_{3/2}$ がそれぞれ 165.1，163.7 eV に観測された．チオフェン環が平行配向で吸着したときの値（164.6，163.4 eV）と近い値となったことから[15]，チオフェン環のπ電子での接合が示唆された．

チオフェン官能基を導入した三脚構造アンカーの，単分子電気伝導度を評価するため，両端三脚分子 **3Th-Ph-3Th**，および，参照の両端ピリジン三脚分子 **3Py-Ph-3Py** を合成した．STM-BJ法から，

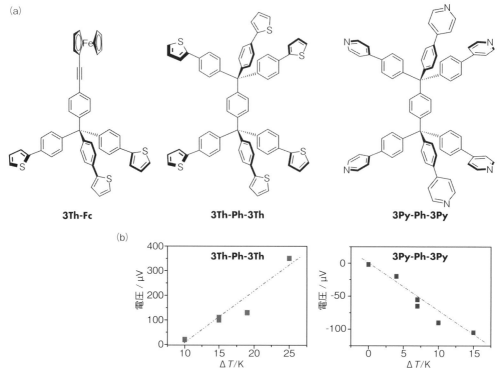

図 8-4 **3Th-Fc**, **3Th-Ph-3Th**, **3Py-Th-3Py** の分子構造(a)および **3Th-Ph-3Th**, **3Py-Th-3Py** の TEV 測定における温度変化に対する電圧値 (b)

3Th-Ph-3Th の電気伝導度は 2×10^{-5} G_0 と見積もられた.電気伝導に関与するキャリアを同定するため,温度勾配条件下の熱電(TEV)測定を行った〔図 8-4(b)〕.その結果,温度差(ΔT)に対する電圧ヒストグラムの傾きから,**3Py-Ph-3Py** は負のゼーベック係数(-5.7 ± 1.0 $\mu V\ K^{-1}$)を示した.これは,キャリアが電子であることを意味しており,前述の理論計算の結果と一致している.一方,**3Th-Ph-3Th** は正のゼーベック係数(22.4 ± 2.4 $\mu V\ K^{-1}$)を示した.この結果はわれわれの期待どおりで,電子豊富なチオフェンをアンカー官能基に用いると,キャリアが正孔であることを示している.以上の結果から,アンカー官能基の選択によって,ホール伝導と電子伝導にそれぞれ対応可能なπ電子接合アンカーの開発が可能であることを,実証することができた.

おわりに

以上,分子アーキテクトニクスの実現に必要不可欠なアンカーユニットについてまとめた.三脚構造とアンカー官能基を適切に組み合わせることで,多様接合様式の自立型アンカーの開発が実現できている.一方で,真に分子レベルでのデバイス機能を付与した化合物開発に向けて,解決すべき課題が多く残されている.たとえば,sp^3 炭素を含まない三脚型構想への展開,近年注目されているグラフェン電極など,金電極以外に向けた高性能アンカー官能基が挙げられる.有機合成,単分子計測,理論計算の融合研究で得られる分子構造—基礎物性—素子機能の相関を明らかとすることで,これらの課題は解決できると筆者は確信している.

+ COLUMN +

★いま一番気になっている研究者

James M. Tour
(アメリカ・ライス大学 教授)

　Tour 教授はシラキュース大学を卒業したのち，1986 年にパデュー大学の Negishi 教授のもとで有機合成化学，有機金属化学の研究で，博士の学位を取得した．ウイスコンシン大学とスタンフォード大学での博士研究員のあと，11 年間のサウスカロライナ大学でのキャリアを経て 1999 年から現在のライス大学の教授を務めている．

　有機合成を駆使した新機軸の分子開発を専門とし，単分子エレクトロニクスに向けた材料においては，長鎖の単分散 π 電子系分子ワイヤや三脚型アンカー開発の先駆者である．同時にユニークな構造の分子開発も行っている．たとえば，芳香族分子と脂肪族側鎖を巧みに組み合わせることで人間の形に見えるナノキッドと，フラーレンなどの球状構造を車輪に見立てたナノカーの開発者でもある．ナノカーに関しては，2017 年 4 月には走査型トンネル顕微鏡を用いて，金あるいは銀基板上の 100～150 nm を走らせるカーレースが開催された．ナノ材料のみならずグラフェン，シリコンオキサイド，環境や再生可能なエネルギー利用を指向した研究も展開しており，多様な研究分野を開拓されている点で今後の益々の活躍が注目される．

◆　文　献　◆

[1] J. K. Whitesell, H. K. Chang, *Science*, **261**, 573 (1993).
[2] Y. Yao, J. M. Tour, *J. Org. Chem.*, **64**, 1968 (1999).
[3] K. Yokota, M. Taniguchi, T. Kawai, *J. Am. Chem. Soc.*, **129**, 5818 (2007).
[4] M. Kiguchi, O. Tal, S. Wohlthat, F. Pauly, M. Krieger, D. Djukic, J. C. Cuevas, J. M. van Ruitenbeek, *Phys. Rev. Lett.*, **101**, 046801 (2008).
[5] C. A. Martin, D. Ding, J. K. Sørensen, T. Bjørnholm, J. M. van Ruitenbeek, H. S. J. van der Zant, *J. Am. Chem. Soc.*, **130**, 13198 (2008).
[6] S. Y. Quek, M. Kamenetska, M. L. Steigerwald, H. J. Choi, S. G. Louie, M. S. Hybertsen, J. B. Neaton, L. Venkataraman, *Nat. Nanotechnol.*, **4**, 230 (2009).
[7] Y. Ie, T. Hirose, A. Yao, T. Yamada, N. Takagi, M. Kawai, Y. Aso, *Phys. Chem. Chem. Phys.*, **11**, 4949 (2009).
[8] B. Xu, N. J. Tao, *Science*, **301**, 1221 (2003).
[9] S. Y. Quek, M. Kamenetska, M. L. Steigerwald, H. J. Choi, S. G. Louie, M. S. Hybertsen, J. B. Neaton, L. Venkataraman, *Nat. Nanotechnol.*, **4**, 230 (2009).
[10] T. Hirose, Y. Ie, Y. Y. Aso, *Chem. Lett.*, **40**, 204 (2011).
[11] Y. Ie, T. Hirose, H. Nakamura, M. Kiguchi, N. Takagi, M. Kawai, Y. Aso, *J. Am. Chem. Soc.*, **113**, 3014 (2011).
[12] B. Behzadi, D. Ferri, A. Baiker, K.-H. Ernst, *Appl. Surf. Sci.*, **253**, 3480 (2007).
[13] S. Grunder, R. Huber, S. Wu, C. Schönenberger, M. Calame, M. Mayor, *Eur. J. Org. Chem.*, **5**, 833 (2010).
[14] Y. Ie, K. Tanaka, A. Tashiro, S. K. Lee, H. R. Testai, R. Yamada, H. Tada, Y. Aso, *J. Phys. Chem. Lett.*, **6**, 3754 (2015).
[15] J. Noh, E. Ito, T. Araki, M. Hara, *Surf. Sci.*, **535**, 1116 (2003).

Chap 9

光応答性分子素子
Photoresponsive Molecular Device

松田 建児
（京都大学大学院工学研究科）

Overview

分子構造が光で可逆にスイッチするフォトクロミック分子を用いた単一分子コンダクタンスの光スイッチングは，分子エレクトロニクスにとって非常に魅力的な題材である．とくに Made in Japan のジアリールエテンのフォトクロミズムは，π共役系の大幅な変化を伴うために大きなコンダクタンス変化が期待される．より大きい ON/OFF 比をもち，より高感度でより高い耐久性で繰り返し可能な光スイッチングデバイスを目指した研究が，われわれのグループを含め，世界各地で活発に展開されている．本章では，究極の光スイッチングデバイスを目指したさまざまなアプローチについて紹介する．

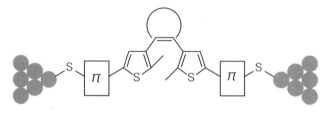

▲ジアリールエテンを用いた分子コンダクタンス光スイッチングデバイスの概念図［カラー口絵参照］

■ **KEYWORD** マークは用語解説参照

- フォトクロミズム（photochromism）
- 光スイッチング（photoswitching）
- ジアリールエテン（diarylethene）
- 分子コンダクタンス（molecular conductance）
- 金微粒子（gold nanoparticle）
- 交換相互作用（exchange interaction）
- π共役系（π-conjugated system）

はじめに

分子エレクトロニクスは，"reaching out and touching individual molecules with electrodes or other probes, and exploiting their structure to control the flow of electrical signals from them and to them" と定義され，分子の構造と分子を流れる電気信号の関係を調べる学問領域である[1]．分子構造の変化によって電気信号が変化するのであれば，分子構造が可逆に光異性化するフォトクロミズムを用いることにより，電気信号を可逆に光スイッチすることができるという発想が成り立つ．この発想のもと，さまざまな光異性化ユニットとさまざまな信号検出システムを用いた研究が活発に展開されている．

フォトクロミック分子は，光で分子構造が変化することにより，色だけでなくさまざまな物性が変化するために光スイッチ分子として利用可能である，というのはある意味当たり前の発想である[2]．いかにして大きい物性変化を引き出すかという点が，分子設計を創意工夫するうえで重要である．さまざまなフォトクロミック化合物の中で，ジアリールエテンには両異性体が熱的に安定であること，高い繰り返し耐久性をもつこと，分子によっては100%に近い光転換率をもつといった特徴がある[3]．以上の特性に加えて，異性化に伴うπ共役系の大幅な変化を伴うために，ジアリールエテンは分子コンダクタンスのスイッチングユニットとして理想的な性質を有する．本章では，ジアリールエテンを用いた光応答性分子素子の研究の現状について，筆者自身の成果とともに述べる．

1 ジアリールエテンの光異性化による交換相互作用の光スイッチ

ジアリールエテンのフォトクロミック反応は，Woodward-Hoffmann則に基づいたヘキサトリエン型の開環体と，シクロヘキサジエン型の閉環体の間の電子環状反応である．ほとんどの場合，開環体は無色であるのに対し，閉環体は分子構造に依存してさまざまな色を呈する．図9-1に，チオフェン環の5位にラジカルを置換した，ジアリールエテンのモデル構造（開環体 **1a** と閉環体 **1b**）を示す．**1a** は共鳴閉殻構造をもたず非ケクレ型のビラジカルであるのに対し，**1b** はキノイド型の共鳴構造 **1b'** をもち，通常のケクレ型の分子である．ビラジカル **1a** の構造は disjoint 型であり，スピン間の交換相互作用は弱いが，閉環体 **1b'** は基底一重項分子であり，交換相互作用は強い反強磁性的と見なせる．このように，光異性化によりπ共役系の結合様式が変化し，開環体に比べて閉環体は相互作用が大きくなることが予想される．

上記のπ共役系のスイッチングは，図9-2のジアリールエテン **2** によって確かめられた[4]．ジアリールエテンの両端に，室温で安定な有機ラジカルであ

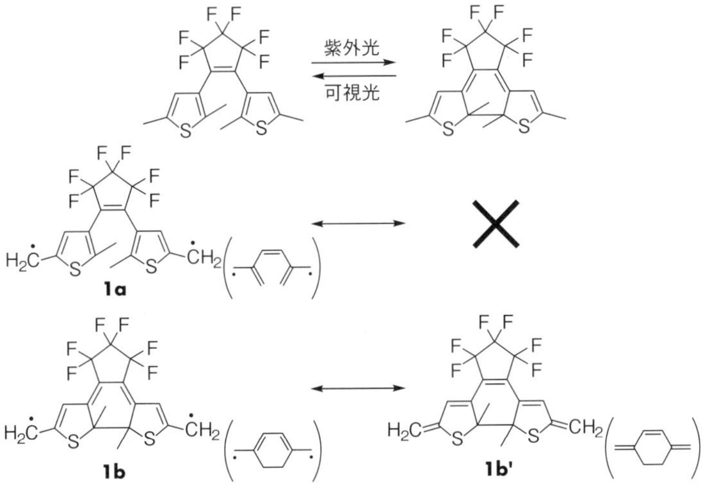

図 9-1　ジアリールエテンのフォトクロミズムによるπ共役系のスイッチング

るニトロニルニトロキシドを2個置換した分子を合成し，磁化率の温度依存性を測定した結果，閉環体では開環体より分子内反強磁性的相互作用が大きく，ジアリールエテンがスイッチングユニットとして有用であることが示された．交換相互作用のスイッチングのON/OFF比(switching ratio：SR)は，スペーサーを入れた化合物のESRスペクトルより，150倍以上であることが明らかとなった．また，2-チエニル型のジアリールエテンでは，光異性化によるスイッチング方向が逆になることもわかった．さまざまなタイプのジアリールエテンに対して，DFT計算によりSRを求めたところ，3-チエニルエテン(**3T**)では，閉環体が開環体より427倍交換相互作用が大きいのに対して，2-チエニルエテン(**2T**)ではスイッチング方向が逆の1/23.3倍となり，SRは10分の1以下であった(図9-2)[5]．また，チオフェン環の硫黄原子をS,S-dioxideに酸化したもの(**3TSO₂**，**2TSO₂**)でも，SRは3-チエニルエテンの10分の1程度であった．このように，ジアリールエテンを通した交換相互作用のスイッチングの効率は，3-チエニルエテンの場合，約500倍であることが示唆された．また，交換相互作用と分子コンダクタンスの分子長による減衰定数が一致することも明らかとなり[6]，大きい交換相互作用変化を起こすジアリールエテンのフォトクロミズムにより，分子コンダクタンスも効率よいスイッチングを起こすことが期待される．

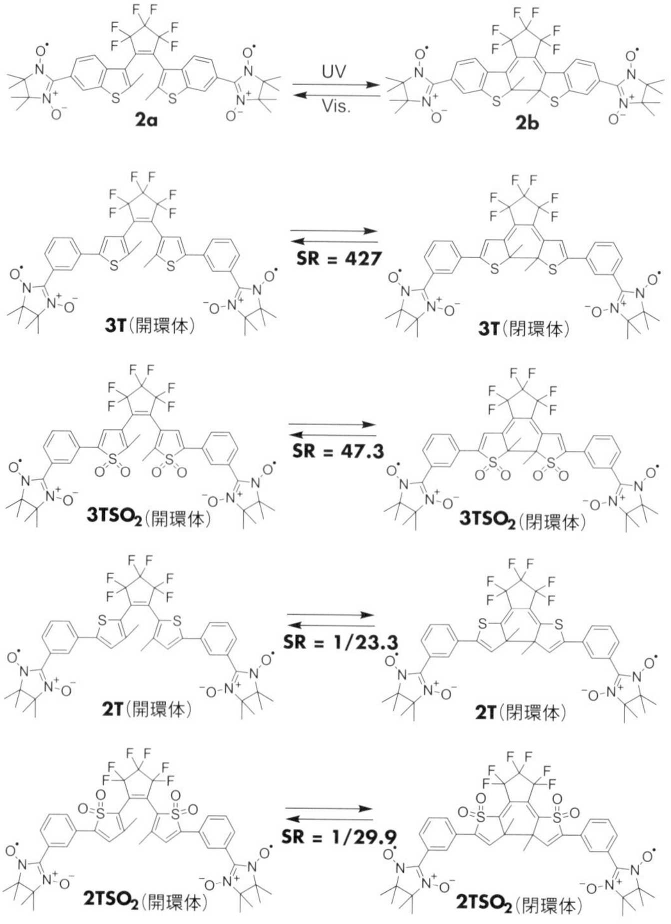

図 9-2　ジアリールエテンのフォトクロミズムによる交換相互作用のスイッチング

2 ジアリールエテンの光異性化による分子コンダクタンスの光スイッチ

ジアリールエテンの分子コンダクタンスの光スイッチングの単一分子測定は，Mechanical Controllable Break Junction(MCBJ)法による，Feringa, van Weesらの報告が最初である(図9-3)[7]．MCBJ法によって作成された金のナノギャップ電極間を，ジアリールエテンジチオール閉環体で架橋したデバイスにおいて，可視光照射による開環反応に伴って，コンダクタンスが3桁減少することが報告されている．この論文では，紫外光による閉環反応は進行しないこともあわせて報告されている．また最近，ScheerらはMCBJ法での繰り返し測定により，閉環体が開環体より2桁コンダクタンスが大きいことを報告している[8]．

Nuckollsらは，ジアリールエテンで架橋した単層カーボンナノチューブ(SWNT)電極での，分子コンダクタンスの光スイッチングについて報告している(図9-4)[9]．紫外光照射による閉環反応に伴って，コンダクタンスが5桁上昇することが報告されている．この論文では，光開環反応が進行しないことが報告されているが，X = NMeの化合物での熱開環反応で，可逆なスイッチングを達成している．また，ごく最近，Guoらは，グラフェン電極による100倍程度のスイッチングを報告している[10]．この論文では，再現性の良い紫外光および可視光による可逆なスイッチングサイクルが報告されている．

谷口，寺尾，川合らは，シクロデキストリンで被覆された分子ワイヤとジアリールエテンで，ナノギャップ電極を架橋したデバイスを作製し，紫外光および可視光で可逆に20倍コンダクタンスがスイッチすることを報告している(図9-5)[11]．Rigautらは，ルテニウム錯体の分子ワイヤとジアリールエテンでナノギャップ電極を架橋し，紫外光および可視光でのスイッチングを報告している[12]．

以上述べたものの他にも，Conductive AFMを用いた測定[13]，定電流モードでのSTMの観測高さを用いた測定[14]，STM Break Junction(STM-BJ)法を用いた測定[15-17]など，さまざまな手法でジアリールエテンを用いた分子コンダクタンスの光スイッチ

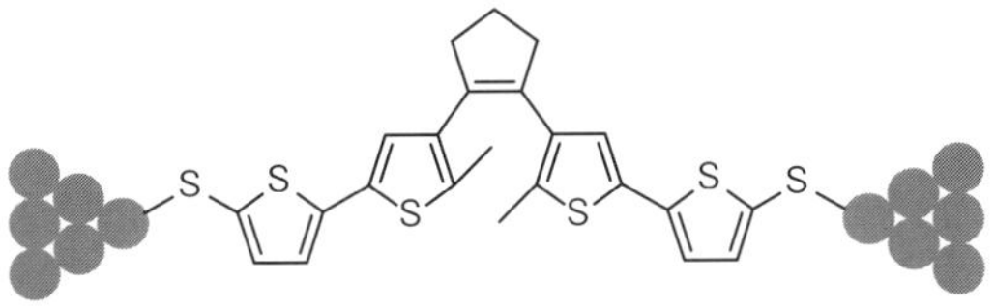

図9-3 MCBJ法によるジアリールエテンの単分子コンダクタンスの光スイッチング

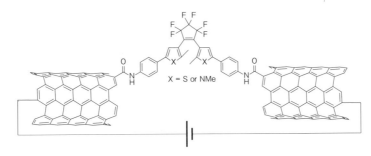

図9-4 SWNT電極によるジアリールエテンの単分子コンダクタンスの光スイッチング

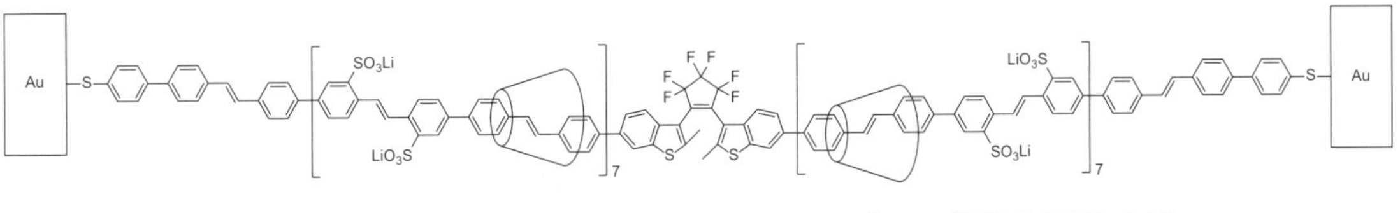

図9-5 被覆分子ワイヤとジアリールエテンでナノギャップ電極を架橋したデバイスでのコンダクタンスの光スイッチング

ングが報告されており，すべての報告のスイッチング方向は，π共役系の結合様式から考えられるものと一致している．

3 ジアリールエテンと金微粒子のネットワークにおけるコンダクタンスの光スイッチ

われわれのグループでは，ジアリールエテンジチオール分子と金微粒子のネットワークを構築し，櫛形電極を用いてデバイスを作製し，フォトクロミズムによるコンダクタンス光スイッチングについて検討した[18,19]．図9-6の**3**，**4**の分子では，紫外光照射によりコンダクタンスが増加し，可視光照射によりコンダクタンスが減少することがわかった．とくに，**4**の分子では，可逆な25倍のコンダクタンスのスイッチングが認められた．また，2-チエニルエテンである**5**の分子では，π共役系のつながり方が3-チエニルエテンとは逆になっていることを反映し，閉環体で作製したネットワークに可視光を照射すると，コンダクタンスの増加が認められた．**5**では，開環体のネットワークに対する紫外光照射時のコンダクタンス変化は観測されなかった．

Feringa, van der Molenらも，ジアリールエテンジチオールの金微粒子ネットワークでのコンダクタンス光スイッチングについて報告している[20]．ネットワークのプラズモン共鳴のピーク位置のシフトとコンダクタンス変化が連動していることから，分子の光異性化が，コンダクタンス変化の原因であると結論付けている．

また，最近筆者らは，骨格が同じで電極との接続位置が異なる2種類のジアリールエテン**6**，**7**（図9-7）を合成し，金微粒子ネットワークのコンダクタンス光スイッチングについて検討した．そして，**6**，**7**の分子が光異性化により逆のスイッチング挙動を示すことを明らかにし，分子全体の分子軌道だけではなく，電極との接続位置がコンダクタンスの制御に重要であることを示した[21]．

4 まとめと今後の展望

以上述べてきたように，さまざまなアプローチによる，ジアリールエテンのフォトクロミズムを動作

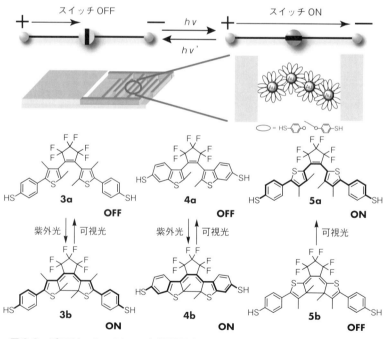

図9-6 ジアリールエテン―金微粒子ネットワークでのコンダクタンス光スイッチング

6a (R¹ = R² = SH, R³ = H)   **6b** (R¹ = R² = SH, R³ = H)
7a (R¹ = R³ = SH, R² = H)   **7b** (R¹ = R³ = SH, R² = H)

図 9-7　同一骨格で電極との接続位置が異なるジアリールエテン―金微粒子ネットワークでのスイッチング方向の逆転

原理に用いたコンダクタンス光スイッチングシステムの報告がなされている．分子エレクトロニクスにおいて，スイッチング分子は，整流素子などとともに，より高機能な回路の重要な要素となることが期待され，今後の研究の展開が期待されている．

◆ 文　献 ◆

[1] R. M. Metzger, *Chem. Rev.*, **103**, 3803 (2003).
[2] "Molecular Switches, Second Edition," ed. by B. L. Feringa, W. R. Browne, Wiley-VCH (2011).
[3] M. Irie, T. Fukaminato, K. Matsuda, S. Kobatake, *Chem. Rev.*, **114**, 12174 (2014).
[4] K. Matsuda, M. Irie, *J. Am. Chem. Soc.*, **122**, 7195 (2000).
[5] S. Nishizawa, J.-y. Hasegawa, K. Matsuda, *J. Phys. Chem. C*, **119**, 20169 (2015).
[6] S. Nishizawa, J.-y. Hasegawa, K. Matsuda, *J. Phys. Chem. C*, **117**, 26280 (2013).
[7] D. Dulić, S. J. van der Molen, T. Kudernac, H. T. Jonkman, J. J. D. de Jong, T. N. Bowden, J. van Esch, B. L. Feringa, B. J. van Wees, *Phys. Rev. Lett.*, **91**, 207402 (2003).
[8] Y. Kim, T. J. Hellmuth, D. Sysoiev, F. Pauly, T. Pietsch, J. Wolf, A. Erbe, T. Huhn, U. Groth, U. E. Steiner, E. Scheer, *Nano Lett.*, **12**, 3736 (2012).
[9] A. C. Whalley, M. L. Steigerwald, X. Guo, C. Nuckolls, *J. Am. Chem. Soc.*, **129**, 12590 (2007).
[10] C. Jia, A. Migliore, N. Xin, S. Huang, J. Wang, Q. Yang, S. Wang, H. Chen, D. Wang, B. Feng, Z. Liu, G. Zhang, D.-H. Qu, H. Tian, M. A. Ratner, H. Q. Xu, A. Nitzan, X. Guo, *Science*, **352**, 1443 (2016).
[11] M. Taniguchi, Y. Nojima, K. Yokota, J. Terao, K. Sato, N. Kambe, T. Kawai, *J. Am. Chem. Soc.*, **128**, 15062 (2006).
[12] F. Meng, Y.-M. Hervault, L. Norel, K. Costuas, C. Van Dyck, V. Geskin, J. Cornil, H. H. Hng, S. Rigaut, X. Chen, *Chem. Sci.*, **3**, 3113 (2012).
[13] K. Uchida, Y. Yamanoi, T. Yonezawa, H. Nishihara, *J. Am. Chem. Soc.*, **133**, 9239 (2011).
[14] Arramel, T. C. Pijper, T. Kudernac, N. Katsonis, M. van der Maas, B. L. Feringa, B. J. van Wees, *Nanoscale*, **5**, 9277 (2013).
[15] J. He, F. Chen, P. A. Liddell, J. Andréasson, S. D. Straight, D. Gust, T. A. Moore, A. L. Moore, J. Li, O. F. Sankey, S. M. Lindsay, *Nanotechnology*, **16**, 695 (2005).
[16] E. S. Tam, J. J. Parks, W. W. Shum, Y.-W. Zhong, M. E. B. Santiago-Berros, X. Zheng, W. Yang, G. K. L. Chan, H. D. Abruña, D. C. Ralph, *ACS Nano*, **5**, 5115 (2011).
[17] G. Reecht, C. Lotze, D. Sysoiev, T. Huhn, K. J. Franke, *ACS Nano*, **10**, 10555 (2016).
[18] M. Ikeda, N. Tanifuji, H. Yamaguchi, M. Irie, K. Matsuda, *Chem. Commun.*, **2007**, 1355.
[19] K. Matsuda, H. Yamaguchi, T. Sakano, M. Ikeda, N. Tanifuji, M. Irie, *J. Phys. Chem. C*, **112**, 17005 (2008).
[20] S. J. van der Molen, J. H. Liao, T. Kudernac, J. S. Agustsson, L. Bernard, M. Calame, B. J. van Wees, B. L. Feringa, C. Schönenberger, *Nano Lett.*, **9**, 76 (2009).
[21] T. Toyama, K. Higashiguchi, T. Nakamura, H. Yamaguchi, E. Kusaka, K. Matsuda, *J. Phys. Chem. Lett.*, **7**, 2113 (2016).

Chap 10

機能性単一・少数分子電子素子
― 静的非線形性と動的振る舞い ―

Functional Single Molecule Electronic Devices
Static Non-linearity and Dynamic Behavior

小川 琢治
(大阪大学大学院理学研究科)

Overview

単一分子電子素子は，本質的にその電気特性が非線形でかつ揺らぎが大きい．一見，欠点であるかのように見えるこの特性を，情報処理に応用しようという提案がある．その例として，ポリオキソメタレート／単層カーボンナノチューブ(POM/SWNT)の系を紹介する．POM/SWNTを電極に挟んで電圧をかけると，カオス的なパルス信号が見られる．この信号を利用してリザーバー計算を行うシミュレーションを行ったところ，目的どおりの学習をすることに成功した．

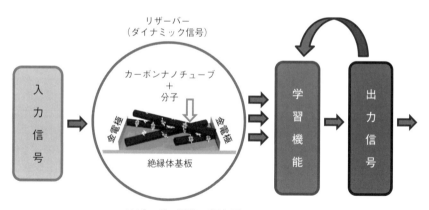

▲リザーバー計算の概念図 [カラー口絵参照]

■ **KEYWORD** 📖マークは用語解説参照

- ■単一分子電子素子(single molecule electronic device)
- ■非線形性(nonlinearity)
- ■ダイナミクス(dynamics)
- ■情報処理(information processing)
- ■リザーバー計算(reservoir computing) 📖

はじめに

単一分子素子に期待される電子機能とは，どのようなものであろう？ 世界で最初に一つの分子で電子機能を実現しようという提案は，Aviram と Ratner による単一分子整流器であった[1]．整流器とは，電流を一方向にのみ流す機能をもつが，これが実現できれば，信号増幅機能をもつトランジスタなど，さまざまな機能がその拡張により実現できるはずの，能動電子機能の最も基本になるものである．確実に単一分子整流器といえるものが実現できたのは，2009 年であった[2]．その後，さまざまな分子を用いて，整流器，トランジスタ，負の微分抵抗，スイッチ，メモリなどが単一分子で実現できることが実証された（図 10-1 上段）．それらの機能を示す分子の一部の構造を図 10-2 に示す[3,4]．

このように静的な電流-電圧(I-V)非線形特性以外に，動的な電流-時間(I-t)特性も最近興味がもたれている．図 10-1 の下にそのなかのいくつかの例を示した．たとえば，雑音はそれだけでは役に立たないように思われるかもしれないが，閾値素子と組み合わせることで，確率共鳴を利用した微小信号検知に用いることができる．負の微分抵抗は，適切な回路に組み込むと，周期的パルスを発生できることが知られている．このパルス発生の機構は，神経の動作と等価であることがわかっているため，脳型の情報処理に用いることができるとの提案がある．こうした非線形あるいは動的な電気特性は，単一分子電子素子の特徴ともいえ，通常の電子素子を用いると，複雑な回路が必要になる電気信号を，最小単位として単一の分子を電極に挟み込むだけで実現できる点に興味がもたれている．また，化学の視点から見ても，単一分子における動的な構造変化や，化学反応を直接実時間で観測できる可能性も重要視されてきている[5]．

厳密に単一分子の電気特性を測る手法としては，機械的破断接合(mechanically controllable break junction：MCBJ)法や，走査型トンネル顕微鏡破断接合(STM-BJ)法などがある．単分子電導度の，絶対値ではなく特性だけを測定するのであれば，少数分子で測定しても単一分子と類似の結果を得ることが期待できるので，その場合には電導性原子間力顕微鏡(c-AFM)が測定法の候補として上がる．それ以外に，単層カーボンナノチューブ(SWNT)-分子複合系を c-AFM で測定するか，二つの電極の間につなげて測定する方法も，少数分子での電気特性計測法としてある（図 10-3）．BJ（ブレーク・ジャンク

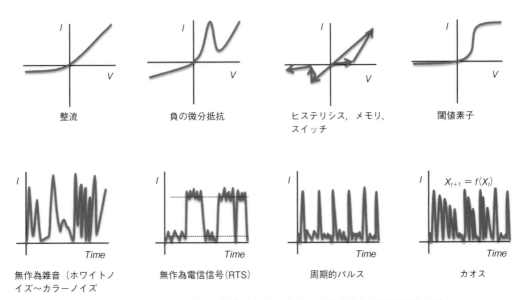

図 10-1 単一分子電子素子で報告された，あるいは期待される電気特性の例

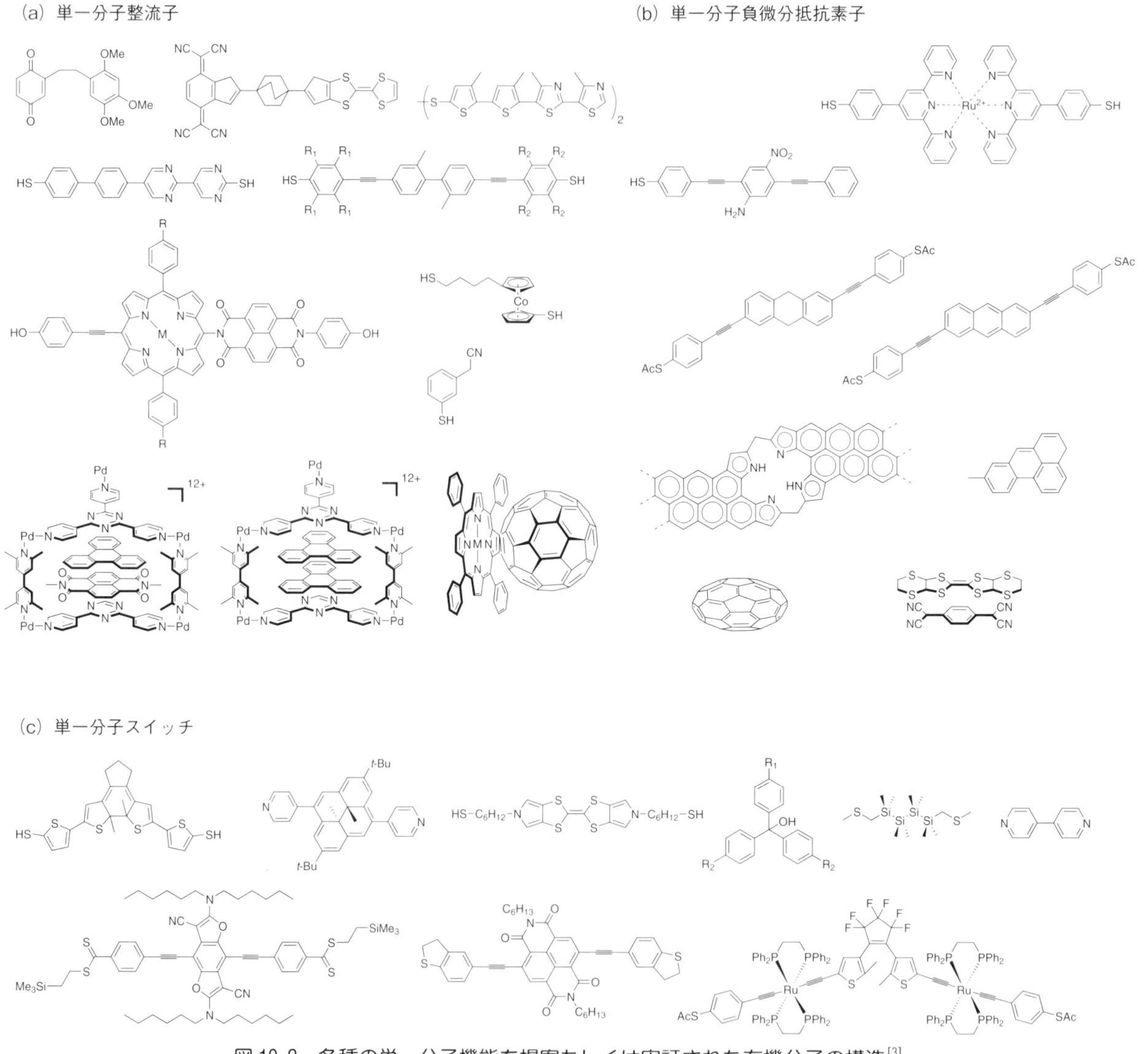

(a) 単一分子整流子

(b) 単一分子負微分抵抗素子

(c) 単一分子スイッチ

図10-2 各種の単一分子機能を提案もしくは実証された有機分子の構造[3]

ション)法は,素子化することは不可能であるが,カーボンナノチューブを用いる方法だと,素子化が可能であるというメリットがある.この章では,おもにカーボンナノチューブを電極として用いて,分子の非線形性やダイナミクスを研究した内容について述べる.

1 単層カーボンナノチューブ(SWNT)–分子複合系の電気特性

1-1 表面化学種によるSWNTの電子状態の変化

図10-3(a)に示すように,SWNT上に分子を吸着させ,分子を通した電気特性を電導性原子間力顕微鏡(c-AFM)を用いて電気特性を計測すると,用いる分子やSWNTの電気的性質が金属性か半導体性かにより,多様な I-V 特性を示す.ポルフィリン分子を表面に吸着させた金属性のSWNTを用いると,分子上での I-V 特性は半導体的な特性を示す.一方,同じ分子を吸着させた半導体性のSWNTを測定すると,分子上では整流性を示すことがわかった.この現象は,分子の存在によるSWNTのバンドのゆがみにより説明できる[6].同様に,表面に吸着する化学種によりSWNTの電子状態が影響を受

ける例として，金属性のSWNTに貴金属ナノ粒子が吸着すると，半導体性に変わることも見いだされている[7]．電気陰性度が高く電子を受け入れやすい無機分子として，ホスホモリブデン酸 $H_3PMo_{12}O_{40}$ (PMo_{12}) がある．これは，一般名称ポリオキソメタレート(POM)とよばれる化合物群の一種である．POMは，一般式 $[M_xO_y]^{n-}$ で表すことができる無機分子で，ケギン型，ドーソン型，アンダーソン型などの多彩な構造が知られている．多電子酸化還元反応を行うことが可能なため，酸化還元触媒や二次電池の電極材料として興味がもたれている．また，がん，HIV，アルツハイマー病などの治療薬として検討されている物もある．

PMo_{12} を SWNT 上に吸着させると，興味深い現象が見られる．ケルビン力顕微鏡(KPFM)とよばれる手法を用いると，分子分解能で表面電位を計測することができる．これを用いると，半導体性のSWNTと PMo_{12} が接触しているところでは，PMo_{12} が正に帯電しているが，金属性のSWNTと PMo_{12} が接触すると，PMo_{12} が負に帯電することがわかった．また，PMo_{12}/SWNTの接合部分で整流性が観測されるが，その整流の方向は SWNT が半導体の場合と金属の場合では反転することがわかった．その原因としては，PMo_{12} が SWNT と接触することにより発生する電荷により，SWNT が金属の場合と半導体の場合では，PMo_{12} の電子状態が逆方向にシフトするためと考えられている[8]．

以上の実験からわかることは，SWNTの電子状態が表面に吸着する分子・化学種により大きく揺動され，その影響を電流の変化として観測することが可能であるということである．この事実を使った，分子/SWNTにおけるダイナミックな信号の発生について，次の項で述べる．

1-2 SWNTの表面分子の存在によるダイナミック信号の発生

化学蒸着法(CVD)で作成したカーボンナノチューブ(CNT)をチャネルとして用いた電界効果トランジスタ(FET)を作成し，CNT上に種々の分子(プロトポルフィリン，Zn-ポルフィリン，PMo_{12})を吸着させ，そのソース/ドレイン電流の時間変化を観測した．分子がない場合には，ほぼランダムな信号であったのが，分子が吸着すると，分子に応じた無作為電信信号(RTS)が見られた．その信号をフーリエ変換し，パワースペクトル密度(PSD)を求めると，分子がない場合には，いわゆる $1/f$ ノイズの形状をもっているが，分子が乗っていると，$1/f$ ノイズの上にローレンツ型のピークが重畳していることが見られた(図10-4)．PSDスペクトルの結果，およびRTSの高電流状態の寿命 τ_H，低電流状態の寿命 τ_L などは，すべて分子の酸化還元電位と関連することがわかった．すなわち，分子はその酸化還元電位により，ある場合には電子トラップ，ある場合にはホールトラップとして働いており，その電荷移動の頻度は，分子とCNTの平均的な電子順位との差により決まることが明らかとなった．これにより，分子の特性を用いて任意のローレンツピークをもつRTS信号を容易に発生できることが明らかとなった[9]．

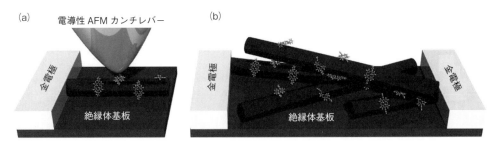

図10-3 単層カーボンナノチューブ(SWNT)上に分子を乗せた系の電気特性計測手法
(a)分子を乗せたSWNTの片端に金電極を蒸着し，電導性原子間力顕微鏡(c-AFM)のカンチレバーで分子の画像を確認しながら電気特性を計測する．(b)分子を乗せたSWNTを絶縁体基板上に乗せ，その上から金電極を2枚蒸着し，金電極間の電気特性を計測する．

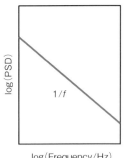 

図10-4 CNT-FETにおける表面分子の影響
ソース／ドレイン電流の時間変化のフーリエ変換を模式化したもの．分子がないと左のように$1/f$の信号だが，分子があると，分子の種類により，独自のピーク周波数f_cをもつローレンツ型のピークが重なって出る．

1-3 分子によるカオス信号の，情報処理への応用の提案

さて，単一分子～少数分子が出す電流の信号は，電極原子の動き，分子自体の動き，分子の化学反応，その他のさまざまな環境の変化により，本質的に揺らぎの大きな信号である．そのような大きな揺らぎをもつ信号と情報処理への応用について，この項で述べる．

先に述べたように，完全にランダムな雑音も確率共鳴などを用いると，信号処理の効率を上げることに利用することが可能である．完全にランダムでなく，その振る舞いがある程度決定論的な法則に従うが，未来の振る舞いを解析的に予測できない信号をカオス信号とよぶ．カオスの厳密な定義は困難であるが，ここでは一般的に，時間tでの信号をX_tとすると$X_{t+1} = f(X_t)$と表せる信号を，仮にカオス信号とよぶことにする．この項では，fは確率的関数でもかまわないとする．つまり，X_tの値に依存して，ある確率で次の時間単位$t+1$の時の値X_{t+1}が決まるということを意味する．もともとの定義でのカオス信号を利用したさまざまな情報処理のアルゴリズムは，古くから多く提案されてきている．分子という揺らぎが大きく，確率的に出る信号を情報処理に使うことはできるのだろうか？

先の項でPOM/SWNTの系において，POMがSWNTの電子状態に大きく揺動を与えることを述べた．POM/SWNTを絶縁体上に分散させ，二つの金電極を蒸着することで，図10-3(b)に示すような素子をつくり，ある条件で電流を測定すると，カオス的なパルス信号が発生することを見いだした．時系列データ$[x_t, x_{t+1}, x_{t+2}, \cdots]$を$(x_t, x_{t+1})$, (x_{t+1}, x_{t+2})，と二次元空間にプロットしたものをポアンカレプロットとよぶ．この実験で得られたデータのポアンカレプロットは，一定の範囲に集まること，実験条件によりその集合の場所が変わることから，単なるランダム信号ではなく，POM/SWNTのなんらかの物理条件に依存していることがわかる．

そこで，この現象をよりよく理解するために，次のモデルをつくった．$N \times N$の正方グリッドをつくり，その中にD_f%の空のセルを欠陥として導入する．このグリッドの交点がPOMに対応すると考える．交点(i, j)の時間tにおけるPOMセルの状態（保持電荷）を$a_{i,j}(t)$とする．$a_{i,j}(t)$の状態は，時間$t-1$における自分自身および周辺のセルによってのみ決まることとする．状態間遷移は次のルールで行う．注目している$a_{i,j}(t-1)$の周辺のセルの電荷を見て，最も電荷勾配(Δa_{max})の大きなものを探す．その値が閾値(a_{TH})より小さいときは，確率$P_c(a_{i,j})$で確率論的に最大勾配の方向に電荷を移動させる．a_{TH}を超えている場合には，最大勾配と2番目の勾配の2カ所に電荷を移動させる．こうした比較的単純なモデルで，この正方グリッドを通り抜ける電流値の時間変化をシミュレーションすると，実験結果をよく再現することがわかった．

次に，このモデルから発生する信号を用いて，リザーバーコンピューティング(RC)の計算を試みた．RCとは，リカレントニューラルネットワークの一種であり，リザーバーとよばれる非線形ダイナミクスをもつ信号源を中間層とし，出力層の結合強度のみを教師あり学習をする手法である．リザーバー層では学習をしないため，計算量を増やさずに，ニューラルネットワークの深さを深くする効果があるというメリットがある．リザーバー信号として非線形ダイナミクス信号が用いられため，音声などの時系列データの解析に強いといわれている．非線形ダイナミクスをもつ信号源としては，これまでに

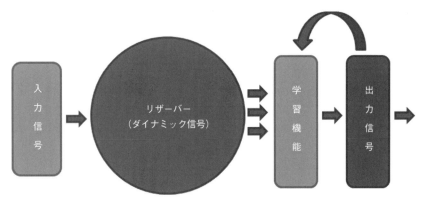

図 10-5　リザーバー計算の概念図

レーザーの不規則振動，スピントルク発振素子を用いた例が報告されている．これらに比べると今回のPOM/SWNTの系は，混ぜて電極を付けるだけで実現できるため，非常に簡単なリザーバーとなる可能性がある．モデルに基づく仮想的な計算ではあるが，POM/SWNTからの信号をリザーバーとして用いて，ランダムな時系列信号を入力として，出力を入力のコピーとするシミュレーションには成功した．このことから，POM/SWNT系から発生するような確率論的に動くカオス信号でも，リザーバー信号として使えることがわかった[10]．

◆　文　献　◆

[1] A. Aviram, M. A. Ratner, *Chem. Phys. Lett.*, 29, 277 (1974).
[2] I. Diez-Perez, J. Hihath, Y. Lee, L. P. Yu, L. Adamska, M. A. Kozhushner, I. I. Oleynik, N. J. Tao, *Nature Chem.*, 1, 635 (2009).
[3] T. Tamaki, T. Ogawa, *Top. Curr. Chem.*, 375, 79 (2017).
[4] T. Ogawa, M. Handayani, "Molecular Architectonics: The Third Stage of Single Molecule Electronics (Advances in Atom and Single Molecule Machines)," ed. by T. Ogawa, Springer (2017), p. 419.
[5] C. Zhou, X. X. Li, Z. L. Gong, C. C. Jia, Y. W. Lin, C. H. Gu, G. He, Y. W. Zhong, J. L. Yang, X. F. Guo, *Nat. Commun.*, 9, (2018).
[6] H. Tanaka, T. Yajima, T. Matsumoto, Y. Otsuka, T. Ogawa, *Adv. Mater.*, 18, 1411 (2006).
[7] C. Subramaniam, T. Sreeprasad, T. Pradeep, G. Pavan Kumar, C. Narayana, T. Yajima, Y. Sugawara, H. Tanaka, T. Ogawa, J. Chakrabarti, *Phys. Rev. Lett.*, 99, 167404 (2007).
[8] L. Hong, H. Tanaka, T. Ogawa, *J. Mater. Chem. C*, 1, 1137 (2013).
[9] A. Setiadi, H. Fujii, S. Kasai, K.-i. Yamashita, T. Ogawa, T. Ikuta, Y. Kanai, K. Matsumoto, Y. Kuwahara, M. Akai-Kasaya, *Nanoscale*, 9, 10674 (2017).
[10] H. Tanaka, M. Akai-Kasaya, A. TermehYousefi, L. Hong, L. Fu, H. Tamukoh, D. Tanaka, T. Asai, T. Ogawa, *Nat. Commun.*, 9, 2693 (2018).

Chap 11

分子回路工学のための重合配線

Polymerization Wiring Toward Molecular Circuitry

彌田 智一
（同志社大学ハリス理化学研究所）

Overview

分子素子の本来のモチベーションである「分子で回路を創る」視点に立ち，分子－電極接合ユニットを高密度集積化した「分子グリッド配線」を提案する．これは，従来の「1対のナノギャップ電極を用いたおびただしい回数の電気伝導測定と統計処理」を「おびただしい数の超高密度ナノギャップ電極基板を用いた電気伝導特性の一括評価」に置き換え，マクロな電気伝導特性から配線された単一分子の電気伝導特性を高い再現性で一括評価する方法である．

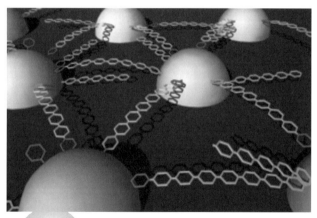

▲高密度ナノ電極に対して表面開始重合と表面停止による分子グリッド配線［カラー口絵参照］

■ KEYWORD ▭マークは用語解説参照

- ■分子回路工学（molecular circuitry）
- ■分子グリッド配線（molecular grid wiring）
- ■金ナノロッドアレイ（gold nanorod array）
- ■重合配線（polymerization wiring）
- ■表面開始重合（surface-initiated polymerization）
- ■表面増強ラマン散乱（surface enhanced Raman scattering）

はじめに

Molecular Electronic Device(分子素子)は，1974年，AviramとRatnerによるMolecular Rectifier(分子整流器)の提案[1]に端を発する．現在，十数億個のトランジスタが集積される半導体集積回路も当時は数千個に過ぎず，分子素子によるコンピューティングが夢みられた．当初より困難と思われた分子と電極を繋ぐ実証実験は，1997年Reedらによるベンゼンジチオール単分子の伝導度計測[2]，2003年TaoらによるSTMを用いたmechanically controllable break junktion(MCBJ)[3]が報告され，この分野が世界的に広がる契機となった．非弾性トンネル分光やチップ増強ラマン分光などの分子分光法とも相まった今日では，MCBJは単一分子伝導度計測手法として定着した感がある．計測は分子と電極の接合状態や架橋分子数に大きく依存するため，おびただしい回数の測定による膨大なデータの統計処理により，伝導度や電気特性の特徴が抽出される．多くの論文にはヒストグラムが並び，平均値が議論される．

分子素子の提案以来，分子スイッチ，分子メモリーなどの機能を冠した分子設計が広く行われ，膨大な「分子素子」資源が蓄積されている．しかしながら，その多くは溶液中あるいは結晶中の"作品"として，上述の分子－電極接合の対象になることは少なく，最近ようやく単一分子計測の応用が始まった．たしかに，MCBJを基本とした単一分子計測は，電極間を分子でつないだ最小単位の「分子回路」である．しかしながら，多数回測定と統計処理の方法論は，最小単位の分子/電極接合を組み合わせた集積回路や分子センシングや分子機能を外部に読み出すインターフェースとしての工学的利用は望めない．化学者が思い描く「分子で回路を創る」とは隔絶の感がある．

筆者らは本来のモチベーションである「分子で回路を創る」工学的視点に立ち，分子－電極接合ユニットを高密度集積化することにより，分子機能を高い信頼性においてマクロに引き出すインターフェースとして「分子グリッド配線」を構想した．

1 分子グリッド配線

本構想は，液晶ブロック共重合体テンプレートプロセスによる，超高密度金属ナノドット・ナノロッドアレイの作製技術[5]と，そのナノドット(あるい

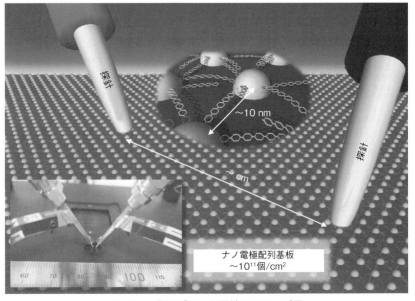

図11-1　分子グリッド配線のイメージ図
10 nmギャップのナノ電極を高密度で配設した基板を用い，各ナノ電極間を重合配線し(分子グリッド配線)，マクロな伝導測定から隣接間の分子伝導を評価する．実際の探針が接するナノ電極は多数に及ぶが，本構想および伝導評価法は成り立つ．

はナノロッド）間を架橋配線した規則格子ネットワーク（グリッド）の巨視的な伝導測定から，架橋配線分子の伝導度を導く解析アルゴリズム[6]を根拠としている．分子グリッド配線は，六方格子状に配置したナノ金属電極間をπ共役系高分子で配線したネットワーク構造を有する分子回路であり，前述したMCBJやSTMによる「1対のナノギャップ電極を用いたおびただしい数の電気伝導測定と統計処理」を，実験的に簡便な「おびただしい数のナノギャップ電極をもつ分子ネットワーク配線基板による電気伝導特性の一括評価」に置き換え，配線分子鎖の電気伝導度を再現性良く計測するインターフェースとなる（図11-1）．これは，①高密度Auナノロッドアレイ電極基板，②重合配線のためのπ共役系高分子，③表面増強ラマン散乱（SERS）による重合配線計測，④六方格子グリッド配線の伝導経路解析の四つの要素技術を開発し，それらの統合によって分子グリッド配線が実証される．

2 高密度Auナノロッドアレイ電極基板

2001年に開発した両親媒性液晶ブロック共重合体〔PEO-b-PMA（Az）〕薄膜の，特異なミクロ相分離による垂直配向PEOヘキサゴナルシリンダー構造をテンプレートとする，金属ナノドットアレイおよび金属ナノロッドアレイの作製プロセスを開発してきた[5]．

ガラス基板にスパッタ法により作製した金薄膜上に，ポリエチレンオキサイド鎖と液晶性ポリメタクリレート鎖から成るブロック共重合体〔PEO$_{114}$-b-PMA（Az）$_{66}$〕をスピンコート成膜した後，アニーリングすることで垂直配向PEOシリンダー構造のテンプレート基板を作製した．この基板の電気めっきをHAuCl$_4$水溶液中で行うと，PEOシリンダー内で選択的にAuめっきが進行し，Auナノロッドアレイ構造が作製できる．酸素プラズマ処理によってブロック共重合体を除去する．ロッドの高さは120 nm，直径は13 nm，ロッド間ギャップは17 nm，表面密度は10^{11}個／cm^{2}であった（図11-2）．

作製したAuナノロッドアレイ基板は，表面プラズモン共鳴のため，赤色を呈する．この表面プラズモン共鳴により，Au近傍に存在する有機分子の表面増強ラマン散乱（SERS）を測定できるので，金ナノロッド表面から開始するリビング重合，溶液中の生長ポリマーを捕捉する表面停止，両者を合わせた金ナノロッド間の重合配線を振動分光として，追跡・計測が可能となる．このAuナノロッドアレイ基板は，市販のSERS基板（Enspectr$^®$，Enhanced Spectroscopy社製）に匹敵する10^{5}程度の増強効果をもつ．ごく最近，電気めっき用の電極である下地の金薄膜の除去による各金ナノロッドの孤立化に成功し，電気伝導測定に適した面内絶縁性の金ナノロッドアレイ基板を開発した．

3 重合配線のためのπ共役系高分子

隣接ナノ電極の低分子による架橋配線では，架橋分子と電極材料の相互作用による新たな電子状態を

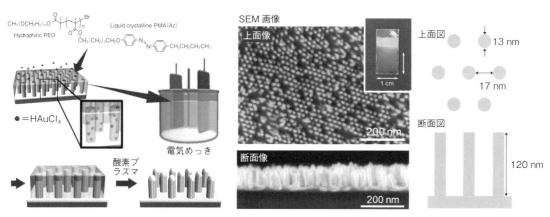

図11-2 高密度金ナノロッドアレイ基板

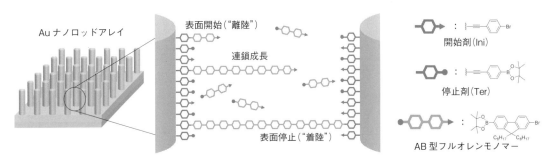

図 11-3　高密度金ナノロッドアレイ基板を用いた表面開始重合と表面停止による分子グリッド配線
AB 型モノマーの連鎖的重縮合により，ナノ電極間をポリフルオレンで配線する．

生み，分子本来の電気特性とは異なる．これに対して，π共役系高分子による配線では，金属の摂動を受ける両末端近傍の影響が相対的に低下し，主鎖骨格本来の電気特性が反映される．重合配線は，エチニル基やチオール基などを介して Au 表面に固定化した開始剤からπ共役系高分子ワイヤを与えるリビング重合が開始し，隣接ナノ中継電極の表面停止剤によって重合停止，つまり架橋配線することが要求される．

筆者らは，この条件を満足する重合系である鈴木-宮浦クロスカップリング反応に基づいた AB 型モノマーの触媒移動型連鎖縮合重合により，ナノ電極間をドナー性の高分子鎖であるポリフルオレンで重合配線を検討した（図 11-3）．一方，アクセプター性のπ共役高分子を与える連鎖縮合重合は，これまで報告されていなかった．そこでわれわれは，重合配線にも適用可能な新規重合系の開発に取り組んだ．その結果，ペルフルオロフェニル基とトリアルキルシリル基を官能基とする AB 型モノマーが連鎖的な機構で重合し，アクセプター性の新規π共役系高分子を与えることを見いだした[6]．

目的とする連鎖重合のために，π電子（芳香族）に結合したシリル基は，フッ化物アニオンなどとの反応によって求核性5配位ケイ素（シリケート）が生成すること，またペンタフルオロフェニル基のような電子欠損性の芳香族において容易に芳香族求核置換反応（S_NAr）が起こること，の2点を考え，同一分子内にトリメチルシリル基およびペンタフルオロフェニル基を併せもつ AB 型のモノマー **1** を設計し，

重合を行った．実際，たとえば5 mol%のテトラブチルアンモニウムフルオリド（TBAF）を **1** に添加すると，速やかに重合反応が進行し，数平均分子量（Mn）が 6700 で分子量分布の狭い（Mw/Mn = 1.55）ポリマー P1 が高収率で得られた（図 11-4）．モノマーの消費に伴い得られるポリマーの分子量は直線的に増加し，分子量分散度はほとんど変化しなかった．以上のことは，重合が連鎖的に進行していることを示している．

重合は，フッ化物イオンと **1** のトリメチルシリル基との反応による5配位ケイ素（シリケート）の生成，

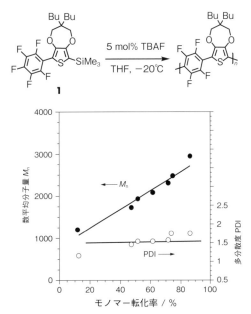

図 11-4　AB 型モノマー 1 の連鎖的重縮合
モノマー転化率に対する数平均分量と多分散度の関係．

ついでシリケートの別のモノマー **1** のペンタフルオロフェニル基の4-位への位置選択的な S_NAr 反応によるフッ化物イオンの再生，この繰り返しによって進行すると考えられる．反応の際，再生するフッ化物アニオンが重合末端へ選択的に分子内移動することで，重合は連鎖的に進行する．

4 表面増強ラマン散乱（SERS）による重合配線

Au ナノロッドの表面局在プラズモンによる増強電場と電極表面密度がきわめて高いために，検出利得の高い表面増強ラマン散乱基板として機能する．

Au ナノロッドアレイ基板を開始剤 1-bromo-4-ethynyl-benzene の自己組織化単分子膜（SAM）をナノロッド表面に形成させた後，bis(tri-*tert*-butylphosphine)-palladium のトルエン溶液で Pd 化処理した．これを開始剤基板として用い，Na_2CO_3 存在下，THF/H_2O 中室温での AB 型フルオレンモノマー（M）の表面開始重合を行った．得られた基板の蛍光測定では，ポリフルオレン（PFO）由来の蛍光が観測され，ポリマー鎖が基板表面に固定化されていることを確認した．一方，開始剤の SAM がない Au ナノロッド基板を用い，同様の Pd 化処理ならびに重合を行っても PFO 由来の蛍光は観測されない．これらの結果は，基板上に自己組織化した開始剤を開始点とした重合が進行したことを示唆する．

開始剤 SAM 基板ならびに重合後の基板の SERS スペクトルを図 11-5 に示す．重合後では，PFO 由来のラマンバンドが $1150 \sim 1450\ cm^{-1}$ に確認できる．また，開始剤に特徴的な Phe-Br 由来の変角振動が重合後でも見えることから，Pd 化していない開始剤が残存している．重合後では，この Phe-Br バンドは減少したのに対し，$C \equiv C$-Au 三重結合のバンドがほとんど変化していないことも開始剤からの重合を裏付ける．ベンゼン環領域においてもポリマー由来（$1605\ cm^{-1}$）だけでなく，開始剤由来のラマン散乱（$1577\ cm^{-1}$）が観測された．さらに，Pd 化したものの重合することなく失活して生成するエチニルベンゼン骨格が $1592\ cm^{-1}$ に出現することも，別途モデル反応を行い確認した．これらを考慮してベンゼン環バンドの波形解析を行うことで，吸着開始剤の開始効率を 11％と求めることができた．さらに，Au 基板を溶解させた後，遊離した PFO を回収し

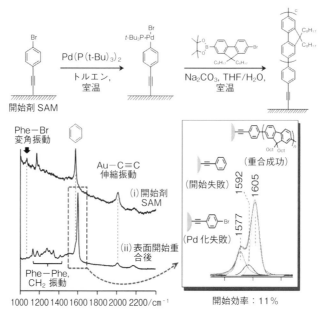

図 11-5　金ナノロッドアレイ基板における AB 型フルオレンモノマーの表面開始重合とその SERS スペクトル

てSEC測定を行ったところ，分子量ならびにピーク強度は重合時間とともに増加し，溶液重合と比較すると基板上でも単峰性分布のPFOが生成していることが確認できた．

開始剤および停止剤の混合SAMをAuナノロッドに作製し，リビングポリマー溶液に浸漬して，表面停止反応を行った．得られた基板のSERS測定では，表面開始重合と同様のスペクトルが得られ，SAM化した停止剤によりリビング末端が停止し，ポリマー鎖が基板に固定化されることが確認できた．ベンゼン環バンドの波形解析により，吸着分子あたりの停止効率は18%と求められた．さらに，表面開始重合と同様の手順で開始剤/停止剤の混合SAM基板を用いて配線重合を行い，4～16%の配線が見積もられた．

5　六方格子グリッド配線の伝導経路解析

分子グリッド配線は，高密度に配設したナノ中継電極を隣接架橋するπ共役系高分子ワイヤが六方格子ネットワークを形成する．隣接格子点間の架橋数は，分布をもつ非等価な六方格子ネットワークである．巨視的な2端子間(数百マイクロメートル～ミリメートルスケール，この距離に架橋配線された分子/電極接合が約10^4～10^5個存在する)のグロス抵抗(^GR)から，隣接したナノ中継電極を架橋したπ共役系高分子ワイヤ1本の電気特性を導くアルゴリズムの開発が必須である．

グラフ理論や電気回路工学で使われるYΔ変換を利用し，無限六方格子抵抗ネットワークの伝導経路解析アルゴリズムを開発した(図11-6)．単位三角回路($\triangle_0$)の格子長rが2倍の2階三角回路($\blacktriangle_1$)に適用すると，内部抵抗が消去された2階三角回路($\triangle_1$)が得られる．このとき，格子長2倍の外周辺の実効抵抗は$(5/3)r$となる．$\triangle_1$を新たな単位格子として，同様の変換を行うと，実効抵抗$(5/3)^2 r$の内部抵抗が消去された2階三角回路($\triangle_2$)が得られる．同様の変換をn回繰り返すと，内部抵抗がすべて消去された実効抵抗$(5/3)^n r$のn階三角回路($\triangle_{n-1}$)が得られる．分子グリッド配線の隣接格子間の単位抵抗rは，十分に大きな$\triangle_{n-1}$の外周辺の

一部とするグロス抵抗^GRから，(1)(2)式より求めることができる．

$$^GR = R_L\left(1 - \frac{R_L}{2R_M}\right) \quad (1)$$

$$\log {^GR} = C\log\frac{D}{d} + \log r + \log K \quad (2)$$

(1)(2)式の第2項は，測定試料に十分大きな三角形がとれない場合の補正項Kである．実効抵抗比5/3より，$C = \log_2(5/3) = 0.7370$が得られる．

YΔ変換は，格子点間の単位抵抗が非等価な場合でも成立する．さらに，六方格子内にキャパシター，コイル，電源が組み込まれていても成立する．実在の分子グリッド配線は，配線欠損や配線数の分散による隣接中継電極間の要素抵抗値の広い分散が見込まれる．しかしながら，非等価な九つの抵抗からなる$\blacktriangle_1 \Rightarrow \triangle_1$変換において，正規分布で発生させた乱数を要素抵抗値とするシミュレーションを行い，

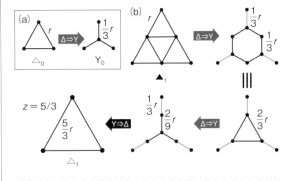

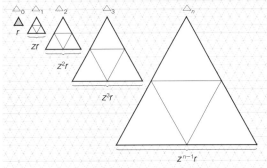

図11-6　YΔ変換による六方格子抵抗ネットワークの伝導経路解析アルゴリズム

(a)YΔ変換．(b)2階三角回路($\blacktriangle_1$)に適用すると，内部抵抗が消去された2階三角回路($\triangle_1$)が得られる．同様の変換を繰り返すと，内部抵抗が消去された大きなn階三角回路($\triangle_{n-1}$)が得られる．

分散発展を評価した．隣接ナノ電極間距離 10 nm，グロス抵抗測定の端子間距離 1 mm の場合，17 回変換に相当し，$\triangle_{17}$ の外周辺の実効抵抗値の相対標準偏差が数％以下に収斂した．このことは，分子グリッド配線によって，マクロなグロス抵抗測定から隣接中継電極間の配線分子 1 本の電気特性を高い信頼性で評価できることを示している．さらに，YΔ変換は容量成分や誘導成分が含まれた交流インピーダンスにおいても成立するので，交流測定により配線や格子点の欠損率も評価できると期待される．

6 おわりに

本研究は，まだ発展途上である．現在，Au ナノロッドアレイ電極基板の安定生産を整え，2 種類のパイ共役系高分子を対象に，Au ナノロッド間の表面開始および表面停止による重合配線の最適化を行っている．表面増強ラマン散乱および重合配線後の π 共役系高分子の化学分析より，Au ナノロッドアレイ電極間の架橋配線を確認し，その電気伝導の検討段階にある．

1 個のサイコロを 1000 回振るのか，1000 個のサイコロを一度に振るのか，同じ確率，統計を与えるなら，こんな方法論も可能と追求している．分子グリッド配線は，単に分子伝導特性の一括評価だけでなく，六方格子ネットワークを利用したセンシング機能，インターフェースとしての応用が期待される．

要素技術である Au ナノロッドアレイ基板，リビング重合による π 共役系高分子の表面開始重合は，分子グリッド配線を超えて，それぞれ独自に異分野の共同研究に展開している．

◆ 文　献 ◆

[1] A. Aviram, M. A. Ratner, *Chem. Phys. Lett.*, **29**, 277 (1974).
[2] M. A. Reed, C. Zhou, C. J. Muller, T. P. Burgin, J. M. Tour, *Science*, **278**, 252 (1997).
[3] B. Xu, N. J. Tao, *Science*, **301**, 1221 (2003).
[4] (a) J. Z. Li, K. Kamata, S. Watanabe, T. Iyoda, *Adv. Mater.*, **19**, 1267 (2007); (b) J. Z. Li, K. Kamata, T. Iyoda, *Thin Solid Films*, **516**, 2577 (2008); (c) S. Hadano, H. Handa, K. Nagai, T. Iyoda, J. Z. Li, S. Watanabe, *Chem. Lett.*, **42**, 71 (2013); (d) H. Komiyama, T. Iyoda, T. Sanji, *Nanotechnology*, **26**, 395302 (2015).
[5] (a) T. Sanji, T. Iyoda, *J. Am. Chem. Soc.*, **136**, 10238 (2014); (b) T. Sanji, A. Motoshige, H. Komiyama, J. Kakinuma, R. Ushikubo, S. Watanabe, T. Iyoda, *Chem. Sci.*, **6**, 492 (2015); (c) T. Sanji, J. Kakinuma, T. Iyoda, *Macromolecules*, **49**, 6761 (2016); (d) A. Motoshige, J. Kakinuma, T. Iyoda, T. Sanji, *Polym. Chem.*, **7**, 2323 (2016); (e) T. Sanji, S. Watanabe, T. Iyoda, *Tetrahedron Lett.*, **57**, 1921 (2016).
[6] 特願 2014-154107.

Chap 12

金属錯体分子素子
Metal Complex Molecular Device

芳賀 正明　小澤 寛晃
(中央大学理工学部)　(株式会社 Kyulux)

Overview

分子素子の構成要素として金属錯体を利用することで，錯体分子自身の配位構造・レドックス電位，磁性，可視光吸収などの物理化学的性質を分子素子の機能に反映させることができる．錯体分子ワイヤに関して，初めは有機π共役系で繋いだ混合原子価二核錯体内での電荷移動について，錯体の溶液中での電子移動化学として議論された．しかし，錯体分子を，素子(デバイス)として動作させるためには，電極上に錯体分子をアンカー基などで固定して，分子膜とする必要がある．近年では，表面での配位結合を利用した二次元ナノシートや三次元積層構造などの配位ネットワーク構造の構築が可能となり，電子・プロトン伝導だけでなくガス吸着やイオン貯蔵などの機能を付与できる．そのような外部刺激に応答する機能をセンサーやメモリとして利用する，新たな分子デバイスへの応用展開が広がりつつある．本章では，我々の研究を含めて最近の研究動向について紹介する．

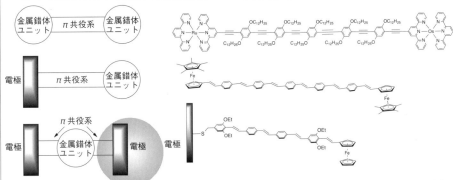

▲有機π共役系で繋がれた溶液中，あるいは片側電極に固定された錯体分子ワイヤの例

■ KEYWORD 📖マークは用語解説参照

- ■飛び石機構(stepping-stone mechanism)📖
- ■表面配位ネットワーク構造(surface coordination network structure)📖

はじめに

分子エレクトロニクスのなかでの構成要素として，電子回路との類推から，それぞれ分子からなる抵抗，コンデンサ，ワイヤ，ダイオード，トランジスタなどが考えられる[1]．そのなかで，有機配位子と金属イオンの組み合わせから，金属錯体を利用した分子ワイヤが合成されてきた．有機物だけからなるπ共役系分子と比べると，金属錯体は，金属d軌道の関与によりフロンティア軌道エネルギーが電極とのフェルミレベルに接近して，伝導性が向上しやすいなど*，分子ワイヤとして重要な位置を占めている．金属錯体を含む分子ワイヤ機能を評価するのに，これまでおもに三つの測定系が検討されてきた．まず，共役π電子系で連結した混合原子価二核錯体内での分子内電子移動速度を光誘起による原子価間電荷移動遷移（IVCT）から，金属間相互作用の大きさとして評価する研究が1980年代に行われた．また，共役π電子系を通してレドックス活性錯体を電極表面上に自己組織化膜（SAM）として固定し，錯体と電極との電極電子移動速度で評価する研究が1990年代後半に行われた．2000年代からは，STMカンチレバーと基板間でのブレーク・ジャンクション法（BJ）が単一分子の導電性の評価に用いられることが多くなってきて，多くの錯体系で，分子の伝導距離と伝導度の関係が議論されてきた．最近では，伝導性が架橋基の量子干渉や位相により制御される系やスピンと伝導が絡むような系，機械的力による伝導度の変化など，分子の動的挙動と連動した"動的な"伝導性に興味が移ってきている．

溶液中での2個の金属イオンをπ共役系で繋いだ混合原子価錯体で，金属間の距離が長くなっても電子カップリングが大きく減少しない系を"分子ワイヤ"とよぶようになった．2個の金属イオンをπ共役系で繋いだ錯体間での電子カップリングは，混合原子価状態だけで現れる原子価間電荷移動遷移（IVCT）の吸収帯を，Hushの理論から解析することで求められてきた．この電子カップリングの大きさが，錯体間を連結する共役π電子系の距離が長くなったときの障壁をトンネリングして伝わる際に，どれほど減衰するかが減衰係数βで議論されてきた．小さいβ値を示す系が分子ワイヤとしては適している．さらに，レドックス活性錯体分子を電極上にπ共役系で固定したSAM膜での不均一系電子移動速度を，レドックスサイトと電極とのπ共役系の長さを変化させてβ値が評価されてきた．最近，分子の両端にアンカー基をもたせた単一分子の伝導度のβ値が詳しく議論されるようになってきた．

分子ワイヤというと一次元に繋がったイメージをもつが，分子と測定する電極のサイズのちがいを考えた分子アーキテクトニクスの観点からは，少し次元を拡げて，分子の二次元あるいは三次元での拡がりをもつ導電性MOFや表面ネットワーク構造をとる配位高分子なども，重要な構成ユニットと考えられる．ここでは，分子エレクトロニクスのビルディングブロックとなる材料として金属イオン，配位子，金属錯体分子の組み合わせから成る系で，電極などの表面に一次元から三次元の構造体を構築し，さまざまな機能を発現できる系も含めて述べる．

錯体を表面での構造体を形成する際の構成ユニットとして利用することで，目的とする機能を集積化させた分子素子の作製が可能となる．現在では物理，化学，生物化学にとどまらず，電気電子工学などのさまざまな分野の融合領域として研究が進んでおり，その先には分子アーキテクトニクスが目指す自然界に倣ったニューロンや脳などの，五感ネットワークや機械学習機能をもったデバイスなど，これまでに例を見ない分子デバイスを創製するための技術革新が期待されている．そのなかで，配位ネットワーク構造もその一つの構成要素材料となるのではないかと考えている．本章では，電極間をπ共役系で繋いだ金属錯体ワイヤの伝導について考察し，その次元性を拡げた配位ネットワーク構造の伝導性や，メモリやスイッチなどの電子機能に拡張して述べる．

---

* 単一分子伝導での分子のフロンティア軌道エネルギーE_{MO}と電極のフェルミエネルギーE_F，および電極と分子との電子カップリングの大きさΓと伝導度Gとの間はLandauer-Büttikerの単純化した式

$$G = \frac{2e^2}{h} \frac{4\Gamma^2}{(E_F - E_{MO})^2 + 4\Gamma^2}$$

で理論的に予測できる．

1 電極に接合した金属錯体単一分子ワイヤの分子構造と特徴

金属錯体にアンカー基をもたせることで，錯体を電極表面に固定できる．錯体の単一分子伝導を測定するときのアンカー基としては，チオール基，ピリジン基，ジヒドロベンゾ[b]チオフェン基，イソシアニド基，イソチオシアナート基などが用いられる．最近までに報告された代表的な錯体分子ワイヤ本体の構造とアンカー基を，図12-1に示した．図中のデバイス構成A, Bのように，ポリインやπ共役系を用いて有機架橋基を延ばして金属錯体部位を繋いだ系や，図12-1Cのように，金属−金属結合をもち，中心金属結合周辺を配位子で囲った多核錯体系が合成され，錯体分子ワイヤとして評価された．

電極に金属錯体分子ワイヤを接合させる際には，(1)錯体Mの立体構造とレドックス電位，(2)アンカー基の選択，(3)アンカー基を通しての錯体分子と電極との接合によるカップリング，および分子のHOMO/LUMOと電極のフェルミレベルの位置関係が重要である．金電極を用いたBJ法に対して，さまざまアンカー基が検討されてきている．アセチレン末端にSnMe$_3$基やAuP(OMe)$_3$基をもつ錯体分子の場合には，電極表面でこれらのSnあるいはAu錯体基部位は脱離して，C(錯体)-Au(電極)結合が生成し，分子は金電極表面に結合して，非常に強い電子カップリングを示すようになることが報告されている[2,3]．

Berke[2]，Low[4]，穐田・田中[5]，Ren[6]，Rigautら[7]など，いくつかの研究グループにより，π共役系金属アセチリドワイヤの系統的な合成と，BJ法による単一分子電気伝導度の測定が行われた(図12-1)．先に述べた分子と電極との接合を議論するために，分子のアンカー結合基として，チオール，ピリジン，チオフェン，-SiMe$_3$などを導入した錯体ワイヤや，C(錯体)-Au(電極)接合を形成した系について，系統的にπ共役系の長さを変えて，伝導度と距離の片対数プロットの外挿から，接合抵抗を見積もっている．さらに，密度汎関数法・非平衡グリーン関数法を用いた計算科学によって，分子伝導機構への軌道の寄与が推定され，議論を深めている．たとえば有機ポリインに金属錯体を導入した場合，図12-2からわかるように，伝導性が大幅に増加することが示された．

また，Pengらによって報告された一次元に金属

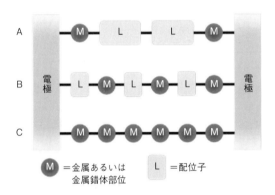

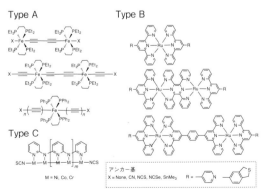

図12-1 二端子間でのブレーク・ジャンクション(BJ)法で*I-V*測定された，錯体分子ワイヤのデバイス構成の分類とその錯体例

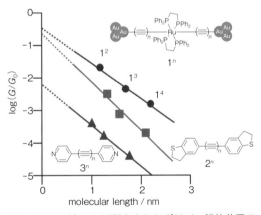

図12-2 BJ法で*I-V*測定されたポリイン錯体分子ワイヤの伝導度の分子長依存性[5]
文献[5]（Copyright 2018, ACS）を改訂し再掲載．

イオンが並んで配列した金属錯体ワイヤでは，金属イオンのd電子配置から金属－金属結合が形成されるCrの場合に，高い伝導性を示すことが明らかになった[8, 9]．このようにBJ法が確立したことで，錯体分子ワイヤの構造や，その分子ワイヤと電極との接合へのアンカー基の影響など，単一錯体分子ワイヤの電気伝導に関する基礎的な情報が蓄積されてきている[4]．

2 電極表面上で次元性を制御した金属錯体分子系

単一錯体分子はいわば"点"である．ゼロ次元である"点"から，二次元の"平面"，三次元の"立体"へと次元を上げて，分子ユニットを組み上げて構築することで，ナノとマクロを繋ぐ新しい構造をもった分子デバイスができる[10〜12]．二次元の"平面"においては，分子配列の違いにより，電極面に水平か垂直かという分子の伸張方向により，大きな相違が生まれる．sp^2炭素の結合したグラフェンと同じように，水平方向の分子伸張では，共有結合構造体（COF）[13, 14]や，西原らが提案したCONASHなどが知られている[15]．二次元面内に規則的空孔をもち，面内で良伝導体となるものがある．一方，電極表面上に垂直に錯体分子を自己組織的に吸着固定した，SAM膜に代表される二次元分子系では，分子どうしの相互作用は弱く，電極に挟まれた垂直方向の単一分子層伝導が議論された．この場合には，LB膜の分子膜の伝導度測定[16]と同じように，広い領域での分子アンサンブル系の，平均化された伝導度が測定されることになる[17, 18]．

二次元の分子アンサンブル系から三次元の"立体"に次元を上げる場合には，SAM膜上の固定分子からの逐次錯形成により，積層膜として膜厚を成長させる方法がLayer-by-Layer（LbL）法としてよく使われるようになってきた[10, 19]．この方法は，成長点としてまず固体基板上に分子プライマー層を吸着固定し，次に結合部位をもつ金属錯体もしくは有機配位子，そして続いて金属イオンの溶液に交互に基板を浸漬させて，分子間の静電相互作用や配位結合などによる結合形成によって分子層を成長させていく方法である．この方法は簡便かつ分子レベルで膜厚と配向が揃った層成長が可能になる．また，金属や有機配位子，さらには金属錯体の機能性などの選択肢を分子層内に組み込むことができるために，目的に応じた膜構造，物性などの機能化が可能となる．

LbL法では，用いる架橋配位子と金属イオンとのそれぞれの溶液への浸漬回数が増すにつれて，表面上の膜の物理化学物性が①直線的な増加を示す場合と，②指数関数的な増加を示す場合の2種類のケースが見られる[20]．積層数とともにUVスペクトルの吸光度やサイクリックボルタモグラムの電荷量などで，層の成長をモニターする必要がある．

3 表面での金属錯体分子アンサンブル系の伝導性，整流性

固体表面に固定された分子アンサンブルの物性を調べるには，基板が電極であり，かつ分子がレドックス活性であれば，溶液中での電気化学的手法によってその表面濃度や特性を調べることができる．西原らは，金属基板上にターピリジン基をチオールアンカーで吸着させ，それをプライマー層として金属イオンと1,4-ジ(2,2',6',2"-ターピリジン-4'-イル)ベンゼン配位子との逐次錯形成により，共役ビスターピリジン錯体ワイヤを作製し，そのワイヤの電気化学特性を評価している[21〜23]．同様に，電極上に固定した金属錯体配位子上での金属イオンとの錯形成により，逐次積層化する報告例がある[24, 25]．このように，生成したワイヤが電極と電子交換可能であれば，錯体ワイヤの成長の様子を，CVのピーク面積から被覆量としてモニターできる．また，錯体分子ワイヤの不均一電子移動速度の層数依存性を，ポテンシャルステップクロノアンペロメトリー（PSCA）から調べ，距離依存減衰定数βを求めた．一般的な電子の長距離輸送に適した有機化合物であるオリゴフェニレンビニレンなどの有機ワイヤ（$\beta = 0.01$）などと比べて，錯体分子ワイヤは同等もしくはそれより小さなβ値（$\beta = 0.002 \sim 0.012$）を示すことがわかった[21〜23]．

電極に固定された単層あるいは分子積層膜などの分子アンサンブル系を，上からの電極で挟み込んで，

2電極としての電気伝導度を測定する大面積測定法について，さまざまな電極を用いる方法が報告されている[18,17]．(ここでいう大面積は単一分子の占有面積に比べて大きいという意味で用いている)．伝導度を測定するために，分子を挟むための上端電極として，これまで用いられた物質としては，金，電導性高分子 PEDOT：PSS，液体金属(水銀やEGaIn)，電子ビーム剥離ナノ炭素などがある．金電極を分子上に蒸着する場合，分子膜が剥がれるおそれがあるので，ソフトランディングできる蒸着条件を用いるなどの注意が必要である．また分子膜が有機物であるので，PEDOT：PSS は単分子 SAM 膜の伝導度測定において，高い再現性を示すことが報告され[26]，これを用いた大面積での分子アンサンブル系の伝導度測定の報告が増えている．また，最近 Whitesides らは，液体金属を用いた単分子アンサンブル系の伝導度測定を精力的に報告している[27]．たとえば，銀表面にアルキル置換フェロセンを SAM 膜として固定して，その上に液体金属である EGaIn を電極として，アルキル基の鎖長のちがいによりフェロセンの置換位置を変化させて，トンネル障壁を変えて，伝導度を評価した．その結果，Aviram, Ratner によって提案された電子ドナー・電子アクセプターを繋いだ系でなくても，分子が電極に連結され，電子を授受できる HOMO/LUMO 軌道をもつ分子であれば，その分子を電極に繋いでいる絶縁部の長さを調整することで整流性がでることが明らかになった(図 12-3)[28]．このように，2電極に挟まれたレドックス活性な錯体分子膜では，連結部の選択によって，単なる抵抗をもつワイヤではなく，整流性をもつダイオードとして働く場合もあり，フェロセンのレドックスに伴う正電荷と電極との静電相互作用により，大きな整流比をもつ系が報告されている[29]．分子ワイヤの場合には，減衰定数の β 値により評価されるが，ダイオードの場合には，整流比 $R(=|J(-V)|/|J(V)|)$ で評価される．ここで，$|J(V)|$ は，ある電圧における順方向あるいは逆方向の電流密度の絶対値を表している．

筆者らは，両端に 4 個のホスホン酸基をもつルテニウム単核あるいは二核錯体が平滑化した酸化イン

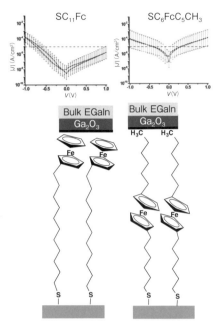

図 12-3 アルキル基の長さを変えて絶縁障壁を変化させた場合のフェロセン誘導体の I-V 曲線
障壁の違いで左側の分子では整流効果が現れている[28]．

ジウム-スズ(ITO)電極上に吸着し，ITO 上で 4 個のホスホン酸基が表面アンカーとなり，自立的に垂直配向をとることを明らかにした(錯体の構造は図 12-4 参照)[10,30]．ITO 電極上に吸着したこのルテニウム錯体分子の電気伝導度を，Pt 上に ITO を蒸着した探針との二端子法で測定したところ，乾燥状態では単核・二核錯体のどちらも，単なる抵抗をもつ分子ワイヤとして動作することがわかった．しかし，測定環境が高湿度条件になると，ルテニウム二核錯体の場合には，整流比 R が数千程度の大きな整流比を示すことがわかった．さらに，外部の湿度が低くなると，再び元の分子ワイヤとなり，整流効果が見られなくなる．この伝導度のスイッチングは，単核錯体では観測されない．高湿度条件になると，電圧走査の際の電極／分子／探針のポテンシャルが二核錯体での混合原子価状態を経るために，水分子と錯体部位との相互作用に大きな非対称性が生じ，分子軌道エネルギーと電極のフェルミ準位との間に大きなギャップが生じる．その結果，大きな整流比を与えることが計算科学から示唆された．このように，

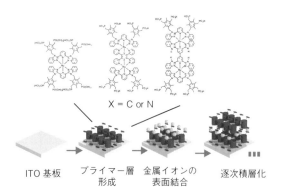

図12-4 両端にホスホン酸基をもつ単核および二核Ru錯体およびITO基板上への金属イオンとの錯形成による逐次積層化の概念図

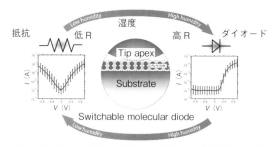

図12-5 ITO電極に固定されたRu二核錯体のITO探針間での単層分子錯体膜のI-V特性の低湿度から高湿度条件に変化した時の抵抗から整流比の大きなダイオードへの可逆的スイッチング[31]

外部湿度により整流性がON/OFFするスイッチング現象は、分子として初めての例である(図12-5)[31]。

4 錯体分子積層膜の構築と電極間での伝導性

電極表面に固定したプライマー層を起点として、溶液中の分子ユニットとプライマー層上の配位基と金属イオンとの逐次錯形成反応により、基板上に表面分子積層膜を構築できる[32]。金電極上でのビスターピリジン鉄オリゴマー錯体積層膜について、上端電極をHg電極あるいは金電極とする二端子系での伝導度測定が行われた。上端金電極の場合には、クロスバーアレイ型二端子系で測定された[33, 34]。その伝導機構としては、電流密度Jの対数$\ln(J)$が、膜厚および印加電圧の平方根$d^{1/2}$および$V^{1/2}$に依存することや、電流密度の温度依存性などから、Richardson-Schottkyに基づく熱電子放出による電子(ホッピング)伝導であり、このクロスバーアレイ型二端子デバイスは、2年以上経ってもI-V特性がほとんど変化しない安定性を示すことがわかった[34]。固体表面でのホスホン酸基をもつ分子ユニットと、ジルコニウム(IV)イオンとの逐次錯形成による積層膜形成法は、Malloukらにより考案され、非常に安定な膜構造ができることが知られている[19]。先述のITO電極上に吸着した両端に、4個のホスホン酸基を有する自立型のルテニウム錯体は、電極上端のホスホン酸基と溶液中の錯体分子のホスホン酸基との間で水素結合が生じやすく、溶液をpH 6にす

ると、多重水素結合で連結された積層膜が、時間とともに表面で成長することがわかった。このITO上に成長したルテニウム錯体積層膜の伝導度を、上端電極として電導性高分子PEDOT：PSSを用いたサンドイッチ型二端子デバイスで、電流-電圧(I-V)曲線を測定した[35]。積層膜の膜厚と電流の関係を調べたところ、先に述べたビスターピリジン鉄オリゴマー錯体分子ワイヤ系と同様に、小さいβ値(0.012～0.021)を示すことが明らかとなり、錯体積層膜は、有機π共役分子系に比べて、長距離の電子輸送が可能であることが明らかになった。金属錯体の分子ワイヤや多積層膜での長距離電子輸送は、一般的なπ共役有機分子系で提唱されてきた電子輸送とは次の点で異なる。

すなわち、有機π共役分子系では、小さいβ値であれば高伝導性が期待されるが、錯体多積層膜系では、膜厚変化に対して小さいβ値を示しても、ホスホン酸-ジルコニウム(IV)層が錯体ユニット間を隔てているために、低伝導度である。低伝導度にもかかわらず、長距離電子輸送を可能にする理由を明らかにするために、密度汎関数法・非平衡グリーン関数法を用いた計算科学の視点から、錯体積層膜における長距離電子輸送について考察した。その結果、低伝導でも長距離電子輸送ができるのは、配位子のπ電子で覆われた金属中心が「飛び石」となり、周辺配位子のπ軌道との混成を通じて移動して電極間を透過する、「飛び石」機構(stepping-stone mechanism)を提唱した[35]。このモデルは、ビス

ターピリジン鉄オリゴマー錯体積層膜など，電極表面に等間隔に配置された金属錯体ポリマーが，小さな β 値を示す系の伝導機構の説明にも拡張できる．電極表面に修飾固定された錯体分子の伝導機構については，1段で起こる共鳴トンネル伝導と，電荷移動が段階的に起こるホッピング伝導の，二つに大別されて議論されてきた．電流の温度依存性のないトンネル伝導と違って，膜が厚くなった多積層膜では，電流が温度依存性を示すホッピング伝導が起こりやすくなる．

5 錯体積層膜の作製とヘテロ積層膜/溶液系での整流およびメモリ素子の構築

固体表面でのLbL法により，任意の錯体ユニットを逐次積層化することで，表面にさまざまな機能を付与できる．これまでにも，レドックス活性錯体の電解重合法や，それぞれ正，負の電荷をもつ高分子電解質による交互吸着法などを用いた交互積層膜が報告されてきた．

図12-6に示すように，2種の異なる金属錯体を積み上げることで，エネルギー勾配をもたせることが可能であり，電子の流れに方向性をもたせることができる．たとえば，先述のホスホン酸基をもつレドックス活性ルテニウム錯体の積層膜を作製するときに，LbL法により，錯体ユニットの①積層数と②積層順番を精密に制御してナノ積層構造を構築した[36]．電位が異なる2種類のルテニウム錯体（Ru-CPとRu-NP）を，ITO基板上にLbL法で積層膜を作製して，同じ種類から成るホモ膜と，異なる錯体の組み合わせから成るヘテロ積層膜のサイクリック・ボルタモグラム（CV）を比較することで，電極と積層膜内での電子移動や，ブロッキングによる整流効果などを推定できる．Ru-CPは−0.37 V，0.09 V，1.15 V，一方Ru-NPは0.83 V，1.04 Vに酸化還元ピークをもち，両者には大きな電位差がある（図12-6）．

Ru-CP，Ru-NPそれぞれの錯体が1層ずつ積層したヘテロ二積層膜では，両者のレドックスピークが見られるが，各錯体が2層以上積層したヘテロ四積層膜の場合には図12-6のCVで見られるように，Ru-CP外層のピークは見られず，最外層からの電子移動はブロッキングされ，負電位側に電位掃引したあとでの正電位側への掃引で初めて新たな触媒波が，Ru-NPの酸化波の前波として観測される．これは，ヘテロ積層膜ではポテンシャル勾配が生じ，電子移動のブロッキングによる電荷トラップが可能となることを示している．すなわち，電位勾配により，Ru-CP外層への電荷トラップの有無を制御可能である．さらに，Ru-CP外層の電子の有無による電荷状態を，光照射によって得られる光電流の正負の方向で読み取れる．すなわち，電位で書き込んだ最外層の電子の有無を"0"，"1"二値状態とし，光電流の正負で読み出すメモリデバイスとして利用できることがわかった[37]．

同様に，ヘテロ積層錯体での電荷トラップを利用する系として，ピリジン基を末端にもつRuあるいはOsポリピリジン錯体とPdCl$_2$(PhCN)$_2$との逐次錯形成により生成する二つの表面配位ネットワーク

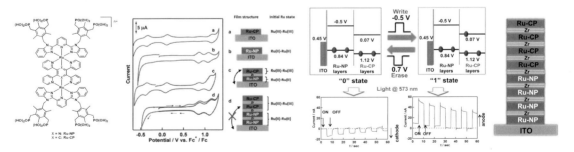

図12-6 ヘテロ積層構造膜に用いた錯体の構造と修飾膜のCVとその構造，およびヘテロ3積層錯体膜での電位印加による書き込みと，パルス光照射による光電流応答[37] "0"と"1"の2値メモリとして動作する．

構造を，長さの違う架橋配位子で連結した2層系（内層はRu，外層はOsからなる）で，UV光照射によって，電子移動の整流性が限られた長さをもつ架橋配位子にだけ見られたという報告がある[24]．また，RuとOsヘテロ積層膜での印加電位を変えることで，RuとOs錯体のMLCT波長の違いによる，エレクトロクロミック変化を信号とした，論理回路への応用も報告されている[25]．以上の例のように，複数の機能性錯体ユニットを用意して，コンビナトリアル化学的な手法で傾斜型表面構造体を作製すれば，さまざまなデバイス応用が可能となる[10, 25, 38]．

しかし，いずれの系も，電極|(錯体分子膜)//(溶液)系という構成であり，溶液と錯体膜が接しているデバイスである点から，バイオセンサーや環境センサーとしての応用が考えられる．

6 錯体分子膜の薄膜型固体二端子デバイス

二端子電極に挟まれた金属錯体の積層膜は，分子ワイヤ機能，整流効果によるダイオード機能だけでなく，大面積電極に挟むことで，発光・メムリスターデバイスへの応用が可能である．

発光性[Ru(bpy)$_3$P]ユニットを，錯体上のジアゾニウム基の電解により電子ビームを堆積させたナノ炭素上に固定し，金|ナノ炭素|[Ru(bpy)$_3$P]$_n$|ナノ炭素|金という二端子デバイスを作製し，I-V測定と同時に，発光スペクトルの測定を行った．錯体はラジカル生成により電解重合するので，電位と掃引回数で膜厚を制御して，膜厚4 nm以上で電圧が3 V以上で発光することがわかった（図12-7）[39]．

また，Goswamiらは，[RuL$_3$](PF$_6$)$_2$(L = 2-フェニルアゾピリジン)をITO上にスピンコートし，その上からITOあるいは金電極を蒸着した二端子デバイスが電位の走査による低電流のOFF状態から高電流のON状態にスイッチングする抵抗変化型記憶デバイス（メムリスター）として動作するデバイスとなることを報告した．溶液中では[RuL$_3$](PF$_6$)$_2$は安定な6段階の配位子上での逐次1電子還元が起こる．また，ITO膜上に金ナノ微粒子をスパッタし，その上に錯体をスピンコートしたデバイスでは，ON/OFF動作の著しい向上が見られた（図12-7）．

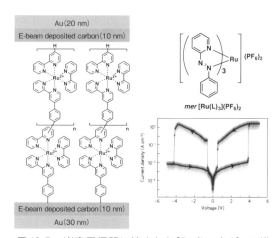

図12-7 炭素電極間に挟まれた[Ru(bpy)$_3$P]$_n$の推定構造(左)，およびメムリスター機能を示すRu錯体の構造(右上)とそのI-V曲線[39, 40]

電位を変えたときに起こる電極上での変化を，ラマンスペクトルから追跡し，抵抗のON/OFFスイッチングは，錯体上の配位子Lの段階的な還元によること，またそれに伴うカウンターイオンの変位が伝導に大きく関与していることを明らかにした．錯体分子を基板上にスピンコートするだけで，安定なメムリスターを作製できる点で，非常に興味深い[40]．

筆者らは，両端にホスホン酸基をもつプロトン共役電子移動（PCET）を示す二つの錯体，RuNH-OHとRuCH-OH（構造は図12-4左側参照）をITO上に積層した積層膜で，プロトン伝導を示すポリビニルピリジン（P4VP）（pK_a = 4.4〜5.2）を挟んだデバイス ITO|(RuNH-OH)$_3$/(P4VP)/(RuCH-OH)$_3$|ITOを作製した．そのI-V曲線は"8"字型のヒステリシスを示し，メムリスターとして動作することがわかった（図12-8）．二つの錯体は，室温大気中でRuCH-OHはRu(III)状態を，RuNH-OHはRu(II)状態をとる．また，pK_a値は配位環境の違いにより，RuNH-OHは，Ru(II)で4.1〜8.8，Ru(III)では<3.8，一方のRuCH-OHは，Ru(II)では>8.4，Ru(III)で5.2〜9.8となり，初めは三層ともにほぼ同じpKaで，勾配はないので伝導性のよくないOFF状態である．しかし電位走査により二端子間でRu(II)/Ru(III)のレドックスが起こると，P4VPを隔てた二つのヘテロ界面で大きなpK_a勾配が生じ，

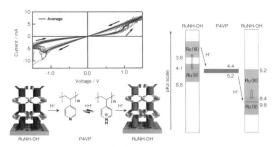

図12-8 二端子デバイス ITO|(RuNH-OH)$_3$/(P4VP)/(RuCH-OH)$_3$|ITO の I-V 特性と界面での pK$_a$ 勾配によるプロトン伝導によるメムリスターの概念図[41]

P4VP内のプロトン伝導を誘起して，ON状態となり，メムリスター機能が発現したものと考えている[41]．樋口らも，Co錯体ポリマーが還元により伝導度が大きく変わるメムリスターとなる系を報告している[42]．最近，電極で挟んだMOFでもメムリスター挙動が報告された[43]．MOFには空孔があることから，環境センサーなどへの応用に興味がもたれる．このように，金属錯体をベースとする積層構造体は，ナノからバルクとスケールにとらわれることなく素子機能を生み出す材料として適しており，さまざまな分野への応用が広がっていくことが期待される．

7 まとめと今後の展望

金属錯体を構成ユニットとする分子ワイヤ，積層膜，MOF，配位ネットワーク構造体は，配位子と金属イオンの組み合わせにより，機能付与や物性のチューニングが可能であり，シリコンやITOなど，デバイス応用に適した基板上に修飾固定できる[44]．分子の電極との接合によるエネルギー状態の変化や，電子移動に加えて，イオン・プロトン移動や分子の取り込みも可能であることから，環境センサーデバイスとしても重要である．IoTやAI社会をサポートする分子デバイスが分子アーキテクトニクスの目指すところであり，そのためには人間の五感(触覚，味覚，視覚，聴覚，触覚)や脳の記憶などを深く掘り下げて学びながら，これまでとは違った観点からの周辺の科学との融合，たとえばニューロン科学，脳科学，ビッグデータ科学，が分子デバイスを新た

な次元に引き上げてくれると考えている．その点からも，ボトムアップアプローチにより，金属を含む錯体分子を基本としたナノサイズのデバイス構築は，今後も分子アーキテクトニクスの構成要素として重要であり，さらなる発展が期待できる．

◆ 文 献 ◆

[1] Y. Wada, M. Tsukada, M. Fujihira, K. Matsushige, T. Ogawa, M. Haga, S. Tanaka, *Jpn. J. Appl. Phys.*, **39**, 3835 (2000).

[2] F. Schwart, G. Kastlunger, F. Lissel, H. Riel, K. Venkatesan, H. Berke, R. Stadler, E. Lortscher, *Nano Lett.*, **14**, 5832 (2014).

[3] M. A. Reed, C. Zhou, C. J. Muller, T. P. Burgin, J. M. Tour, *Science*, **278**, 252 (1997).

[4] D. C. Milan, A. Vezzoli, I. J. Planje, P. J. Low, *Dalton Trans.*, **47**, 14125 (2018).

[5] Y. Tanaka, Y. Kato, T. Tada, S. Fujii, M. Kiguchi, M. Akita, *J. Amer. Chem. Soc.*, **140**, 10080 (2018).

[6] S. P. Cummings, J. Savchenko, T. Ren, *Coord. Chem. Rev.*, **255**, 1587 (2011).

[7] F. Meng, Y.-M. Hervault, Q. Shao, B. Hu, L. Norel, S. Rigaut, X. Chen, *Nature Commun.*, **5**, 3023 (2014).

[8] I.-W. P. Chen, M.-D. Fu, W.-H. Tseng, J.-Y. Yu, S.-H. Wu, C.-J. Ku, C.-h. Chen, S.-M. Peng, *Angew. Chem. Int. Ed.*, **45**, 5814 (2006).

[9] T. C. Ting, L. Y. Hsu, M. J. Huang, E.-C. Horng, H.-C. Lu, C.-H. Hsu, C.-H. Jiang, B.-Y. Jin, S.-M. Peng, C.-H. Chen, *Angew. Chem. Int. Ed.*, **54**, 15734 (2015).

[10] M. Haga, K. Kobayashi, K. Terada, *Coord. Chem. Rev.*, **251**, 2688 (2007).

[11] J. Liu, C. Woll, *Chem. Soc. Rev.*, **46**, 5681 (2017).

[12] I. Stassen, N. Burtch, A. Talin, P. Falcaro, M. Allendorf, R. Ameloot, *Chem. Soc. Rev.*, **46**, 3185 (2017).

[13] J. R. Long, O. M. Yaghi, *Chem. Soc. Rev.*, **38**, 1213 (2009).

[14] X. Feng, X. Ding, D. Jiang, *Chem. Soc. Rev.*, **41**, 6010 (2012).

[15] R. Sakamoto, K. Takada, X. Suna, T. Pal, T. Tsukamoto, E. J. H. Phua, A. Rapakousioua, K. Hoshiko, H. Nishihara, *Coord. Chem. Rev.*, **320-321**, 118-128 (2016).

[16] R. M. Metzger, *Nanoscale*, **10**, 10316 (2018).

[17] H. Jeong, D. Kim, D. Xiang, T. Lee, *ACS Nano*, **11**, 6511 (2017).

[18] A. Vilan, D. Aswal, D. Cahen, *Chem. Rev.*, **117**, 4248 (2017).

[19] G. Cao, H.-G. Hong, T. E. Mallouk, *Acc. Chem. Res.*, **25**, 420 (1992).

[20] J. Choudhury, R. Kaminker, L. Motiei, G. de Ruiter, M. Morozov, F. Lupo, A. Gulino, M. E. van der Boom, *J. Amer. Chem. Soc.*, **132**, 9295 (2010).

[21] H. Maeda, R. Sakamoto, H. Nishihara, *Polymer*, **54**, 4383 (2013).

[22] Y. Nishimori, K. Kanaizuka, M. Murata, H. Nishihara, *Chem. Asian J.*, **2**, 367 (2007).

[23] R. Sakamoto, S. Katagiri, H. Maeda, Y. Nishimori, S. Miyashita, H. Nishihara, *J. Amer. Chem. Soc.*, **137**, 734 (2015).

[24] R. Balgley, G. de Ruiter, G. Evmenenko, T. Bendikov, M. Lahav, M. E. van der Boom, *J. Amer. Chem. Soc.*, **138**, 16398 (2016).

[25] P. C. Mondal, V. Singh, M. Zharnikov, *Acc. Chem. Res.*, **50**, 2128 (2017).

[26] H. B. Akkerman, P. W. M. Blom, D. M. de Leeuw, B. de Boer, *Nature*, **441**, 69 (2006).

[27] R. C. Chiechi, E. A. Weiss, M. D. Dickey, G. M. Whitesides, *Angew. Chem. Int. Ed.*, **47**, 142 (2008).

[28] C. A. Nijhuis, W. F. Reus, G. M. Whitesides, *J. Amer. Chem. Soc.*, **132**, 18386 (2010).

[29] X. Chen, M. Roemer, L. Yuan, W. Du, D. Thompson, E. del Barco, C. A. Nijhuis, *Nat. Nanotechnol.*, **12**, 797 (2017).

[30] K. Kanaizuka, S. Sasaki, T. Nakabayashi, H. Masunaga, H. Ogawa, T. Hikima, M. Takata, M. Haga, *Langmuir*, **31**, 10327 (2015).

[31] H. Atesci, V. Kaliginedi, J. A. C. Gil, H. Ozawa, J. M. Thijssen, P. Broekmann, M. Haga, S. J. Molen, *Nat. Nanotechnol.*, **13**, 117 (2018).

[32] 金井塚勝彦, 芳賀正明, 『超分子金属錯体』, 藤田誠, 塩谷光彦 編, 三共出版, (2009), 4章4-1.

[33] N. Tuccitto, V. Ferri, M. Cavazzini, S. Quici, G. Zhavnerko, A. Licciardello, M. A. Rampi, *Nat. Mater.*, **8**, 41 (2009).

[34] Z. Karipidou, B. Branchi, M. Sarpasan, N. Knorr, V. Rodin, P. Friederich, T. Neumann, V. Meded, S. Rosselli, G. Nelles, W. Wenzel, M. A. Rampi, F. von Wrochem, *Adv Mater*, **28**, 3473 (2016).

[35] K. Terada, K. Nakamura, K. Kanaizuka, M. Haga, Y. Asai, T. Ishida, *ACS Nano*, **6**, 1988 (2012).

[36] T. Nagashima, T. Suzuki, H. Ozawa, T. Nakabayashi, M. Oyama, T. Ishida, M. Haga, *Electrochim. Acta*, **204**, 235 (2016).

[37] T. Nagashima, H. Ozawa, T. Suzuki, T. Nakabayashi, K. Kanaizuka, M. Haga, *Chem. Eur. J.*, **22**, 1658 (2016).

[38] G. de Ruiter, M. Lahav, M. E. van der Boom, *Acc. Chem. Res.*, **47**, 3407 (2014).

[39] U. M. Tefashe, Q. V. Nguyen, F. Lafolet, J.-C. Lacroix, R. L. McCreery, *J. Amer. Chem .Soc.*, **139**, 7436 (2017).

[40] S. Goswami, A. J. Matula, S. P. Rath, S. Hedström, S. Saha, M. Annamalai, D. Sengupta, A. Patra, S. Ghosh, H. Jani, S. Sarkar, M. R. Motapothula, C. A. Nijhuis, J. Martin, S. Goswami, V. S. Batista, T. Venkatesan, *Nat. Mater.*, **16**, 1216 (2017).

[41] Y. Hiruma, K. H. Yoshikawa, M. Haga, *Faraday Discussions*, DOI: 10.1039/C8FD00098K., in press (2018).

[42] A. Bandyopadhyay, S. Sahu, M. Higuchi, *J. Amer. Chem. Soc.*, **133**, 1168 (2011).

[43] S. M. Yoon, S. C. Warren, B. A. Grzybowski, *Angew. Chem. Int. Ed.*, **53**, 4437 (2014).

[44] B. Fabre, *Chem. Rev.*, **116**, 4808 (2016).

Chap 13

単分子トランジスタ
Single Molecular Transistor

真島　豊
(東京工業大学科学技術創成研究院)

Overview

トランジスタの小型化はたゆまぬ開発が続けられている．2018年9月に発売されたiPhoneのチップは，7 nmの最先端製造プロセスを用いて製造されており，69億個ものシリコンを用いたトランジスタが，一つのチップの中で動作している．トランジスタは，半導体を二つの電極間に挟み，第3の電極からの信号により，二つの電極間を流れる電流を変調して，信号を増幅，あるいはOn/Offスイッチ動作をさせる3端子素子である．

単分子トランジスタは，一つの分子を半導体として用いたトランジスタである．分子は構造を設計し，有機合成化学の手法を用いて一意的な構造を有する化合物を合成できる．分子には，最高被占軌道(HOMO)，最低空軌道(LUMO)などの分子軌道があり，それぞれの軌道が固有のエネルギー準位をもつ．これらの分子軌道のうち，HOMOは価電子帯，LUMOは伝導帯に相当する．単分子トランジスタの常温動作が実現されると，数 nmスケールの微小なトランジスタとして大きな意味をもつ．しかしながら，単分子トランジスタは，半導体として機能する分子サイズの小ささゆえに，現状では作製がきわめて難しく，室温で再現性をもって安定に動作させることができていない．

本章では，単分子トランジスタの現状と課題，さらには期待される展望について記す．

■ **KEYWORD** 📖マークは用語解説参照

- ■単分子トランジスタ(single molecular transistor)
- ■ナノギャップ電極(nanogap electrodes)
- ■ブレーク・ジャンクション(break junction：BJ)📖
- ■電子線リソグラフィー(electron-beam lithography：EBL)
- ■自己組織化(self-assembly)
- ■無電解金めっき(electroless Au plating：ELGP)
- ■単電子トランジスタ(single-electron transistor)
- ■ダイレクトトンネル(direct tunneling)
- ■ファーラーノードハイムトンネル(Fowler Nordheim tunneling)
- ■共鳴トンネル(resonant tunneling)

はじめに

単分子トランジスタは，数 nm スケールのきわめて小さいトランジスタとなるため，その実現に向けた取り組みが長らく続けられており，低温ではいくつかの単分子トランジスタ動作が報告されている[1〜4]．しかしながら，常温動作がこれまでに達成できていない理由は，作製方法が確立されていないことによる．トランジスタには，おもにバイポーラトランジスタと電界効果型トランジスタ(field-effect transistor：FET)がある．数 nm の半導体としての分子サイズに対して三つの電極を接合するバイポーラトランジスタ構造の作製は，二つの電極間に半導体としての分子を導入し，ゲート電圧によりソース－ドレイン電流を変調する FET 構造の作製と比較すると，さらに困難である．そのため，これまでに報告されている単分子トランジスタは，すべてゲート電極を有する FET である．単分子トランジスタの常温動作を実現するためには，(1)数 nm の分子に対してゲート変調可能な FET 構造の作製手法の確立と，(2)常温で動作が可能となるトランジスタ動作メカニズムの採用が必要となる．本章では，単分子トランジスタの作製手法の確立に向けた取り組みと，単分子トランジスタの動作メカニズムについて紹介し，単分子トランジスタの今後の展望について触れる．

1 単分子トランジスタの作製手法の確立に向けた取り組み

単分子トランジスタの構造は，半導体としての分子，ソース／ドレイン電極対，ゲート電極の三つの電極，およびゲート絶縁体の五つの構成要素からなる．したがって，2電極系である走査型トンネル顕微鏡(STM)を用いた方法では，トランジスタ動作を確認することができない．

単分子トランジスタを室温で安定に動作させるためには，次の五つの条件すべてが満たされる必要がある．(1)分子の大きさは，一般に数 nm であるため，ソース－ドレイン電極間のギャップ(隙間)長は，分子と同じ大きさである数 nm に精密に制御できること．(2)分子伝導のゲート変調を実現するために，十分なゲート静電容量を確保できるように，分子に対して空間が開いたソース／ドレイン電極と，ゲート絶縁体を挟んで分子の大きさと比較しうる距離に，ゲート電極を配置すること．(3)分子がソース／ドレイン電極間で，化学吸着し，電極間を架橋していること．(4)可動部のない固体基板上デバイスであり，室温で電極を含むデバイス構造の形状が安定であること．(5)室温動作を可能とする動作メカニズムであること．これらの必要条件をすべて満たしたときに，単分子トランジスタの室温安定動作が初めて実現すると考えられる．しかしながら，現時点でこれまでに報告された単分子トランジスタは，低温における動作がほとんどであり，室温での安定なトランジスタ動作が報告された例は，筆者の知る限りない．

単分子トランジスタでは，ソース／ドレイン電極対間にナノギャップを用意する必要がある．このナノギャップ電極のギャップ部は，分子長と等しいギャップ長が必要である．一方，ソース／ドレイン電極対，ゲート電極は，それぞれマクロスケールの電極パッドを用意し，プローバーとよばれる導電性の針を三次元に移動させることができる装置などを用いて，電極パッドと電気的に接続する．たとえば，筆者らのナノギャップ電極の電極パッドの大きさは，1辺が150 μm であり，ソース／ドレイン電極間のギャップ長は，3 nm に制御可能である(図13-1)[15〜17]．この電極パッドを東京ドームに喩えると，ギャップ長は5桁小さく，米粒よりも小さい．単分子トランジスタを実現するためには，このように，5桁異なる電極パッドと狭窄したナノギャップ部を，導電性のワイヤで接続した構造を作製する必要がある．この電極パッド付きナノギャップ電極を，一つのプロセスのみで作製することを可能とする手法は今のところない．

分子サイズと同じサイズで，たとえば，3 nm のギャップ長を有する電極パッド付きナノギャップ電極の作製の第1段階では，あらかじめ決められた構造を形成するトップダウン手法を用いる．3 nm のギャップを一度に作製することはできないので，第1段階でワイヤ状構造を作製し切断する方法と，あらかじめ大きいギャップ長を有するナノギャップ電

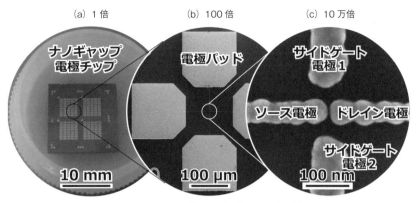

図13-1 ナノギャップ電極チップの例
(a)シリコン／SiO₂基板上に作製したナノギャップチップ写真．このチップには，320個のナノギャップ電極が形成されている．(b)電極パッドのSEM像．電極パッドは，ナノギャップ電極，ゲート電極とつながっている．(c)電子線リソグラフィー(EBL)でソース電極／ドレイン電極と二つのサイドゲートを作製し，電極表面に無電解金めっきを行い，ギャップ長3 nmのナノギャップ電極を得ている．パッドはチップの100分の1，ナノギャップのSEM像はチップの10万分の1．

極を用意し，ギャップ間を狭くする方法の二つの方法が試みられている[5,6]．

第1段階では，トップダウン手法として，マスク蒸着法，マスクアライナーを用いてレジストをコンタクト露光する光リソグラフィー法，電子線でレジストを露光する電子線リソグラフィー法[7]などを用いて，電極パッドとナノギャップ部となる部分が電気的に接続した構造を作製する．

ワイヤ状構造を第1段階で作製し，切断してナノギャップ電極を作製するトップダウン手法としては，エレクトロマイグレーション法[8]，mechanically controllable break junction(MCBJ)法[9]，集束イオンビーム(FIB)法[10]などがある．エレクトロマイグレーション法は，狭窄した電極構造に大電流を流すことにより，電子運動により電極原子を動かして断線させる手法である[8]．当初はギャップ長の制御性に問題があったが，最近ではフィードバック制御を導入して，断線する際の電流値の変化をコントロールすることにより，ナノギャップ電極を再現性よく作製することができるようになっている[11]．MCBJ法は，基板を歪ませて断線させる方法である．歪ませた際に形成されるギャップ構造を保つことが難しいため，トランジスタの安定動作を実現することが困難である．FIB法は，集束したイオンビームを狭窄した電極構造に照射し，切断加工する[10]．

あらかじめ大きいギャップ長を有するナノギャップ電極を用意して，ギャップ間を狭くする方法としては，トップダウン手法として斜め蒸着法がある．他方，原子間力，分子間力などを使って自然に所定の構造を形成するボトムアップ手法としては，電解めっき法，無電解めっき法などがある．斜め蒸着法は，片方の電極を厚めに作製し，基板を蒸着源に対して傾けて蒸着することにより，先に形成した電極の影を用いてナノギャップをつくる[12]．電解めっき法は，ポテンショスタットを用いて，ギャップ部を含む電極を作用電極と接続し，電極表面を通電により金属イオンを還元することで金属を析出させて，ギャップ間隔を狭くする[13]．作用電極としてのソース／ドレイン電極間に微弱な電位差を与え，ギャップ間を流れるトンネル電流を計測しながら電解めっきを行うことにより，トンネル電流が流れた際に電解めっきを停止する方法が報告されている[14]．無電解めっき法は，通電により還元する電解めっきとは異なり，金属イオンと還元剤の化学反応により，金属を電極表面に析出させてギャップ間隔を狭くする[15]．筆者らは，無電解めっきプロセスを精密に制御して，ギャップ間隔が3 nmとなると，金属イオンの拡散律速のためにギャップ間隔がそれ以上狭く

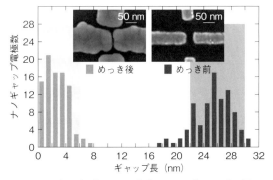

図13-2 無電解金めっき前後のナノギャップ電極のギャップ長のヒストグラム
無電解金めっきの自己停止機能により，ショートすることなく，収率90％で，めっき後の平均ギャップ長は3 nmに制御できる．

ならない．無電解めっきの自己停止機能を用いて，ギャップ間隔が3 nmで揃い，短絡しないナノギャップ電極を，一度に大量に作製する手法を確立している（図13-2）[16, 17]．

これらのナノギャップ作製手法は，ギャップ部を一つずつ個別に作製する手法（エレクトロマイグレーション法，メカニカルブレーク・ジャンクション法，FIB法，電解めっき法）と，同時に多数のナノギャップ電極を作製することが可能な手法（斜め蒸着法，無電解めっき法）の二つに分類できる．

ギャップ部の電極幅は，一つの分子のみを導入することを考えると，分子サイズと比較しうる幅であることが望ましい．それぞれの手法のギャップ部の狭窄した最小の電極線幅は，マスク蒸着法では10 μm程度，光リソグラフィー法では1 μm程度，電子線リソグラフィー法では20 nm程度となる．これらの線幅から，電子線リソグラフィーは，電極線幅を最も狭くできるが，一般的な分子サイズより電極線幅は広い．現状で，分子サイズと同じ数nmの電極線幅を有するナノギャップ電極を作製するのは難しい．

単分子トランジスタでは，ギャップ部を構成するソース／ドレイン電極に加えて，ゲート電極を，ゲート絶縁体を隔てて分子と対向するように配置する必要がある．有効なゲート変調を得るためには，電極間の分子とゲート電極間の静電容量である

ゲート容量を大きくする必要がある．ギャップ部の電極幅が分子長よりも広い場合，サイドゲート構造とすると，ゲート電極からの電束が，ソース／ドレイン電極に収束してしまい，ゲート容量が小さくなるため適さない．したがって，現状ではゲート電極は，ナノギャップ電極の下部または上部に配置することになる．

筆者らは，アルカンチオール保護金ナノ粒子一つを，無電解金めっきナノギャップ電極間に，アルカンジチオールを介して化学吸着させ，酸化アルミニウムや窒化ケイ素でパッシベート（表面保護）し，その上に上部電極を電子線リソグラフィーの重ね露光プロセスで作製した単電子トランジスタを作製した[18]．そして，二つのサイドゲート電極とトップゲート電極からなる，3入力単電子トランジスタのロジック動作をこれまでに報告している（図13-3）[19]．この単電子トランジスタでは，アルカンジチオールがトンネル障壁として機能しており，パッシベーション後にトンネル抵抗が変化していない．この結果は，単分子トランジスタが動作し始めた際には，パッシベーションを行っても，分子構造を含むデバイス構造を保つことが可能であることを示唆している．

単分子トランジスタに用いる分子は，π共役基と，分子を電極に化学吸着させるためのアンカー基を有する構造をとることが多い．π共役基は，多彩な分子軌道により機能を付与し，分子のエネルギー準位を設計することができる．アンカー基を介した電極への化学吸着方法としては，アンカー基としてチオール基，電極材料として金を用いた金－硫黄（Au-S）結合が最も多く用いられている．アンカー基と電極材料の組み合わせは，多様な選択肢があり，これらの組み合わせにより，電極とπ共役基との間の相互作用を制御できるようになるため，分子トランジスタを実現するうえで，大変重要である．

単分子トランジスタを再現性よく，安定に動作させるには，分子は電極に化学吸着していることが好ましい．両末端に二つのアンカー基を導入した分子の場合，ナノギャップ電極間への導入形態は，(1) アンカー基を介してナノギャップ電極間を二つの化

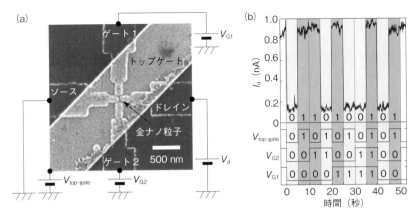

図13-3　3入力金ナノ粒子単電子トランジスタ
(a)有機／無機ハイブリッドパッシベーション層上にトップゲート電極を作製した3入力金ナノ粒子単電子トランジスタのSEM像．(b)3入力単電子トランジスタの排他的論理和(XOR)回路動作．

学吸着で分子橋架け構造をとるもの，(2)片側がアンカー基で電極に化学吸着し，もう一方の電極には物理吸着しているもの，(3)ナノギャップ電極間に両サイド共物理吸着しているものに分類される．

2 単分子トランジスタの動作メカニズム

これまでに報告されている単分子トランジスタの動作メカニズムは，ダイレクトトンネル伝導からFowler Nordheimトンネル伝導への変化のゲート変調[3]と，クーロン・ブロッケード(Coulomb blockade：CB)現象のゲート変調を用いる単電子トランジスタ[2,3]がおもなものである．

ダイレクトトンネル伝導からFowler Nordheimトンネル伝導への変化は，アルカンジチオールなどのπ共役基をもたない分子において，分子がトンネル障壁として働いている系において観察される．両トンネル伝導とも，エネルギーの授受や減衰なくトンネルするため，分子は帯電，すなわちラジカルカチオンやラジカルアニオンになることはない．ダイレクトトンネル過程は，文字どおりトンネル障壁としての分子全体を直接トンネルする．一方，分子間に加わる電圧であるドレイン電圧を増大させて分子にかかる電界強度を高くすると，分子のトンネルバリアを形成している分子軌道に対応するエネルギー準位が大きく傾斜し，電極のフェルミ準位と一致すると，トンネル距離が電極間隔から，電極からフェ

ルミ準位が一致した場所までの距離に短くなり，トンネル電流が増加する．このトンネル電流が増加する現象が，Fowler Nordheimトンネル過程である．このダイレクトトンネル伝導からFowler Nordheimトンネル伝導へ変化する電圧が，ゲート電圧により変化する現象は，単分子トランジスタ動作を示唆している[3]．

単電子トランジスタは，二重トンネル接合とよばれる，孤立した微小な電荷を担うことができる島の両側に，トンネル接合が存在する系に相当する．この孤立した島は，クーロン島とよばれる．クーロン島の二つの電極に対する自己静電容量をCとし，クーロン島へ電子が一つトンネルして帯電する際のエネルギー変化は，$e^2/2C$となる．このエネルギーは単電子のトンネリングに必要なエネルギーで，帯電エネルギーE_cとよばれる．E_c分のエネルギーをドレイン電圧Vにより電子に供給すれば，電子はトンネリングできるが($eV > E_c$, eは素電荷)，ドレイン電圧が小さければトンネリングできず($eV < E_c$)，電流が流れないドレイン電圧領域が観察できる〔図13-4(b)の$V_{g1} = V_{off}$〕．このように，トンネリングが禁止される現象をクーロン・ブロッケード現象といい，単電子トランジスタはこのクーロン・ブロッケード現象をゲート電極でコントロールするデバイスである[20]．単電子トランジスタでは，ゲート電極とクーロン島は静電結合しており，クーロン

| Part II | 研究最前線

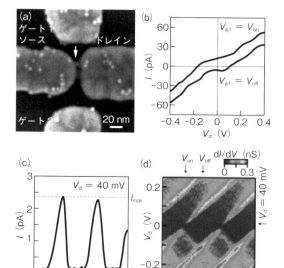

図 13-4 単電子トランジスタの動作例[カラー口絵参照]
(a)金ナノ粒子を無電解金めっきナノギャップ電極間に一つ化学吸着した単電子トランジスタの SEM 像.(b)Off 状態と On 状態の電流－ドレイン電圧特性.Off 状態では，クーロン・ブロッケード現象により電流が流れない電圧領域がある.(c)電流－ゲート電圧特性.電流が周期的に On/Off するクーロン・オシレーションが観察されている.(d)電流のドレイン電圧／ゲート電圧の二次元マッピング(スタビリティ・ダイアグラム).クーロン・ブロッケード現象により，周期的な平行四辺形の中では電流が流れないクーロン・ダイヤモンド特性が観察されている.

島に誘起する電荷量を，ゲート電圧で変調する.クーロン島の電子数は量子化して，n 個(整数)となるが，電子数を$(n + 1/2)$個となるようなゲート電圧を加えると，n 個と $n + 1$ 個の状態を行き来して，クーロン島に電子が逐次転送され電流が流れる〔図 13-4(b)の $V_g = V_{on}$〕.このように，クーロン島の電子数が整数の際には，クーロン・ブロッケード現象が観察され，整数 + 1/2 個の際には電流が流れるため，クーロン・オシレーションとよばれる周期的な電流の On/Off が，電流—ゲート電圧特性において観察される〔図 13-4(c)〕.これらの特性を合わせると，クーロン・ダイヤモンドとよばれるゲート電圧方向に周期的な平行四辺形の内側で，クーロン・ブロッケード現象のために，電流が流れない単電子トランジスタ特性が得られる〔図 13-4(d)〕.
一つの分子をクーロン島とした単電子トランジス

タ動作は，これまでにいくつも低温で報告されている.分子に一つ電子を加えた状態は，ラジカルアニオンに，一つ電子を取り除いた状態は，ラジカルカチオンにそれぞれ相当する.単電子トランジスタの動作時には，電子が逐次転送されるため，分子は中性状態と酸化状態(あるいは還元状態)の間を行き来することになる.したがって，分子を用いた単電子トランジスタでは，分子が酸化還元に対して強い骨格を有する必要がある.分子の HOMO-LUMO ギャップや，分子由来の振動モードは，単電子トランジスタのクーロン・ダイヤモンド特性において，クーロン・ブロッケードが観察される電圧領域の拡大と，サテライトラインとよばれる平行四辺形の辺と平行なコンダクタンスピークとして観察できる[1,2].

クーロン・ブロッケード現象を観察するには，帯電エネルギーは熱エネルギーよりも十分に大きくなくてはならない($E_c \gg k_B T$，ただし，k_B：ボルツマン定数，T：温度).帯電エネルギーは自己キャパシタンスの逆数に比例するため，室温で単電子トランジスタを動作させるためには，クーロン島のサイズは 2 nm 程度の大きさに縮小する必要がある[21].このようなサイズの分子をナノギャップ間に化学吸着した，単分子単電子トランジスタの室温動作は，まだ実現していない.これを実現するためには，室温で安定なナノギャップ電極構造と，2 nm サイズの分子に対して，ゲート変調を可能とする電極形状が，分子の設計・合成とともに必要となる.

単分子トランジスタの動作が可能と思われる伝導機構として，共鳴トンネル現象を挙げることができる[22,23].炭素架橋分子ワイヤを無電解金めっきナノギャップ電極に化学吸着したデバイスにおいて，共鳴トンネル現象に起因した四つの微分コンダクタンスピークが観察されている(図 13-5).この四つのコンダクタンスピークは，それぞれ HOMO-1，HOMO，LUMO，LUMO + 1 の分子軌道に対応しており，それぞれのピークにおいて共鳴トンネル現象が起きていることを示唆している[23].この共鳴トンネル現象をゲート変調することが可能となると，分子共鳴トンネルトランジスタという新しいトランジスタが実現する.

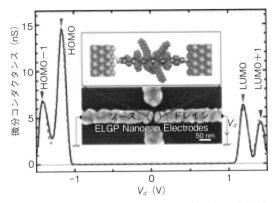

図 13-5 炭素架橋分子ワイヤ素子の共鳴トンネル現象[23]

四つの微分コンダクタンスピークは,HOMO-1,HOMO,LUMO,LUMO+1 軌道を介した共鳴トンネル現象を反映している.共鳴トンネル現象は,分子の長さ 0.45 nm で観察されており,通常のダイレクトトンネル距離よりもかなり長い距離をトンネルすることができる.

3 まとめと今後の展望

単分子トランジスタに関するこれまでの取り組みとして,ナノギャップ電極作製手法と単分子トランジスタの動作メカニズムを紹介した.単分子トランジスタを実現するためには,熱的に安定なナノギャップ電極構造,ギャップ長制御,ゲート変調を可能とする電極構造を満たすナノギャップ電極の作製手法の確立が必要となる.単分子トランジスタの動作機構としては,トンネル機構の変化,単電子トランジスタなどがあるが,現時点では室温トランジスタ動作が得られていない.共鳴トンネルトランジスタなどの,これまでの動作機構とは異なるトランジスタの実現が,今後大いに期待される.

◆ 文 献 ◆

[1] H. Park, J. Park, A. K. L. Lim, E. H. Anderson, A. P. Alivisatos, P. L. McEuen, *Nature*, **407**, 57 (2000).

[2] S. Kubatkin, A. Danilov, M. Hjort, J. Cornil, J.-L. Brédas, N. Stuhr-Hansen, P. Hedegård, T. Bjørnholm, *Nature*, **425**, 698 (2003).

[3] H. Song, Y. Kim, Y. H. Jang, H. Jeong, M. A. Reed, M. A. R. Lee, *Nature*, **462**, 1039 (2009).

[4] L. Sun, Y. A. Diaz-Fernandez, T. A. Gschneidtner, F. Westerlund, S. Lara-Avila, K. Moth-Poulsen, *Chem. Soc. Rev.*, **43**, 7378 (2014).

[5] N. Agraït, A. L. Yeyati, J. M. van Ruitenbeek, *Phys. Rep.*, **377**, 81 (2003).

[6] T. Li, W. Hu, D. Zhu, *Adv. Mater.*, **22**, 286 (2010).

[7] A. Bezryadin, C. Dekker, *J. Vac. Sci. Technol. B*, **15**, 793 (1997).

[8] T. Taychatanapat, K. I. Bolotin, F. Kuemmeth, D. C. Ralph, *Nano Lett.*, **7**, 652 (2007).

[9] J. Moreland, J. W. Ekin, *J. Appl. Phys.*, **58**, 3888 (1985).

[10] G. C. Gazzadia, E. Angeli, P. Facci, *Appl. Phys. Lett.*, **89**, 173112 (2006).

[11] J. M. Campbell, R. G. Knobel, *Appl. Phys. Lett.*, **102**, 023105 (2013).

[12] Y. Otsuka, Y. Naitoh, T. Matsumoto, W. Mizutani, H. Tabata, T. Kawai, *Nanotechnology*, **15**, 1639 (2004).

[13] A. F. Morpurgo, C. M. Marcus, D. B. Robinson, *Appl. Phys. Lett.*, **74**, 2084 (1999).

[14] Y. Kashimura, H. Nakashima, K. Furukawa, K. Torimitsu, *Thin Solid Films*, **317**, 438 (2003).

[15] Y. Yasutake, K. Kono, M. Kanehara, T. Teranishi, M. R. Buitelaar, C. G. Smith, Y. Majima, *Appl. Phys. Lett.*, **91**, 203107 (2007).

[16] V. M. Serdio, Y. Azuma, S. Takeshita, T. Muraki, T. Teranishi, Y. Majima, *Nanoscale*, **4**, 7161 (2012).

[17] V. M. Serdio, T. Muraki, S. Takeshita, S. D. E. Hurtado, S. Kano, T. Teranishi, Y. Majima, *RSC Adv.*, **5**, 22160 (2015).

[18] Y. Azuma, Y. Yasutake, K. Kono, M. Kanehara, T. Teranishi, Y. Majima, *Jpn. J. Appl. Phys.*, **49**, 09026 (2010).

[19] Y. Majima, G. Hackenberger, Y. Azuma, S. Kano, K. Matsuzaki, T. Susaki, M. Sakamoto, T. Teranishi, *Sci. Technol. Adv. Mater.*, **18**, 374 (2017).

[20] H. Zhang, Y. Yasutake, Y. Shichibu, T. Teranishi, Y. Majima, *Phys. Rev. B*, **72**, 205441 (2005).

[21] S. Kano, D. Tanaka, M. Sakamoto, T. Teranishi, Y. Majima, *Nanotechnology*, **26**, 045702 (2015).

[22] Y. Majima, D. Ogawa, M. Iwamoto, Y. Azuma, E. Tsurumaki, A. Osuka, *J. Am. Chem. Soc.*, **135**, 14159 (2013).

[23] C. Ouyang, K. Hashimoto, H. Tsuji, E. Nakamura, Y. Majima, *ACS Omega*, **3**, 5125 (2018).

Chap 14

単一ナノ材料・1分子アーキテクトニクスの熱電応用
Thermoelectric Application of Molecules and Nanoscale Materials

柳田 剛　　筒井 真楠
（九州大学先導物質化学研究所）（大阪大学産業科学研究所）

Overview

1個のナノ材料や1分子の電子・熱輸送を測定し，その素子自体を熱電変換デバイスへと展開する研究が，微細加工技術の発展も相まって最近飛躍的な発展を遂げている．1個のナノ材料や1分子を熱電変換デバイスへと展開するためには，1個のナノ材料や分子から構成される素子の熱起電力と熱伝導率を計測する必要がある．近年の微細加工技術の進展と1分子測定技術の発展が，少数分子系の熱起電力や熱伝導率測定を可能にしている．ナノスケールにおける温度計測は，本質的に難しくて興味深い問題を含んでいるが，1個のナノ材料や1分子ならではの物性機能を活用した新しい熱電変換デバイスへの新しい展開が期待されている．本章では，1個のナノ材料や1分子から構成される素子の熱起電力や熱伝導率を測定し，それらを熱電変換デバイスへと展開しているいくつかの研究例について紹介する．

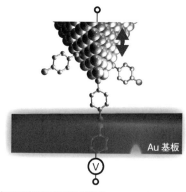

▲1分子の熱電計測の概略［カラー口絵・図14-3参照］
1分子ゼーベック係数は，フェルミ準位における電子透過率曲線の傾きで決まる．

■ **KEYWORD** 　マークは用語解説参照

- 熱起電力（thermopower）
- 熱伝導率（thermal conductivity）
- 単一ナノ構造素子（single nanostructure device）

はじめに

本章では，単一のナノ材料や1分子の熱起電力や熱伝導率を測定し，その1分子素子を熱電変換デバイスへと展開する研究について述べる．1個のナノ材料や1分子から構成される素子に関する研究では，電気伝導に関するものは歴史が古くて数多くの報告例があり，多種多様な分子に対する興味深い報告例がある．一方，1個のナノ材料や1分子の熱起電力や熱伝導率を測定する研究は，2007年のReddyらの研究グループの報告[1]が初めてであり，未だ発展途上の研究分野である．電気伝導の研究と比較して，ナノスケール領域における熱物性系の研究が立ち遅れているのは，微小な領域における厳密な温度計測が本質的に困難であることに起因している．本章では，1個のナノ材料や1分子から構成される素子の熱起電力や熱伝導率を測定し，それらを熱電変換デバイスへと展開しているいくつかの研究例について紹介する．

1 単一のナノ材料・1分子の熱起電力測定

1-1 1分子熱起電力測定の概要

図14-1に，1本のナノワイヤの熱起電力を測定する素子を示す．図からわかるように，基板面内に温度差を生じさせるためのヒーター，温度計測用の4端子抵抗素子（2個），熱起電力を計測するための電極対が基板内に集積化されている．本デバイス構造を用いることで，単一のナノワイヤ構造における温度差と熱起電力を測定することが可能になっている[2]．ゼーベック係数は，温度差と熱起電力から定義されているために，本デバイスによって算出された実験値から，1本のナノワイヤのゼーベック係数を推算することが可能である．ボロンを不純物ドーピングさせた単結晶シリコンナノワイヤにおいて，計測されたゼーベック係数の増強効果が見いだされた．キャリア輸送特性とゼーベック係数との相関性から，不純物ドーパントの空間不均一性がモジュレーションドーピング（不純物がチャネル外部に存在しているために，不純物散乱を低減した状態で電子輸送が可能になる）効果を発現しており，この結果，ゼーベック係数の増強効果が発現していることが見

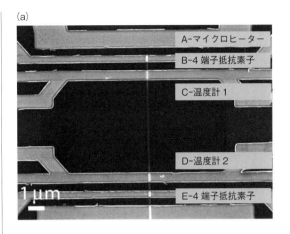

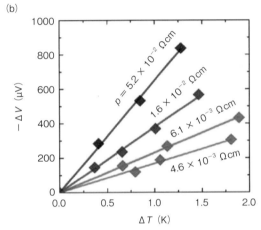

図14-1　1本のナノワイヤの熱起電力を測定するデバイスのSEM像(a)と測定された熱起電力と温度差の相関性に関するデータ(b)

いだされた．単一の単結晶ナノ構造素子では，バルク素子では顕在化する粒界の影響を無視できるために，より空間的に設計されたナノ構造物性が熱起電力物性として抽出することが容易になっている．

1-2 1分子ゼーベック係数の制御

2007年にReddyらの研究グループ[1]は，STMを用いて金電極間に挟まれた1分子の熱起電力を測定した結果を，世界で初めて報告した（図14-2）．測定に使用された分子は，1,4-benzenedithiol（BDT），4,4'-dibenzenedithiol，4,4"-tribenzenedithiolである．この手法では，測定対象分子の自己集積膜が塗布された金基板表面に対して，金探針の接触・非接触を機械的に繰り返し行い，その過程で形成される金－

| Part II | 研究最前線 |

図14-2　STMブレーク・ジャンクション法を応用した1分子熱電計測

単分子-金構造の電気特性が測定される．Reddyらの実験では，熱容量が大きいバルクな金基板を一定温度に昇温した状態で上記測定を実施することで，接合間に温度差が与えられた金-単分子-金構造を形成させ，そこに生じる熱起電力を観測することに成功した．彼らの実験結果では，金-BDT-金ジャンクションにおけるAuのフェルミ準位が，BDT分子のHOMO準位よりも1.2 eV上に位置しているにもかかわらず，計測されたゼーベック係数のレンジは8～14 μV/Kを示した．またその符号が正であったことから，BDT接合におけるHOMOを介したトンネル伝導が示唆された．これは，それまで理論的に推測されていた分子軌道に基づく単分子電気伝導機構を裏付ける結果となった(図14-3)．その後，SPMを応用した単分子熱起電力に関する研究は広く展開されるようになり，単分子接合特有の特性が数多く発見されてきた．ブレーク・ジャンクション法による1分子コンダクタンス測定法の生みの親であるアリゾナ州立大学のTaoは，温度差を与えた単分子素子のI-V特性測定を報告している．transition voltage spectroscopyによって接合電子状態を解析すると同時に，ゼロ電流下での熱起電圧値から，単分子接合においてはLandauer理論[3]が予測している通り，分子のフロンティア軌道エネルギー準位と電極のフェルミ準位のアライメントが1分子ゼーベック係数を決める重要因子であることを実証した．また，コロンビア大学のVenkataramanらのグループは，ハイコンダクタンスな分子接合に着目した研究を報告している[4]．熱電デバイスにとって重要となる，高電気伝導度かつ高熱電能な接合系の創出を目指した研究である．そこでは，末端にチオールなどのアンカー原子が付された分子を使って，金属原子と分子が化学的に接合される従来

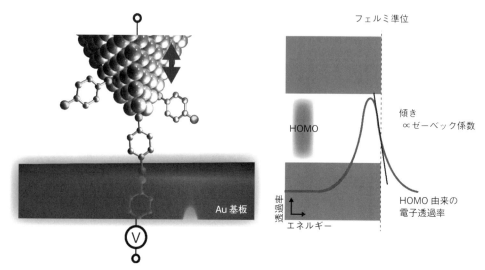

図14-3　1分子熱電計測[カラー口絵参照]
1分子ゼーベック係数は，フェルミ準位における電子透過率曲線の傾きで決まる．

の分子接合のコンセプトに代えて，*in situ* で金と分子内の C が共有結合を形成するような化学反応プロセスを介することで，きわめて電子透過率が高い単分子接合がつくられた．また，その電気伝導度とゼーベック係数を測定し，ゼーベック係数は分子の長さに対して非線形的に増加するのに対し，コンダクタンスは指数関数的に減少することを見いだした．この二つの特性間に見られた定性的な関係は，バルクの Mott 則に類似したものであり，単分子接合系においても，分子設計だけでは単純に熱電特性の向上を図ることが困難であることを示唆している※．

そのような背景から，単分子接合による高熱電性能の実証に向けて，分子設計以外のアプローチも試されてきている．その一つが，エネルギーアライメントを外場によって変調させる方法である．2014 年に Reddy らの研究グループは，基板上に形成されたナノスケールの金属電極間のギャップ構造を用いて単一分子素子を形成し，さらにゲート電圧を単一分子素子に印加できるデバイス構造を開発した[5]（図 14-4）．このデバイスを用いて，Au-biphenyl-4,4'-dithiol-Au と Au-fullerene-Au 構造を形成し，ゲート電圧の印加状態におけるゼーベック係数とコンダクタンスの測定を行っている．ゲート電圧印加により，測定されたゼーベック係数とコンダクタンスが変調されていることを見いだしており，ナノワイヤなどの一次元系での研究例[6]と同様

※ Mott 則では，バルク金属のような場合，電気伝導率を向上させるとゼーベック係数が低下することが示されている．分子接合でも，ゼーベック係数と電気伝導度は，熱電性能の観点から相反関係にあることが示唆されている．

のメカニズムで，ゲート電圧制御によるゼーベック係数の増強が可能であることが実証された．

一方，2013 年に Agrait らの研究グループ[7]は，金電極間に挟まれた Sc_3N 内包フラーレン分子の熱起電力の測定結果を報告した．彼らは，Au—金属内包フラーレン分子—Au 接合において，応力負荷時にその分子配向が変化することに伴い，ゼーベック係数の符号が反転する現象を発見した．この bi-thermoelectricity は，分子に意図的に負荷された圧縮応力によって，フラーレンに内包された Sc_3N の電極に対する配向が変化することによって起こる．つまり，単分子接合では，素子に与える応力を制御することによって，同一の分子から p-type と n-type の両方の特性を得ることも可能になる，というわけである．

また，近年では，接合界面に注目した研究例が増えている．1 個の分子が電極間に配線された単分子接合は，その電子状態が電極-分子間での界面の特性に大きく影響を受ける界面デバイスとしての側面を併せもっている．Lee らは，分子骨格ではなく電極材料を変えることで，BDT の 1 分子ゼーベック係数の符号を変えることが可能であることを報告している[8]．Au 電極では，Au の s 軌道が BDT の HOMO とカップリングするのに対し，Ni では d 軌道の寄与も加わる．さらに，Ni の磁性によるスピン分裂効果もあいまって，新しい混成軌道がフェルミレベル付近に生じた結果，Ni-BDT-Ni 接合では，負のゼーベック係数が観測された．

1-3　MCBJ を用いた 1 分子熱計測法

これまで述べた通り，単分子接合の熱電特性は，

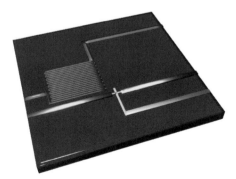

図 14-4　ゲート変調による 1 分子ゼーベック係数の制御（Reddy の結果）

分子骨格だけで決まるものではなく，とりわけトンネル領域にあるような短い鎖長の分子の場合には，むしろ分子と電極との接合状態によってきわめて敏感に変化する．この特徴は単分子接合ならではのものであり，デバイス応用においては，単分子熱電素子の性能ばらつきという課題になる．一方，逆にうまく利用すれば，熱電性能を向上させることも可能であると考えられる．この界面効果を調べるには，分子と電極との接点の構造を原子サイズよりも小さいスケールで変形させながら，その時の熱電特性の変化を精密に測定する技術が必要となる．そこで最近開発されたのがナノ加工機械的破断接合（mechanically controllable break junction：MCBJ）を用いた1分子熱電計測法である[9]．MCBJ技法は，弾性基板を機械的に湾曲させて基板上の金属細線を破断・再結合させるブレーク・ジャンクション法の一つである．その特徴は，微細加工技術を応用し金属細線の固定点間の距離を狭くつくることで，メカニカルループ（free-standingになっている構造体の長さのこと．プローブ顕微鏡の世界では，サンプルと探針間の経路の意味で使われる）を縮小させることが可能な点にあり，これにより機械的にきわめて安定な状態で1分子計測が実現できる（たとえば，一般的なSPMのメカニカルループはミリメートルスケールであるが，ナノ加工MCBJではマイクロメートル以下にまで小さくすることが可能である）．

ナノ加工MCBJを熱電計測に応用する目的で，Tsutsuiらはリソグラフィー技術を用いて微細構造を改良し[10]，接合付近にマイクロヒーターと熱電対を組み込んだデバイスを開発した．この素子では，マイクロヒーターを通電過熱した状態で，MCBJ技法の原理により接合の開閉を繰り返すことで，温度差が与えられた単分子接合が形成できる（図14-5）．さらに，その優れた機械的安定性によって，接合をサブピコメートル/秒というきわめて遅い変位速度で引っ張り変形させながら，計測が室温以上の高温条件下でも実施可能になる．この手法を用いて，BDT単分子接合の熱電特性における接合形状依存性が調べられた．引っ張り過程の初期段階では，金接合がまだ繋がった状態であり，その後，金接合が破断するまでの間，正の熱起電力が観測された[11]．金のゼーベック係数は正の値をもつことが知られていることから，この結果は，金接合のサイズが狭窄過程において小さくなると，量子効果に伴いゼーベック係数の符号が反転することを示唆している[12]．これは，安定性に優れた実験系を用いて初めて観測可能になった事例の一つといえる．一方，金接合の破断後に形成された単分子接合の熱起電力は，複雑な接合の引っ張り変形モードに対応する多様な変化を見せた．1分子熱電特性における接合構造敏感性の現れである．多数の単分子接合について統計平均を取ると，BDTの1分子ゼーベック係数として，

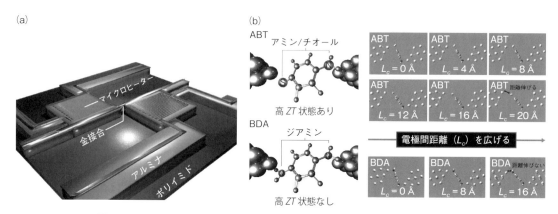

図14-5　マイクロヒーター組込み型ナノ加工MCBJ(a)，1分子ゼーベック係数における電極−分子界面構造の寄与(b)
　　　　Au-S結合距離の拡張によって1分子ゼーベック係数は向上する．

Reddyらの報告例に近い+19〜11 μV/Kが得られている．またその値は，単分子接合電気伝導度によらず，ほぼ一定値であった．Mott則とは異なるこの1分子特有の特性は，HOMO準位がフェルミ準位から比較的遠い位置(1 eV程度)にあるため，ゼーベック係数を決めるフェルミ準位付近での透過率曲線の曲率が，電極-分子間でのカップリング強度の違いに対してほとんど変化しない結果として，理論的に解釈できる．さらに，変形モードによっては電極-分子間のAu-S結合が解離する直前において，電気伝導度とゼーベック係数がともに顕著な増大傾向が観測された．チオール基をもたない分子では，この変形モードが観測されなかったことから[13]，この破断直前における現象は，機械的引っ張り過程でのAu-S結合距離の拡張に起因した，接合電子状態の変化によるものと考えられた．この時，BDTの1分子パワーファクターは，平均値と比べて1000倍以上に向上している．これらの結果により，1分子熱電素子における電極-分子界面構造設計の重要性が示された．

2 まとめと今後の展望

以上のように，単一のナノ材料や1分子の熱起電力や熱伝導率を精密に測定することが可能になり，集合体の物性とは異なる興味深い物性が見いだされつつある．電極との接合，精密に空間設計された有機分子を用いることで，新しい熱物性やデバイスの出現が期待される．1分子の電気伝導に関する研究分野に比べて歴史は浅いが，それだけに今後の飛躍が期待される研究分野である．超高効率な熱電変換デバイスなどは，本研究分野の最たる応用展開である．本研究分野には，大きな可能性を秘めた未開拓の課題が山積しており，今後の発展が期待される．これらの研究は本質的に学際的な領域であるために，エレクトロニクス，有機化学，物理化学，分析化学，材料化学などの異分野の若手研究者が，それぞれのアイディアを持ち寄ることでさらなる発展が期待される．

◆ 文 献 ◆

[1] P. Reddy, S. Jang, R. Segalman, A. Majumdar, *Science*, 315, 1568 (2007).

[2] F. W. Zhuge, T. Yanagida, N. Fukata, K. Uchida, M. Kanai, K. Nagashima, G. Meng, Y. He, S. Rahong, X. Li, T. Kawai, *J. Am. Chem. Soc.*, 136, 14100 (2014).

[3] M. Buttiker, Y. Imry, R. Landauer, S. Pinhas, *Phys. Rev. B*, 31, 6207 (1985).

[4] J. R. Widawsky, W. Chen, H. Vázquez, T. Kim, R. Breslow, M. S. Hybertsen, L. Venkataraman, *Nano Lett.*, 13, 2889 (2013).

[5] Y. Kim, W. Jeong, K. Kim, W. Lee, P. Reddy, *Nat. Nanotechnol.*, 9, 881 (2014).

[6] W. Liang, A. Hochbaum, M.Fardy, O. Rabin, M. Zhang, P. Yang, *Nano Lett.*, 9, 1689 (2009).

[7] L. Rincón-García, A. K. Ismael, C. Evangeli, I. Grace, G. Rubio-Bollinger, K. Porfyrakis, N. Agraït, C. J. Lambert, *Nat. Mater.*, 15, 289 (2016).

[8] S. K. Lee, T. Ohto, R. Yamada, H. Tada, *Nano Lett.*, 14, 5276 (2014).

[9] M. Tsutsui, K. Shoji, M. Taniguchi, T. Kawai, *Nano Lett.*, 8, 345 (2008).

[10] M. Tsutsui, T. Morikawa, Y. He, A. Arima, M. Taniguchi, *Sci. Rep.*, 5, 11519 (2015).

[11] M. Tsutsui, T. Morikawa, A. Arima, M. Taniguchi, *Sci. Rep.*, 3, 3326 (2013).

[12] C. Evangeli, M. Matt, L. Rincón-García, F. Pauly, P. Nielaba, G. Rubio-Bollinger, J. C. Cuevas, N. Agraït, *Nano Lett.*, 15, 1006 (2015).

[13] M. Tsutsui, K. Yokota, T. Morikawa, M. Taniguchi, *Sci. Rep.*, 7, 44276 (2017).

Chap 15

抵抗変化型メモリを用いた神経模倣

Mimicking Synaptic Functions Using Resistive Random Access Memories (ReRAMs)

長谷川 剛
（早稲田大学先進理工学部）

Overview

ディープラーニングによって鍛えられたコンピューターが，将棋や囲碁のプロ棋士に次々と勝利したことを発端に，人工知能の認知度は一気に高まった．現在では，人工知能がさまざまな電気製品に搭載されるようにもなっている．現時点では，それらのほとんどはソフトウェアによって実現されているが，これをハードウェアで置き換えることで，より人間の脳に近い情報処理を実現しようとする試みが始まっている．このために必要な「過去の入力履歴に依存した抵抗変化」を示す素子はメムリスターとよばれ，さまざまな物理化学現象を利用した素子が提案・研究されている．小さくて速い素子をひたすら開発していたこれまでと異なり，いかにユニークな動作を実現できるかが研究者に問われている．

▲金属原子架橋の生成と消滅を制御して動作する原子スイッチのアレー［カラー口絵参照］

■ **KEYWORD** 🔲マークは用語解説参照

- ■ディープラーニング(deep learning)
- ■メムリスター(memristor)
- ■抵抗変化型メモリ(resistive random access memory)
- ■短期記憶(short-term memory)
- ■長期記憶(long-term memory)
- ■シナプス結合強度(synaptic weight)
- ■綱引き動作(tug of war)

はじめに

人工知能の一種であるディープラーニングによって鍛えられたコンピューターが，将棋や囲碁のプロ棋士に次々と勝利したことで，遠い将来に実現されるであろうと思われていた人工知能は，一気に身近なものとなった．しかし，人工知能といっても，その学習のメカニズムはさまざまである．たとえばディープラーニングでは，情報を特徴ごとにパーツに分けて最初の層に入力し，次の層では，その組み合わせで新たなパーツを作製する．このようにして次々と新しい中間層を作製して，最終的に出力層に至る(図15-1)．目的の出力がでるように層間の各パーツを繋ぐ結合の重みを変えることが，ディープラーニングにおける学習である．

現在の人工知能の主流は，ソフトウェアによって学習を進めるものであり，ハードウェアは従来のノイマン型コンピューターが用いられている．このため，人間の脳を模倣した高度な情報処理が行われてはいるものの，そのための消費エネルギーは従来のコンピューターと基本的に同じである．

これに対して，人工知能の主要部分をハードウェアで実現することで，消費エネルギーを格段に引き下げるとともに，より人間に近い脳型情報処理を実現しようとする試みが世界各国で始まっている．これを可能にしたのが，抵抗変化素子を始めとする不揮発性メモリ素子である．

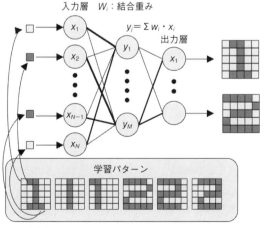

図15-1　ディープラーニングにおける学習

1 メムリスター

電流，電圧，電荷，磁束を結びつける2端子素子として，抵抗，コンデンサー，コイルが古くから知られていたが，1971年Leon Chuaは，その対称性から電荷と磁束を結びつける素子の存在を数学的に提唱し，メムリスターと名づけた[1]．そして，電気回路に組み込んだ場合の動作特性を理論的に解析し，「過去の入力履歴に依存した抵抗変化を示す」という特徴的な動作を予測した．2008年，ヒューレット・パッカード社の研究グループは，この特徴的な動作がイオン伝導体を用いて実現できることを報告した[2]．いまだ，電荷と磁束を結びつける本来の意味でのメムリスターは見つかっていないが，「過去の入力履歴に依存した抵抗変化」は，まさに人工知能をハードウェアで実現するために必要な機能であることから，現在の人工知能ブームとも相俟って，メムリスターの研究が盛んに行われている．メムリスターはメモリ＋レジスターの造語であり，現在では，アナログ的な抵抗変化を示す素子として広く認知されている．

1-1　メムリスターの動作

半導体トランジスタを始めとする従来の電子素子は，一定の入力電圧に対して必ず同じ電流値を出力する．すなわち，電圧値によって電流値は一意的に決まる．これに対してメムリスターでは，同じ電圧値を入力しても，毎回異なる電流値を出力する．たとえば，正の領域で電圧走査を行うたびに電流値が増大し，逆に負の領域で電圧走査を行えば，そのたびに電流値が減少していくといった具合である(図15-2)．電圧印加のたびに不純物イオンを活性電極から注入したり，活性電極に取り戻したりすることができる材料を用いれば，イオンが注入された領域のサイズは過去の電圧印加履歴によって決まるはずである(図15-3)．これがヒューレット・パッカード社の研究グループによるアイディアである．彼らはその後，酸化チタン中の酸素イオン制御による抵抗変化を実現し，イオン伝導体を用いたメムリスター動作を実証した[3]．

その後，イオンの移動を制御した抵抗変化素子は過去にも開発されていたことが明らかになったが[4]，

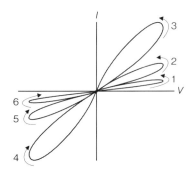

図15-2 メムリスターの特徴的な動作

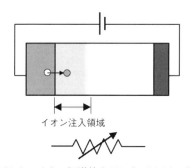

図15-3 イオン伝導体を用いたメムリスター
イオンが注入された低抵抗領域が拡がることでアナログ的な抵抗変化を示す．

脳型情報処理への応用を指向したメムリスターと結びついたことで，研究者の間に一気に関心が高まった．

1-2 抵抗変化型メモリ

メムリスター動作をする不揮発性メモリには，抵抗変化型メモリや相変化メモリ[5]，強誘電体メモリ[6]，スピントロニクスデバイス[7]など，さまざまな素子がある．ここでは，導電性フィラメントの成長と収縮を制御して動作する点でも神経細胞との類似性を有する抵抗変化型メモリについて解説する．

抵抗変化型メモリは，金属酸化物などのイオン拡散層を二つの電極で挟んだ簡単な構造をしている[8]．別名，電気化学素子ともよばれ，イオンの拡散とその酸化還元反応を制御することで抵抗変化動作をする．酸素イオンなどの陰イオンを制御するタイプと，銀イオンや銅イオンなどの陽イオンを制御するタイプに大別できる（図15-4）．前者では，電圧印加によって酸素イオンを移動させ，局所的に酸素イオンを欠損させる．酸素イオンの欠損によって残された金属イオンが還元され，導電性を発現する．酸素イオンの欠損した領域（導電性フィラメント）が電極間を繋ぐことでスイッチオンとなる．後者では，銀や銅などを活性電極に用い，電圧印加によって銀イオンや銅イオンをイオン拡散層に注入する．注入された金属イオンが対向電極側で電子をもらって再び還元されることで，金属の導電性フィラメントを形成する．

いずれのタイプも，単純なオンオフ動作に加えて，導電性フィラメントの成長具合に応じたアナログ的な抵抗変化（メムリスター動作）を示すことが知られている．

1-3 抵抗変化型メモリによるディープラーニング

抵抗変化型メモリをディープラーニングにおける結合の重みを表現する素子として用いる試みが，すでに始まっている．たとえば，Dmitri Strukovらの

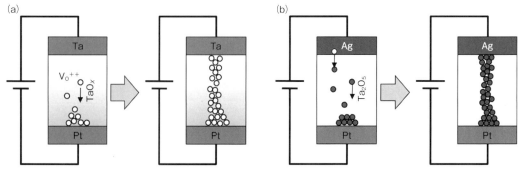

図15-4 抵抗変化型メモリ
(a)陰イオン制御タイプ．TaO_x 中の酸素イオンを制御する例．V_O^{++} は酸素空孔．(b)陽イオン制御タイプ．絶縁体である Ta_2O_5 に注入された銀イオンが導電性フィラメントを形成する例．

研究グループでは，2015年，10×6のクロスバー構造の各交点に，酸化チタンを主材料とする抵抗変化素子を配置し，3×3の9画素で構成される画像のパターン認識実験を行っている[9]．その後，多くの大学や研究機関，さらには企業において類似の研究が進められ，わずか数年の間に，処理可能な情報量とその処理精度が格段に上昇した．現在主流のソフトウェアベースの人工知能と異なり，ハードウェアベースの人工知能には小型化と省電力化が期待できる．これらの技術を搭載した製品が市場投入され，人工知能がより身近なものになる日も近い．

2 固体素子による神経機能の模倣

「過去の入力履歴に依存した抵抗変化」を利用することで，現在ソフトウェアで行われている処理をハードウェアで代替できることを前節で紹介した．これに加えて固体素子には，ソフトウェアでは表現が困難な機能をたったひとつの素子で実現できる能力もある．その典型的な例のひとつが神経模倣である．

以下では，神経回路におけるシナプスの特徴的な挙動である，1)ニューロンのスパイク発火タイミングに依存したシナプス結合強度の変化，2)入力頻度に依存した短期可塑性と長期可塑性，ならびに，3)アメーバ挙動の模倣に関する研究を紹介する．

2-1 スパイクタイミングに依存した結合強度変化

生体の神経回路網におけるシナプスの結合強度は，シナプスを介した二つのニューロンのうち，どちらのニューロンから先に信号が来るか，その時間差はどの程度かに依存して，変化することが知られている．たとえば非対称型シナプスでは，シナプス前ニューロンからの信号が早ければ結合強度は増強され，シナプス後ニューロンからの信号が早ければ結合強度は減衰される．そして，信号到達の時間差が短いほど，変化量は大きくなる〔図15-5(a)〕．

この挙動を抵抗変化素子で模倣する方法として，入力信号として矩形波に代わりノコギリ波などを用いる方法が提案され，その動作が実証されている[10]．たとえば，抵抗変化素子の上下二つの電極に時間差でノコギリ波を入力すると，上下どちらの電極に先に電圧を印加したかどうかとその時間差に依存して，抵抗変化素子に実際に印加される電圧値が決まる．図15-5(b)に示した例では，どちらの電極に先に電圧を印加したかで，素子に実際に印加される電圧の極性が決まり，時間差が小さいほど印加電圧の絶対値が大きくなる．印加される電圧が大きいほど，素子の抵抗変化も大きくなる．抵抗が大きくなるか，小さくなるかは，電圧の極性で決まるので，まさに生体におけるシナプスで起こっている現象と同じ現象を再現できる．

上述のシナプス動作では，上下の電極に同じ極性の電圧を印加していたが，逆極性の電圧を印加することで，どちらのニューロンから先に信号が来たかに拠らず，単に時間差に依存して結合強度を増強さ

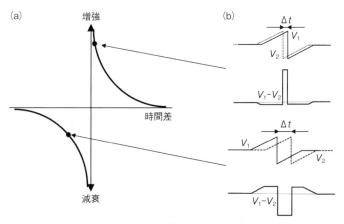

図15-5　スパイクタイミングに依存したシナプスの結合強度変化
(a)非対称シナプスの例．(b)スパイク形状としてノコギリ波を用いた例．

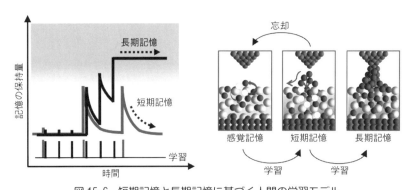

図 15-6 短期記憶と長期記憶に基づく人間の学習モデル
学習頻度に依存した例(左)とギャップ型原子スイッチの学習動作模倣の模式図.

せる時間対称性のシナプス動作を模倣することもできる．このようなシナプス動作は，従来，半導体回路を用いてタイミングを判定し，かつ，その判定結果に基づき抵抗変化素子に印加する電圧を出力するという複雑な処理が必要であった．パルス形状に工夫が必要ではあるが，上述の方法により，スパイクタイミングに依存した結合強度変化をきわめて簡単に実現できるようになったことは，脳型情報処理のハードウェアベース化の加速に繋がる成果といえる．

2-2 入力頻度に依存した短期可塑性と長期可塑性

人間の記憶には，短い時間しか記憶が保持されない短期記憶と，長期に渡って記憶が保持される長期記憶がある．短期記憶の記憶レベルは時間とともに減衰してしまうので，時間間隔を空けて学習をすると次の学習までにすべての記憶が失われてしまい，学習を繰り返しても何も覚えられないという悲しい結果に繋がる．しかし，記憶が減衰しきる前に次の学習を行えば，より高い記憶レベルを実現でき，これを繰り返すことで忘れ去ることのない確実な記憶である長期記憶を得ることができる．これが記憶における二重貯蔵モデルであり，学習を繰り返すことで，記憶の減衰速度が遅くなることも知られている (図 15-6)．

このような記憶のメカニズムは，シナプスが示す短期可塑性と長期可塑性に基づいていると考えられている．したがって，固体素子で短期可塑性と長期可塑性の特徴を再現できれば，人間の学習動作を模倣したコンピューターの開発にも繋がる．

2011 年，電極間のナノギャップ中に金属クラスターの形成と消滅を制御して動作する，抵抗変化素子「ギャップ型原子スイッチ」によって，固体素子による短期可塑性と長期可塑性の動作が初めて報告された[11]．ギャップ型原子スイッチの動作では，固体電解質中に注入された金属イオンが表面に向かって拡散し，対向電極から供給されるトンネル電子によって還元されて，金属原子として表面に析出する[12]．電圧が印加されている間は金属イオンが表面に向かって拡散を続け，表面直下の金属イオン濃度は高い状態が保たれる．その結果，金属原子の析出も続き，クラスターの成長も続く．一方，電圧印加を止めると，固体電解質層内の金属イオンは均一な分布を取ろうとして逆方向に移動を始める．その結果，表面直下の金属イオン濃度が下がり，析出していた金属原子が固体電解質層内に戻り始める．十分に長い時間が経てば，析出した金属原子のすべてが固体電解質層内に再固溶する[13]．金属クラスターの崩壊によって素子の抵抗値は増大するので，この動作はまさに短期可塑性を模倣したものである．すべての金属原子が戻りきる前に再び電圧印加を行えば，金属クラスターをさらに成長させることができる．金属クラスターが成長してその先端が対向電極に到達すると，崩壊が起こらなくなり，金属クラスターは安定化する．すなわち，電極間の高い伝導度が保たれる長期可塑性の状態となる．以上の特徴的な動作を図 15-6 にまとめた．

短期可塑性を経て長期可塑性へ至る過程に加えて，学習を繰り返すたびに減衰速度が遅くなることなど，人間のシナプスが示す特徴的な動作のほとんどが

ギャップ型原子スイッチによって模倣された．その後，陰イオンを制御する抵抗変化素子や相変化メモリ，強誘電体メモリやスピントロニクスデバイスなどでも類似の動作が模倣されている．

2-3 アメーバーの挙動を模倣した情報処理

単細胞生物であるアメーバは，触手を伸ばしながら効率的に餌を探すことができる不思議な生物である．その特徴はさまざまである．たとえば，アメーバは体積を一定に保ちながら餌を探すので，一方の触手を伸ばすと，他方に伸びていた触手が縮むことになる．青野らは，この「綱引き動作」を利用した意思決定モデルを提唱し，実際に粘菌を使ってその基本動作を実証した[14]．

「綱引き動作」の実現には，「体積一定」の特徴を有する系（素子）が必要である．ギャップ型原子スイッチには「金属フィラメントの成長限界」があり，この特徴を使うことで固体素子による「綱引き動作」が実現されている[15]．具体的には，固体電解質電極の両側に金属電極を配置して，双方の金属電極に向かってそれぞれ金属フィラメントが成長できるようにする．固体電解質電極に含まれる金属イオンの量から，成長可能な金属フィラメントの最大の長さが推定できるので，この最大の長さが固体電解質電極と金属電極との距離よりも長く，かつ，その2倍よりは短くなるように素子を作製する．そうすれば，金属フィラメントが一方の金属電極に到達することはあっても，双方の金属電極に同時に達してしまうことはない．

3 まとめと今後の展望

本章では，人工知能や新しい脳型コンピューターへの応用を目指した抵抗変化型メモリの研究開発状況を紹介した．従来の半導体素子と比べて，イオンの移動を制御する抵抗変化素子の動作速度は遅い．しかし，それゆえに半導体素子を使った場合に実現が難しいユニークな機能を発現させることができる．

抵抗変化素子を始めとする不揮発性メモリの脳型素子としての機能開発では，一定の成果が得られている．しかし，その実用化はいまだ始まったばかりであり，集積化を始めとして多くの課題が残されている．たとえば，人間の神経回路網では，多数のニューロンとシナプスが複雑なネットワークを形成している．これに対して，本章で紹介した固体素子をシナプスとして用いても，三次元的に絡み合ったネットワークを構築することは難しい．無機材料のみでは神経模倣の限界もあるかも知れない．さらなる神経模倣の発展には，材料，素子，回路，アーキテクチャと，階層を超えた研究者の協働が不可欠である．

◆ 文 献 ◆

[1] L. O. Chua, *IEEE T BROADCAST CT–18*, 507 (1971).

[2] D. B. Strukov, G. S. Snider, D. R. Stewart, R. S. Williams, *Nature*, **453**, 80 (2008).

[3] J. J. Yang, M. D. Pickett, X. Li, D. A. A. Ohlberg, D. R. Stewart, R. S. Williams, *Nat. Nanotechnol.*, **3**, 429 (2008).

[4] H. Ikeda, K. Tada, in Applications of solid electrolyte, T. Takahashi, A. Kozawa, 40, Academic Press (1980).

[5] C. D. Wright, P. Hosseini, J. A. V. Diosdado, *Adv. Func. Mater.*, **23**, 2248 (2013).

[6] A. Chanthbouala, V. Garcia, R. O. Cherifi, K. Bouzehouane, S. Fusil, X. Moya, S. Xavier, H. Yamada, C. Deranlot, N. D. Mathur, M. Bibes, A. Barthelemy, J. Grollier, *Nat. Mater.*, **11**, 860 (2012).

[7] P. Krzysteczko, J. Munchenberger, M. Schafers, G. Reiss, A. Thomas, *Adv. Mater.*, **24**, 762 (2012).

[8] R. Waser, M. Aono, *Nat. Mater.*, **6**, 833 (2007).

[9] M. Prezioso, F. Merrikh-Bayat, B. D. Hoskins, G. C. Adam, K. K. Likharev, D. B. Strukov, *Nature*, **521**, 61 (2015).

[10] P. Krzysteczko, J. Münchenberger, M. Schäfers, G. Reiss, A. Thomas, *Adv. Mater.*, **24**, 762 (2012).

[11] T. Ohno, T. Hasegawa, T. Tsuruoka, K. Terabe, J. K. Gimzewski, M. Aono, *Nat. Mater.*, **10**, 591 (2011).

[12] K. Terabe, T. Hasegawa, T. Nakayama, M. Aono, *Nature*, **433**, 47 (2005).

[13] A. Nayak, S. Unayama, S. Tai, T. Tsuruoka, R. Waser, M. Aono, I. Valov, T. Hasegawa, *Adv. Mater.*, **30**, 1703261 (2018).

[14] S.-J. Kim, M. Aono, *BioSystems*, **101**, 29 (2010).

[15] C. Lutz, T. Hasegawa, T. Chikyow, *Nanoscale*, **8**, 14031 (2016).

Chap 16

分子アーキテクトニクスにおける第一原理計算：抵抗スイッチ分子から不揮発性メモリデバイスへの展開

First-Principles Theory for Molecular Architectonics: from Resistive Switching Molecule to Nonvolatile Memory Device

中村 恒夫
（産業技術総合研究所機能材料コンピューテーショナルデザイン研究センター）

Overview

半導体などのバルク材料に比べ，分子は化学修飾による物性制御や化学反応の利用など，高機能化や新規物性を実現する手段が豊富である．単分子エレクトロニクスの精密計測で，物性機能やその発現プロセスを理解し，それらの知見をバルク材料に応用できれば，革新的ナノエレクトロニクス材料の設計が可能となる．本章では，単分子エレクトロニクスを基点とし，バルク材料によるナノエレクトロニクス研究をもカバーする共通の理論基盤を分子アーキテクトニクスと位置付ける．まず単分子の電気伝導特性について概略を説明し，分子の抵抗スイッチについての研究を紹介する．さらに，実用化で先行する，半導体バルク材料による不揮発性メモリデバイスの理論研究へと展開し，分子アーキテクトニクスの位置付けを考える．

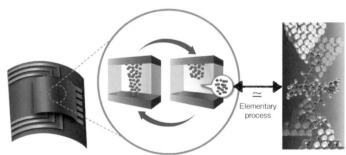

▲単分子エレクトロニクス研究と実用メモリデバイス設計の連続性を示した概念図［カラー口絵参照］
一例として，中央に抵抗変化型メモリのフィラメントモデルをあげる．最も重要な過程は原子・分子レベルの反応に帰着する．

■ KEYWORD □マークは用語解説参照

- ■第一原理計算（first-principles calculation）□
- ■チャネル材料（channel material）□
- ■不揮発性メモリ（nonvolatile memory）□
- ■抵抗変化型メモリ（resistive switching random access memory）
- ■相変化メモリ（phase change random access memory）

はじめに

エレクトロニクス技術の発展は，Mooreの法則に示されるように，デバイスの微細化技術の進歩によるところが大きい．デバイススケールを10 nm以下まで微細化し，三次元化した集積で，Mooreの法則をさらにつきつめた方向は"More Moore"とよばれる．"More Moore"が目指す微細化のスケールは，分子のスケールと同程度となる．そこではチャネル材料の物性だけでなく，電極との接合による接合界面状態にも電気伝導特性は依存する．結果，デバイス機能はチャネル材料単独の物性から予測されるものと異なってしまう可能がある．

一方，新材料の導入やデバイスの複合化で新規な動作原理を実現し，革新的デバイス開発を目指す方向を"More than Moore"という．分子は，バルク材料に比べてテーラーメイドな設計が容易である．また電圧，電流，光等外場刺激による構造転移や形状の柔軟性を利用してデバイスに動的機能を付与することも可能である．デバイス機能に直結する物性をもった分子を設計し，精密計測と理論からその機能と機構を明らかにすることは，"More than Moore"によるデバイス開発に向けて最も重要なことであろう．

単分子接合で構成される単分子エレクトロニクスの機能と機構を起点とし，実用に耐える先端的ナノエレクトロニクス材料設計に繋げる学理を分子アーキテクトニクスと位置付ける場合，単分子の研究で用いられてきた量子電気伝導計算による機能予測や解析理論は，バルク材料デバイスにも適用可能でなければならない．

本解説では，まず単分子エレクトロニクスについて概略を説明し，その機能の一つとして抵抗スイッチ分子の理論研究を紹介する．電気抵抗のスイッチは，メモリデバイスにおける情報書き込みの基本動作になっている．そこで，抵抗スイッチ分子に適用した理論計算手法を，抵抗変化型メモリと相変化メモリという二つの次世代不揮発性メモリデバイスに適用する．これら不揮発性メモリデバイスの抵抗変化機構を，抵抗スイッチ分子の場合と同様に原子・分子レベルの物理化学から理解するという試みを通じて，分子アーキテクトニクスを考えてみたい．

1 単分子エレクトロニクス

1-1 単分子の電気伝導特性

単分子エレクトロニクスの研究は，1974年のAviramとRatnerによる分子ダイオードの理論的提案から始まるとされる[1]．最近は，さまざまな分子を用いてダイオード特性[2]，負性微分抵抗や抵抗スイッチ[3]など，電子回路や部品の構成要素となる機能を実現した例が報告されている．これまでに開発されてきた精緻な分子合成技術により，所望の分子物性を実現する有機分子や錯体分子の合成が可能となっている．したがって，革新的機能の実現とテーラーメイドな設計という点で，分子をチャネル材料にすることの利点は"潜在的に"大きい．ここで"潜在的に"と書いたのは，分子デバイスには二つの問題点があるからである．一つは分子を集積し，電極に接合した系は機械的に堅牢さに欠けることである．たとえば負性微分抵抗は，高い電圧をかけることで分子が電場による変形を受ける，あるいは電荷注入によって局所的軌道のエネルギー準位が変化することが要因と考えられている．しかし高電圧を繰り返しかければ，分子接合の破談や集積された分子同士の絡み合いといったデバイスの劣化が優先する．分子を電極に接続するためのアンカーを三脚型に設計して安定化をはかる[4]，各導電性分子ワイヤーを絶縁性分子で被覆して分子間の不要な相互作用を排除する[5]などの試みがなされているが，十分な数の繰り返し動作に耐えるほどの機械的強度の獲得には見込みが立っていない．

二つ目は，アンカーユニットによる電極と分子との接合状態や電極材料物性が，分子デバイスの機能に大きく影響してしまうことである．デバイスがナノメートルスケールになれば，チャネル材である分子と電極接合部分の相互作用が，分子軌道の形やエネルギー準位を大きく変えてしまうことは直観的にも明らかだろう．デバイス機能の発現機構は分子単独の物性だけでは決まらない．単分子の物性のみを考えて設計されたデバイスは，往々にして期待した特性を発揮できないことがある．

単分子エレクトロニクスで実現する機能と機構を正確に把握し，実用に耐えるデバイス材料で再現す

るためには，伝導物性予測や動作原理の物理化学的要因を詳細に解析する理論や計算，とくに第一原理計算手法の確立と適用が不可欠になる．

1-2 第一原理電気伝導計算

分子分光や有機分子合成の分野においては，電子励起スペクトルや分子振動スペクトルの予測や化学反応経路の探索が問題の核心となる．そのために密度汎関数理論(density functional theory：DFT)などの，第一原理計算が今やツールとして用いられるようになっている．単分子の電気伝導の研究では，これに非平衡グリーン関数法(non-equilibrium green's function：NEGF)を組み合わせた NEGF-DFT が，標準的な計算手法である．NEGF では，2端子電極間に電圧がかかりチャネル材料内部で電圧降下が起こっているような系に対し，グリーン関数を求めて電流やスピン流などの伝導物性を直接計算する[6]．NEGF の理論形式では，分子内を透過する伝導電子と分子振動(より一般にはフォノン)との散乱で生じる非弾性電流も計算することができる．有機分子ワイヤーにおいて，しばしば電気伝導度がアレニウス関数的温度依存性を示すことが知られている．これは伝導電子が，フォノンや不純物等による散乱を受けないバリスティック伝導からホッピング伝導に変化した結果である．バリスティック電流と非弾性電流の大きさの比較から，伝導機構の変化を予測することができる．また，実際のデバイス開発においては，通電など実動作中の発熱予測やその抑制が大きな問題となるが，これも NEGF により原理的には計算が可能である[7]．

1-3 抵抗スイッチ分子

単分子で報告されている機能を先にいくつか挙げたが，ここでは単分子接合による電気抵抗スイッチを取り上げる．分子の電気抵抗を変化させるためには，外部刺激で分子の内部構造あるいは分子と電極の接合形態が変化し，かつ，それらの構造が安定である必要がある．フォトクロミック分子接合による光スイッチはその一例で，光を外部刺激とし，光異性化反応で分子の内部構造を変化させ電気抵抗をスイッチする．

絶縁性分子で被覆された四つのチオフェンからな

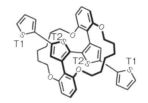

QT 分子

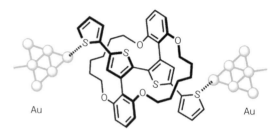

図 16-1 被覆された QT 分子の構造と電極との接合
二つのチオフェンが被覆分子(太い実線)に立体的に区切られおり，対称になっている．T1 と T2 が電極と接合する部分．図中には例として T1-T1 構造を示す．

るクオーターチオフェン分子(QT 分子)と金電極の接合系(図 16-1)で，電極間の距離を機械的に制御すると，三つの異なる電気抵抗値が可逆的にスイッチすることが報告されている[8]．QT 分子は被覆分子面で区切ってみたときに，硫黄原子が対称にそれぞれ 2 か所(図 16-1 中の T1，T2)を有した構造をとっている．また，硫黄原子は，金と強い共有結合を形成することが知られている．第一原理計算では，図 16-1 に示すように，硫黄原子と金のポイントコンタクトによる T1-T1，T1-T2，そして T2-T2 の三つの接合構造がエネルギー的に安定となる．したがって抵抗スイッチは，この 3 通りの接合形態が電極間の距離に応じて現れるためだと推測される．一方で，接合はいずれの場合も硫黄原子と金のポイントコンタクトであり，またチオフェンは剛直なので，この程度のストレスでは QT 分子の内部構造は大きくは変化しない．ではなぜ抵抗が変化するのだろうか？

有機分子では一般に，最高被占軌道(HOMO)と最低空軌道(LUMO)の軌道エネルギー差が大きい．分子内を流れる電流はトンネル電流で，有機分子をつなげて長さ L の有機分子ワイヤーにすると，その

電気抵抗Rの逆数(つまり電気伝導度)は$1/R = \sigma_0 \exp(-\beta L)$のように,長さに対し指数関数的に減少することが知られている.βは通常の有機分子では0.2～0.5 Å^{-1}程度となるが,QT分子のT1-T1,T1-T2,T2-T2間の距離に対し$1/R$をプロットすると,同様の指数関数的減少が見られる.βは実験値で0.46 Å^{-1},第一原理伝導計算による理論値は0.31 Å^{-1}とよく一致している.また,このβの値は,有機分子ワイヤー接合系での典型値の範囲に収まっている.つまり接合点がスライドすることで,伝導電子が分子内を通過する実効的トンネリング長の変化が,抵抗スイッチの物理化学的機構であることがわかる.

2 不揮発性メモリデバイス

スライド抵抗スイッチQT分子では,電極間距離の機械的制御を用いて電気抵抗を変化させた.この他にも電極基盤に吸着させた分子に対し,STMで電圧あるいは電流で分子の構造転移を制御し,電気抵抗を変化させるといった実験が報告されており[9],理論モデルや第一原理計算を用いて,電圧や電流駆動による単分子の抵抗スイッチ機構が議論されている[10].

一定の閾値以上の刺激(とくに電圧や電流)で高抵抗状態と低抵抗状態を可逆にスイッチすることは,情報の書き込みと消去に相当する.各電気抵抗状態が閾値以下の刺激に対しては,双安定であれば,書き込まれた情報を外部からの電力等供給なしで保持し,必要に応じ,読み出すことができる.このようなメモリを不揮発性メモリという.

不揮発性メモリデバイスは,さらにメムリスターやニューロン模倣デバイスといった,次世代デバイスへの応用が期待されている.メムリスターやニューロン模倣などの詳細については,15章に詳しい解説があるのでここでは述べないが,抵抗が不揮発性で三つの抵抗値が存在するスライド抵抗スイッチQT分子は,ニューロン模倣デバイスに適した機能特性をもっている.しかし,その機構からも容易に想像されるように,分子接合の堅牢性や,繰り返し耐性は期待できない.

一方で,半導体バルク材料を用いた抵抗変化型メモリと超格子相変化メモリといった,不揮発性メモリが実用化に近いとされている.それでは,そのような不揮発性メモリデバイスについても,単分子エレクトロニクスと同様のアプローチによる抵抗スイッチの予測や機構の解明は可能だろうか?

2-1 抵抗変化型メモリ

典型的な抵抗変化型メモリ(resistive random access memory:ReRAM)では,チャネル材料において酸化還元反応を制御し,低抵抗と高抵抗状態を酸化と還元状態でそれぞれ実現する.材料としてはHfO_2やTaO_2/Ta_2O_5などの遷移金属酸化物を用いたものが多く,ReRAM材料イコール遷移金属酸化物材料と扱われる場合も多い.抵抗変化の機構は教科書的にはフィラメントモデルを用いて説明される.すなわち,いったん,絶縁破壊によって金属フィラメントを内部に形成させ,その後にフィラメントの先端(電極近傍)の酸素欠陥・イオンを制御して,低抵抗・高抵抗状態を実現するというものである.機構が物理化学的にほぼ同じ材料として,Ag_2Sなどの固体電解質材料がある.しかし,近年,チャネル材料,つまり抵抗変化層をナノスケールにした場合,フィラメントモデルのようなマクロな描像では説明しきれない現象がいくつか報告されている.Stefanoらは,HfO_2抵抗変化層とTiN電極からなる単層ReRAMデバイスと,同じ抵抗変化層と電極の間に数ナノメートルのHf金属層を挿入した多層構造のReRAMデバイスを比較し,同じ低抵抗状態でも後者の抵抗は,前者のわずか1%にすぎないことを報告した[11].そこで挿入金属層の効果を明らかにするため,2.5 nmのHfO_2抵抗層をTiN電極に接合した単層ReRAMデバイスモデルと2.5 nm,これにTa金属を2原子層分挿入した多層ReRAMデバイスモデルを採用し,第一原理電気伝導計算を実施した.計算結果によると,抵抗スイッチに伴うHfO_2層の還元で生じた余剰の酸素イオンは電極界面に移動するが,単層ReRAMの場合は電極界面が直接酸化される.TiNは(Tiから見て)酸化物として飽和しているので,接触抵抗が大きくなってしまう.一方で多層ReRAMの場合,酸素は金属挿入層

界面に吸収されるが,挿入金属は酸化物として飽和するにはいまだ余力があるため,界面の接触抵抗の増大が抑制される[12,13].

バリスティック伝導からホッピング伝導に移行すると,電気伝導度がアレニウス関数的温度依存性を示すことはすでに述べたが,電子-フォノン相互作用を取り込んだNEGF-DFT計算で,単層ReRAMのI-V特性を求め抵抗を温度の関数としてプロットすると,図16-2に示すように,ホッピング伝導の特徴が確認される.さらに計算結果を普遍的温度の関数にスケーリングすると,ホッピングの活性化エネルギーは0.03 eVと評価されるが,これはStefanoらの実験値(0.05 eV)にきわめてよく一致する.このように,単分子とは一見異なるReRAMも,抵抗変化機構や伝導特性の決定要因は,原子・分子の物理化学として考えることができるし,単分子電気伝導の理論計算手法や理論解析がそのまま有効であることがわかる.

2-2 超格子相変化メモリ

相変化メモリ(phase change memory:PCM)では,通常,加熱と冷却で結晶-アモルファス相転移を起こして抵抗を変化させる.ところが最近,$GeSb_2Te_5$(GST)材料を$[(Sb_2Te_3)_m(GeTe)_n]_l$(m = 1 or 2, n = 2)という形に積層し超格子構造にすると,結晶-結晶構造相変化が実現し,電圧パルスを与えると,これまでよりずっと低温で抵抗変化が実現することがわかった.これを超格子相変化メモリとよんでいる[14].超格子相変化メモリでは,GeTe層内原子の空間的自由度が大きく,TEM像観測から,GeTeとSb_2Te_3層に大きな混成はないと推測される.したがって,GeTe層の構造転移が抵抗変化の要因であると考えられる.超格子でのGeTe層の安定相には図16-3にあるように,Inverted Petrov(IP)相のほかに,Petrov(P)相,Ferro GeTe(FGT)相とよばれる相が存在し,また,高抵抗状態がIP相であることはほぼ特定されていた.P相,FGT相では,GeとTe原子が垂直にフリップした構造[P(v),FGT(v)構造]に対し,フリップしたGe原子とTe原子がさらにラテラル運動で界面と平行方向に入れ替わった構造[P(vl),FGT(vl)構造]が,熱力学的に安定である.GST超格子にW電極を接続したデバイスモデルのI-V特性の計算結果(図16-4)によれば,熱力学的に安定なP(vl)とFGT(vl)構造では,電流の大きさはあまり変わらず,高抵抗状態であるIP相に対して,FGT相が低抵抗状態の条件を満たすことがわかる[15].

高抵抗から低抵抗状態へのスイッチはどのような経路で起こるのだろうか? 第一原理計算によるポ

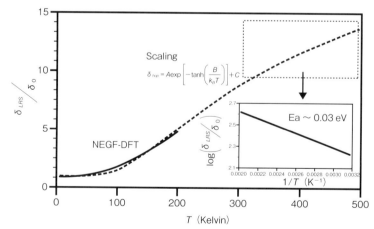

図16-2 単層ReRAMデバイスの低抵抗状態における,電子-フォノン相互作用効果を含んだ電気伝導度計算結果(実線)および高温領域へのスケーリング(破線)
点線囲みは300~500 Kの温度領域を示す.挿入図は,この温度領域でのスケーリングされた電気伝導度の温度の逆数に対する対数プロット.

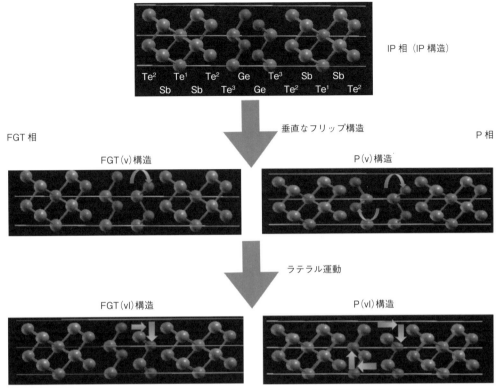

図16-3 超格子相変化メモリデバイスにおける，GST超格子の安定相構造

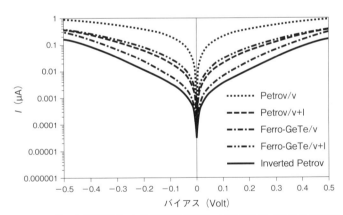

図16-4 第一原理計算による超格子相変化メモリデバイスの各構造における *I-V* 特性の計算結果
低抵抗状態の候補として，熱緩和によるラテラル方向への運動で安定化された構造までを考えると，FGT相も低抵抗状態となりうることを示している．

テンシャルエネルギー曲面計算によって反応経路探索計算を行うと，IP相からFGT相への構造転移ダイナミクスは，IPからGeとTe原子のフリップでFGT(v)が生成，次にラテラル運動によるFGT(v)からFGT(vl)へ至る2段階ステップが最も有利となっている．2段階ステップにおいてIP→FGT

> **+ COLUMN +**
>
> ★いま一番気になっている研究者
>
> ## Gerhard Klimeck
> （アメリカ・パデュー大学 教授）
>
> Klimeck 教授は，アメリカのパデュー大学において Datta 教授のもとで，量子ドットや共鳴トンネリングダイオードなどにおける電子輸送現象の理論研究を行い，1994 年に博士の学位を取得した．それ以来，ナノエレクトロニクス設計のためのシミュレーションツール NEMO の開発を進め，現在その発展型であるデバイスシミュレーション OMEN は，超並列計算により 100 万原子以上の大規模系に対して，デバイスモデルのシミュレーションが可能である．その計算には tight-binding 近似が含まれるため，厳密には第一原理ではないが，そのパラメータを小規模な第一原理計算から抽出するといったマルチスケール手法やデータを整備することで，今後，さまざまなデバイス材料への適用が期待される．非平衡グリーン関数法を用い，シリコンナノワイヤトランジスタの発熱量といったデバイス劣化予測に重要な物性をミクロレベルからシミュレーションするなど，これまで分子接合系レベルに適用されていた精密予測を一気にナノエレクトロニクス設計に拡張する，「モダンな」計算エレクトロニクス研究を牽引する研究者である．

(v)のエネルギー障壁が大きい．NEGF-DFT では，印可電圧によりデバイス内部に生じた電場の作用や，電流が流体的にイオンを押す事で生じる付加的な力も第一原理的に求めることができる（理論の詳細は文献[16]などを参照してほしい）．電圧をかけた状態と電圧がかかっていない状態を計算し比較すると，電圧 1.5 V かければ構造転移のエネルギー障壁は約 1.1 eV も低下する．これは，構造相転移が電圧駆動で発動されうることを意味し，超格子相変化メモリの抵抗スイッチ・ダイナミクスと従来の相変化メモリの動作機構が，大きく異なることを示唆している．電圧（電流）駆動で原子を動かすという過程は，STM 電圧や電流による分子の構造転移とよく似ている．一方で，超格子相変化メモリの場合，動く原子は超格子内部であり，付随する局所発熱とその散逸過程は表面系とは大きく異なると考えられる．単分子デバイスと，バルク材料によるナノエレクトロニクスデバイスをそれらの共通性と違いを含めて一貫として扱い，デバイス機能を解明，予測する理論を構築し，計算シミュレーション手法の開発に向けた課題は多い．

3 まとめと今後の展望

本解説では，抵抗スイッチという機能を題材に，単分子接合から不揮発性メモリデバイスまでを紹介した．ここまで再三強調してきたように，単分子エレクトロニクスに比べて，現状で実用化では先を行っているバルク材料を用いたナノエレクトロニクスでも，過程の複雑さが違っても，原子・分子レベルでの動作原理は本質的に同じである．したがって，設計に向けた指導原理やシミュレーションによる予測技術は，どちらにも有効である．また最後に挙げた超格子・相変化メモリの「電圧駆動での固体—固体相転移」という動作原理は，異なる材料の二次元層が交互に積層した超格子という，分子とバルクをつなぐ「アーキテクト」が鍵となっている．分子アーキテクトニクスを利用した，単なる機能の足し算ではない，"More than Moore" なデバイスやアーキテクチャ創成に向けて，理論を発展させ，計算シミュレーションを駆使した研究が今後増えることを期待したい．

◆ 文 献 ◆

[1] A. Aviram, M. A. Ratner, *Chem. Phys. Lett.*, **29**, 283 (1974).
[2] I. Díez-Pérez, J. Hihath, Y. Lee, L. Yu, L. Adamska, M. A. Kozhushner, I. I. Oleynik, N. Tao, *Nat. Chem.*, **1**, 635 (2009).

[3] A. C. Whalley, M. L. Steigerwald, X. Guo, C. Nuckolls, *J. Am. Chem. Soc.*, **129**, 12590 (2007).

[4] Y Ie, T. Hirose, H. Nakamura, M. Kiguchi, N. Takagi, M Kawai, Y. Aso, *J. Am. Chem. Soc.*, **139**, 3014 (2011).

[5] J. Terao, K. Homma, Y. Konoshima, R. Imoto, H. Masai, W. Matsuda, S. Seki, T. Fujihara, Y. Tsuji, *Chem. Commun.*, **50**, 658 (2014).

[6] Y. Meir, N. S. Wingreen, *Phys. Rev. Lett.*, **68**, 2512 (1992).

[7] Y. Asai, *Phy. Rev. B*, **84**, 085436 (2011).

[8] M. Kiguchi, T. Ohto, S. Fujii, K. Sugiyasu, S. Nakajima, M. Takeuchi, H. Nakamura, *J. Am. Chem. Soc.*, **136**, 7327 (2014).

[9] W. Ho, *J. Chem. Phys.*, **11**, 11033 (2002).

[10] T. Ohto, I. Rungger, K. Yamashita, H. Nakamura, S. Sanvito, *Phys. Rev. B*, **87**, 205439 (2013).

[11] F. De Stefano, M. Houssa, J. A. Kittl, M. Jurczak, V. V. Afanas'ev, A. Stesmans, *Appl. Phys. Lett.*, **100**, 142102 (2012).

[12] H. Nakamura, Y. Asai, *Phys. Chem. Chem. Phys.*, **18**, 8820 (2016).

[13] X. Zhong, I. Rungger, P. Zapol, H. Nakamura, Y. Asai, O. Heinonen, *Phys. Chem. Chem. Phys.*, **18**, 7502 (2016).

[14] R. E. Simpson, P. Fons, A. V. Kobolov, T. Fukaya, M. Krbal, T. Yagi, J. Tominaga, *Nat. Nanotechnol.*, **6**, 501 (2011).

[15] H. Nakamura, I. Rungger, S. Sanvito, N. Inoue, J. Tominaga, Y. Asai, *Nanoscale*, **9**, 9386 (2017).

[16] T. N. Todorov, J. Hoekstra, A. P. Sutton, *Phil. Mag. B*, **80**, 421 (2000).

Chap 17

分子エレクトロニクスの新展開：分子ネットワークによる非ノイマン型情報処理へ向けて

Evolution of Molecular Electronics: Towards Non-von Neumann Type Information Processing by Molecular Networks

松本　卓也
（大阪大学大学院理学研究科）

Overview

分子がもつ自己組織性やネットワーク構築能力は，ニューラルネットワークなどの神経模倣型情報処理と親和性が高く，人工知能の進歩とともに次第に明らかになってきたノイマン型計算システムの限界を超えるキーテクノロジーとなる可能性を秘めている．はじめに，神経模倣型計算に必要な，急峻な非線形特性やヒステリシス特性を発現する分子系の条件を整理する．次に微粒子やナノ構造体材料を含めて，ランダムネットワークで目指すべき機能と情報処理システム構築の可能性について述べる．遺伝的アルゴリズムによる学習，リザーバー計算，確率共鳴の実例を挙げ，ネットワークを基礎とした分子エレクトロニクスの方向について紹介する．

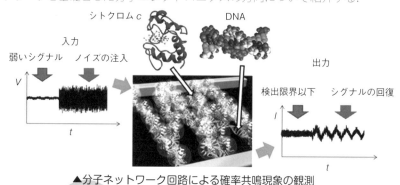

▲分子ネットワーク回路による確率共鳴現象の観測
［カラー口絵参照］

■ **KEYWORD** 🔲マークは用語解説参照

- ■分子ネットワーク（molecular network）
- ■非線形電気特性（nonlinear electrical characteristics）
- ■疎結合システム（weak coupling system）
- ■クーロン・ブロッケード（Coulomb blockade）🔲
- ■非ノイマン型情報処理（non-von Neumann type information processing）
- ■ニューラルネットワーク（neural network）🔲
- ■リザーバー計算（reservoir computing）🔲
- ■確率共鳴（stochastic resonance）🔲

はじめに

単一分子計測技術が進歩し，走査型プローブ顕微鏡(SPM)やブレーク・ジャンクション(BJ)法による1分子電気物性計測はすでに確立した手法となった[1]．単一分子が電極間に架橋した系では，離散的な電子状態をもつ分子と固体表面の電子状態が結合して，特異で興味深い物性が現れる[2]．単一分子電気伝導の研究には，大きく分けて二つの方向性がある．ひとつは，分子のコンフォメーション変化や酸化還元など，化学的な興味を単一分子レベルで観測しようとするものである．この方向の研究は，これまで化学者が長年積み上げてきた分子の性質に関するさまざまな概念を，単一分子レベルで検証しようとするものであり，化学そのものに内在する価値観に基づくものである．もうひとつは，単一分子系の物性を基礎として，分子エレクトロニクスの立場で，単一分子素子としての機能を求める方向である．その最も典型的な例は，単一分子電界効果トランジスタの構築である．そこでは，半導体量子デバイスの考え方が延長され，散乱のない量子コンダクタンスを目指す考え方で，多くの研究が進められてきた．実際，多くの場合に単分子電気伝導度の測定結果は，一次元金属原子鎖の量子コンダクタンスG_0を単位として表現される[3]．

AmiravとRatnerが1974年に提唱した分子エレクトロニクスの考え方[4]は，21世紀初頭にナノサイエンス・テクノロジーが著しく進歩したことにより，すでに実現したと言える．個々の分子の分子軌道[5]や酸化還元[6]を用いた電界効果トランジスタも実証された．分子エレクトロニクスが提案された当初は，分子は他の技術では実現困難な，微小で高密度なデバイスを実現する手段として大きな期待を集めていた．しかし，10 nmプロセスによる半導体集積回路の生産が始まろうとしている現在，分子が微小であることに実際的な意味を見いだすのはもはや困難である．単一分子素子の間を微細加工技術により配線するのではなく，むしろ，自己組織性やネットワーク構築能力など，半導体にはない分子の機能に注目すべきである．これらの特質は，ニューラルネットワークや自然計算となじみが良く，人工知能の進歩とともに次第に明らかになってきたノイマン型計算システムの限界を超えるキーテクノロジーとなる可能性を秘めている．

このような，ニューラルネットワークや自然計算につながる神経模倣型の情報処理に必要なことは，高い伝導度や移動度ではなく，急峻な非線形特性やヒステリシス特性のネットワークである．そこで本章では，まず，単一分子や少数分子系において，これらの神経模倣型の特性が発現するメカニズムについて整理する．後半では，分子ネットワークで目指すべき方向について，分子だけでなく微粒子やナノ界面を含めて，現在の研究の動向を紹介する．

1 単一分子レベルの電気伝導における非線形電気特性

分子の電子状態は離散的であるので，もともと非線形応答に適している．電界効果トランジスタや量子コンダクタンスを目指したこれまでの研究の多くは，金属－分子接合界面における電子散乱を避けようとして，電極と分子の結合をできるだけ密にする方向であった．しかし，分子のもつ離散的な電子状態を生かすためには，分子と電極との間の結合を疎にして，金属電極の連続的な状態密度の染み出しを抑える必要がある．図17-1(a)に強結合と疎結合の場合の電子状態を模式的に示した[7]．強結合では，分子の軌道は金属電極表面の無数の軌道と混成するため，分子軌道はぼやけてしまい，急峻な非線形特性は得られない．これに対して，疎結合では金属電極表面と分子軌道はほぼ独立であるので，分子のもつ離散的な電子準位が保たれる．その結果，電流－電圧特性は明確な閾値をもつ強い非線形性を示すことが，ブレーク・ジャンクションを用いた実験で報告された[8]．分子軌道の独立性が高ければ，クーロン・ブロッケード(Coulomb blockade)や酸化還元によるメモリ効果も期待できる．

このような疎結合のシステムは，分子設計の観点からも必然性がある．ネットワーク型のシステムではゲート電極を用いることができないので，デバイスを動作させるためには，外部電界をかけない状態で分子のHOMO(最高被占軌道)やLUMO(最低空

| Part II | 研究最前線

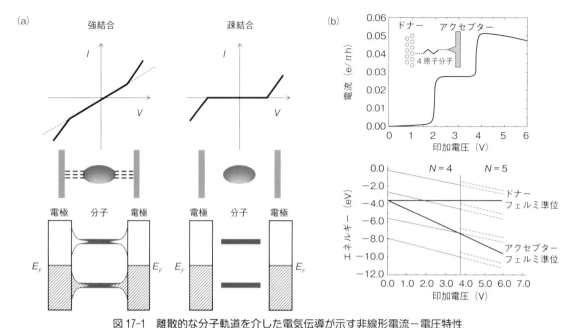

図 17-1　離散的な分子軌道を介した電気伝導が示す非線形電流−電圧特性
(a)単一分子接合における強結合と疎結合の場合の電流−電圧特性と電子状態についての対応関係を示した模式図(文献[7]から改変)，(b)上図：電極間に接合した仮想的な 4 原子分子に電位差をかけたときの電圧−電流特性と，(b)下図：そのときの分子軌道と電極電位の位置関係(文献[9]から改変)．

軌道)が，金属電極のフェルミ準位と近いエネルギーをもつ必要がある．しかし，このような条件を満たす分子は，酸化還元が起こりやすいことを意味するので，概して不安定なものである．実際，HOMO-LUMO 間のギャップが 1 eV 以下である大環状π共役分子は，空気中で容易に酸化され分解するものが多い．したがって，ゲートを利用できないネットワーク系では，HOMO や LUMO が分子の骨格構造や電極／分子結合界面の化学構造に寄与することなく，自由に電子の出し入れが可能な疎結合のシステムである必要がある．

　図 17-1(b)上は，仮想的な 4 原子からなる分子を通した疎結合の場合の，電流−電圧特性を計算した結果である[9]．現実には，この計算の条件を満たすような分子が構造を保つことはできないうえ，共有結合をつくることなく，4 原子すべてが開殻であることは起こりえないが，この計算は分子を通した電気伝導の本質を考えるうえで興味深い．ここでは，四つの原子それぞれに電子が一つずつ，合計四つ

入っている状態(水素原子四つの原子鎖に相当する)から出発して，左右の電極の電位差を増加したときに，系の電子数が一つ増えて五つになるときの電流−電圧特性を議論している．図 17-1(b)下のように，電極と分子の結合は疎であるので，分子の電子軌道のエネルギーは，左右の電極がつくる電場の中でフローティング状態である．分子の軌道が電極の準位を横切ると電流が流れ始め，階段状の電流-電圧特性となる．微粒子のクーロン・ブロッケードで見られる特性と大変よく似ているが，階段状に電流が増える電極電位で，必ずしも電子数が変化しない点が大きく異なる．分子が酸化還元可能であれば，電位差を大きくすれば，クーロン・ブロッケードと同様に分子上の電子数が変化する．この図 17-1(b)下において点線で示された準位の分裂は，電子相関エネルギーであるハバードの U であり，微粒子における電荷エネルギーに対応する．

　このように，分子両端の電極が疎結合である場合は，電流ゼロから立ち上がる強い非線形性をもつ電

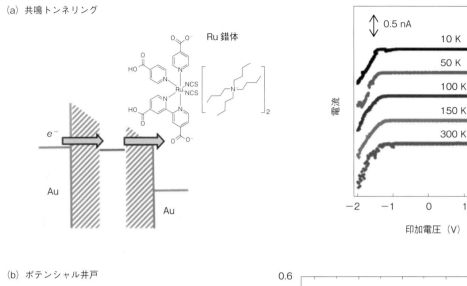

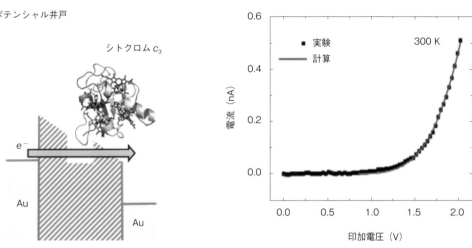

図17-2 単一分子電気伝導において，電流−電圧特性において電流ゼロから急峻に立ち上がる強い非線形性を示す場合の実験例
(a)分子軌道と電極のフェルミ準位が一致する共鳴トンネリングの場合で，Ru錯体に関する実験例(文献[11]より改変)．(b)ポテンシャル井戸がフェルミ準位より低くなり，実効障壁厚さが急激に薄くなる場合で，電子伝達タンパク質シトクロム c_3 に関する実験例．

流−電圧特性が期待できる．このような電気特性はSTMやブレーク・ジャンクションなどの単一分子計測ではいくつか報告されている．ところが，固体デバイスの電極−分子間接合には，無視できない状態分布や不完全性があり，結果として電気伝導度は温度依存性を示し，トンネリングだけでなく，ホッピングの寄与が避けられないことが多い[10]．図17-2(a)は，自己組織化単分子膜と金微粒子架橋の組み合わせにより，少数分子によるよく定義された電極／分子接合界面を固体デバイスとして実現した例である[11]．Ru錯体(N719)分子は，電極エッジと金微粒子との間で安定な接合を形成しているので，室温から10 Kまでの広い温度範囲で電気特性の計測が可能である．電流−電圧特性は，1.2 Vで正負対称にほぼ電流ゼロから急峻かつ直線的な立ち上がりを示すが，温度上昇による電流値の増大や線形の変化はほとんどない．このような特性は，図17-1で予測された分子軌道を介した共鳴トンネリングの

特徴をよく現していて，バイアス電位により，電極のフェルミ準位が Ru 錯体の LUMO に達すると電流が流れ始めると考えると理解できる．

共鳴トンネリングほど急峻な立ち上がりは得られないが，分子中にポテンシャル井戸を導入すれば，ほぼ電流がゼロから立ち上がる非線形電気特性が実現可能である．図 17-2(b) は，電子伝達タンパク質であるシトクロム c_3 の単一分子電気特性である．シトクロム c_3 は，ヘム鉄の酸化還元により，水中で非常に効率的な電子の授受を行うことができる．しかし，乾燥条件下では，水の不在のために酸化還元中心のポテンシャルは電極のフェルミ準位よりも高い位置に押し上げられるので，酸化還元は起こらない．しかし，ヘムには多くの π 共役電子が存在し，分極性の高い空間となっていて，シトクロム c_3 の電気伝導においてポテンシャル井戸として働く．このような系では，電極のフェルミ準位がポテンシャル井戸の底よりも深いときには，シトクロム c_3 のサイズが 3 nm 程度あるために，トンネル電流はほぼ観測限界以下である．ところがフェルミ準位がポテンシャル井戸の底の電位よりも高くなると，実効トンネル障壁が急に薄くなるので，トンネル電流の急激な増大が起こる．

一方，分子の酸化還元が起こる場合には，メモリとして利用できるヒステリシス特性を示す場合がある[12]．分子伝導におけるヒステリシスは，電極電位の掃引速度に大きく依存し，緩和時間は化学構造や分子周りの環境を反映してさまざまに変化する．このような応答を示す分子をネットワーク中に組み込んでニューロンとして動作できれば，脳型情報処理における短期記憶あるいは，リザーバー計算におけるダイナミクスとして利用できる可能性がある．

2 ネットワーク型ナノデバイス

推論や特徴抽出を効率的に実現する人工知能が大きく発展している．機械学習，ディープラーニングのために必要となる神経細胞の学習，重みづけ，樹状結合などの特性は，ニューラルネットワークをアルゴリズムで表現して，通常のフォンノイマン型計算機で実行されている．しかし，現在の方法では，アルゴリズムと計算システムの物理構造との乖離は大きいので，大きな計算資源が必要で，人工知能の高度化とともに計算量の増大に対処できなくなる懸念が指摘されている．

一方，自然界では，低エネルギーで融通性が高く，分散的な情報システムが機能している．分子，微粒子，ナノ構造体など，物質がもつ非線形応答や自己組織性を生かせば，脳型のアルゴリズムの一部を物質媒体として実現できる可能性がある．つまり，分子やナノ物質のネットワークそのものが情報処理のアーキテクチャとして機能するシステムが模索されている．図 17-3(a) は，この概念の萌芽として 1994 年に雨宮らによって示されたものである[12]．人工知能が現実的な課題となるはるか以前に，この概念が提唱されていたことは注目に値する．しかし，雨宮の論文は，概念の提出に過ぎず，どのような物質のどのような物性を考えればよいかということは，のちの研究にゆだねられていた．この概念は，21 世紀初頭からのナノサイエンス・テクノロジーの深化により，近年になってようやく具体性を帯びてきた．以下，最近のナノチューブ，ナノワイヤ，微粒子，分子などのナノ材料を用いて，ネットワーク型の情報デバイスを構築する試みを紹介する．

金微粒子をランダムに集積して，情報処理を実現した例が報告されている[13]．図 17-3(b) に示したように，金微粒子を被覆する有機層が絶縁層として，クーロン・ブロッケードによる記憶とスイッチ動作を実現している．遺伝的アルゴリズムにより有効な電流経路の組み合わせを学習し，設計なしに作成したランダムな系で目的とする情報処理を可能にする点は，脳の学習過程と似ていて，きわめて興味深い．ただし，ネットワークの入力と出力の関係はブール代数による演算を実現するものであるので，ニューラルネットワークのような重みづけによる情報処理を物質系で行っているわけではない．ランダム系で論理演算を引き出す試みは，カーボンナノチューブの集積によるデバイスでも試みられている[14]．

物質のネットワーク構造では，ネットワーク内部の結合は十分に複雑なものを容易に得ることができるが，ネットワーク内部から電極を引き出すことは

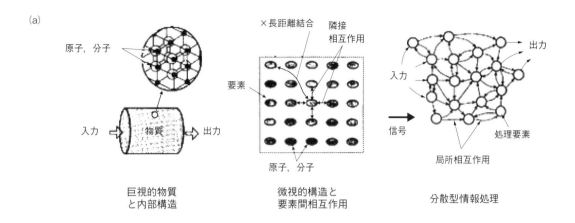

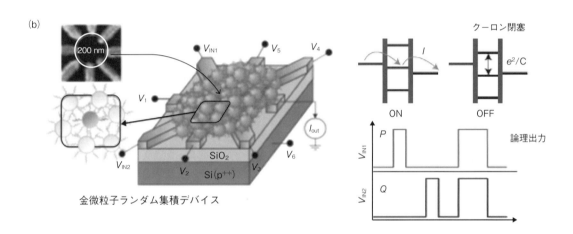

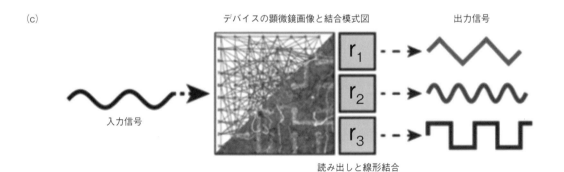

図 17-3 ネットワーク型分子デバイスの例
(a)物質内部の原子や分子の配列と相互作用が，非ノイマン型計算システムを構成する概念を示した模式図(文献[13]より改変)．(b)金微粒子ランダム集積デバイスにおけるクーロン閉塞を利用した論理型デバイスの研究例(文献[14]より改変)．(c)ナノワイヤランダムネットワークを用いたリザーバー計算デバイスの研究例(文献[16]より改変)．

困難である場合が多い．リザーバー計算は，ネットワーク外縁部に接続した電極のみで意味ある機能を実現できる可能性が高く，材料科学の分野で注目を集めている．図17-3(c)は銀ナノワイヤのランダムネットワークを用いて，実際にリザーバー計算を実行した研究である[16]．ナノチューブと電気伝導性ポリマーのブレンドでも研究例がある[17]．金属錯体には安定な酸化還元が可能で，電気伝導にヒステリシス特性を示すものが多くあり，リザーバー計算に必要なダイナミクスを供給する有力な物質群である．現在は，金属錯体の酸化還元を利用したメモリスタとしての研究が主流で，クロスバーシステムに組み込む研究がさかんに行われているが，リザーバー計算への利用も強く意識され始めている[12]．分子物質がもつ高い自己組織化能力に金属錯体の酸化還元ダイナミクスを組み込んだリザーバー計算デバイスが期待できる．

脳型の情報処理を考えるとき，神経ネットワークのような多重結合，ダイナミクスと並んで重要なのはノイズである．生物のシステムでは，熱や環境による揺らぎを積極的に取り込んだ情報処理が行われている．微弱な信号が雑音に助けられて応答関数の

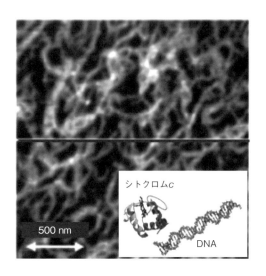
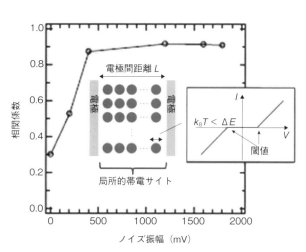

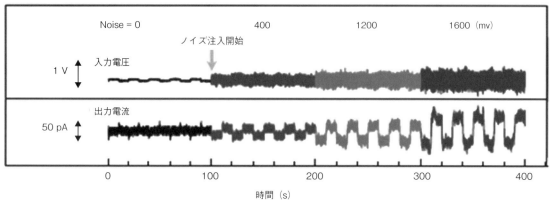

図17-4　分子ネットワークによる確率共鳴現象の観測例（文献[20]より改変）
左上図はシトクロム c とDNAで構成したネットワークの原子間力顕微鏡画像．下図は微弱な周期信号にノイズを注入したときの出力信号．ノイズによって入力と同期した出力が現れる．右上図では，確率共鳴現象の特徴である，ノイズ振幅増大に伴う入出力信号の相関係数増大と飽和が観測されている．挿入図は，クーロン・ブロッケードネットワークの概念図．

> ✦ COLUMN ✦
>
> ★いま一番気になっている研究者
>
> ## Wilfred G. van der Wiel
> (オランダ・トゥエンテ大学 教授)
>
> 　van der Wiel 教授は，オランダ・トゥエンテ大学の電子工学科とナノテクノロジー研究所に所属する量子エレクトロニクスの専門家である．化学の分野での経験もあることから，微粒子や分子を積極的に取り扱い，無機有機複合体や無秩序構造体を用いて，脳に学んだエレクトロニクスの研究を進めている．無秩序な金微粒子集積体で構築されたデバイスのクーロン閉塞を用いて，遺伝的アルゴリズムによる学習を行い，論理演算が可能であることを実証した研究 "Evolution of a designless nanoparticle network into reconfigurable Boolean logic" を Nature Nanotechnology に発表し〔*Nat. Nanotechnol.*, **10**, 1048(2015)〕，注目を集めている．フォンノイマン型ではない，物質や材料に基づく新規計算機能の探索研究を展開し，脳機能を強く意識したデバイス研究のプロジェクト BRAINS を推進している．

閾値を超えることにより，確率を振幅に変換する確率共鳴現象が現れる．確率共鳴現象は，生体系では神経細胞の発火現象と結びついて重要な役割を果たしているが，工学的にもセンシングや画像処理への応用が行われている[18]．確率共鳴現象は強い非線形特性があれば観測することができるので，クーロン・ブロッケードを利用した情報処理が試みられてきた[19]．図 17-4 はタンパク質/DNA で構成した分子クーロン・ブロッケードネットワークに微弱信号と雑音を入力して，出力を観測した結果である．雑音振幅の増加に従って，入力と出力の相関係数に著しい増大と飽和が見られ，典型的な確率共鳴現象が観測された[20, 21]．これは，分子システムにより確率共鳴現象を示した最初の例であるとともに，分子ネットワーク内で信号の混合と分岐が起こり，分子ネットワークが回路として働いていることを意味している．さらに，個々の分子の広い意味での酸化還元により，分子そのものが発生するノイズ[22]を利用した確率共鳴現象も報告されている[23]．

3 まとめと今後の展望

　分子ネットワークを用いた情報処理研究は，まだ始まったばかりであるが，単一分子の電気特性計測で明らかになった基礎的な知見を，どのようにランダム系，複雑系に結び付けていくか，その道筋はまだ明らかではない．分子ネットワークで現れる現象は，単一分子でもバルク固体としての分子集合体でも得られない未知の領域である．分子ネットワークの電子的物性について，基礎から地道に積み上げていく研究と，情報処理システムとして機能を創出していく研究の双方を同時並行的に進めて，新しい地平を切り拓いていくことが望まれる．

◆ 文　献 ◆

[1] F. Chen, J. Hihath, Z. Huang, X. Li, N.J. Tao, *Annu. Rev. Phys. Chem.*, **58**, 535 (2007).

[2] Y. Hu, Y. Ahu, H. Gao, H. Guo, *Phys. Rev. Lett.*, **95**, 156803 (2005).

[3] B. Xu, N. J. Tao, *Science*, **301**, 1221 (2003).

[4] A. Aviram, M. Ratner, *Chem. Phys. Lett.*, **29**, 278 (1974).

[5] H. Song, Y. Kim, Y. H. Jang, H. Jeong, M. A. Reed, T. Lee, *Nature*, **462**, 1039 (2009).

[6] S. Kubatkin, A. Danilov, M. Hjort, J. Cornil, J.-L. Brédas, N. Stuhr-Hansen, P. Hedegård, T. Bjernholm, *Nature*, **425**, 698 (2003).

[7] T. Matsumoto, H. Matsuo, S. Sumida, Y. Hirano, D. C. Che, H. Ohyama, *Int. J. Parallel, Emerg. Distrib. Syst.*, **32**, 252 (2017).

[8] A. Danilov, S. Kubatkin, S. Kafanov, P. Hedegård, N. Stuhr-Hansen, K. Moth-Poulsen, T. Bjørnholm, *Nano Lett.*, **8**, 1 (2008).

[9] V. Mujica, M. Kemp, A. Rotiberg, M. Ratner, *J. Chem. Phys.*, **104**, 7296 (1996).

[10] J. C. Li, *Chem. Phys. Lett.*, **473**, 189 (2009).

[11] S. Nishijima, Y. Otsuka, H. Ohyama, K. Kajimoto, K. Araki, T. Matsumoto, *Nanotechnology*, **29**, 245205 (2018).

[12] K. Pilarczyk, E. Wlaźlak, D. Przyczyna, A. Blachecki, A. Podborska, V. Anathasiou, Z. Konkoli, K. Szaciłowski, *Coordin. Chem. Rev.*, **365**, 23 (2018).

[13] Y. Amemiya, *J. Intell. Mater. Syst. Struct.*, **5**, 418 (1994).

[14] S. K. Bose, C. P. Lawrence, Z. Liu, K. S. Makarenko, R. M. J. van Damme, H. J. Broersma, W. G. van der Wiel, *Nat. Nanotech.*, 207, 1048 (2015).

[15] M. K. Massey, A. Kotsialos, D. Volpati, E. Vissol-Gaudin, C. Pearson, L. Bowen, B. Obara, D. A. Zeze, C.Groves, M. C. Petty, *Sci. Rep.*, **6**, 32197 (2016).

[16] H. O. Sillin, R. Aguilera, H. -H. Shieh, A. V. Avizienis, M. Aono, A. Z. Stieg, J. K. Gimzewski, *Nanotechnology*, **24**, 38404 (2013).

[17] M. N. Dale, J. F. Miller, S. Stepney, M. A. Trefzer, 'Evolving Carbon Nanotube Reservoir Computers,' in "Unconventional Computing and Natural Computation: 15th International Conference, UCNC 2016, Manchester, UK, July 11-15, 2016, Proceedings, Lecture Notes in Computer Science," ed. by M. Amos, A. Condon, Springer (2016), p. 49. Online URL: http://eprints.whiterose.ac.uk/113745/

[18] J. Cervera, J. A. Manzanares, S. Mafé, *Plos One*, **8**, e53821 (2013).

[19] J. Cervera, S. Mafé, J. Nanosci. *Nanotechnol.*, **11**, 7537 (2011).

[20] Y. Hirano, Y. Segawa, T. Kawai, T. Matsumoto, *J. Phys. Chem. C*, **117**, 140 (2013).

[21] Y. Hirano, Y. Segawa, T. Kuroda-Sowa, T. Kawai, T. Matsumoto, *Appl. Phys. Lett.*, **104**, 233104 (2014).

[22] A. Setiadi, H. Fujii, S. Kasai, K.-I. Yamashita, T. Ogawa, T. Ikuta, Y. Kanai, K. Matsumoto, Y. Kuwahara, M. Akai-Kasaya, *Nanoscale*, **9**, 10674 (2017).

[23] H. Fujii, A. Setiadi, Y. Kuwahara, M. Akai-Kasaya, *Appl. Phys. Lett.*, **111**, 133501 (2017).

Chap 18

DNA の電気診断
Single-Molecule Electrical Diagnostics of DNA

谷口 正輝
(大阪大学産業科学研究所)

Overview

1 分子接合の電気的性質や磁気的性質は，分子の電子状態と電極–分子間相互作用に支配される．とくに，電極–分子間相互作用は，原子レベルの電極構造，分子構造，電極に対する分子の配向に依存し，これらを正確に制御することが困難であるため，均一性が要求される電子素子として1分子接合が応用されるには，もう一段の飛躍が必要である．一方で，電極–分子間相互作用はあるものの，弱い電極–分子間相互作用の場合，1分子接合の性質は，1分子の電子状態を大きく反映するため，1分子接合は1分子を識別するデバイスへの応用が可能になる．1分子を識別することで，科学的にも社会的にも最大の意義をもつものが，塩基配列を決定するDNAシークエンシング技術である．

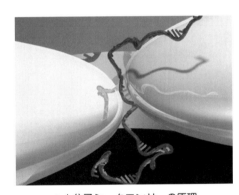

▲1分子シークエンサーの原理
[カラー口絵参照]

■ **KEYWORD** □マークは用語解説参照

- 1分子診断 (single-molecule diagnostics)
- DNA シークエンサー (DNA sequencer)
- 1分子接合 (single-molecule junctions)
- ナノポア (nanopores)
- ナノギャップ電極 (nanogap electrodes)
- トンネル電流 (tunneling currents)
- イオン電流 (ionic currents)
- 生体高分子 (biopolymers)

はじめに

新たなDNAシークエンシング技術は，生物，医科学，および創薬に革新的な発展を与え続けており，現在は，次々世代技術の開発が行われている．ヒトゲノム計画の終了は，遺伝情報に基づく個別化医療の幕開けだと全世界の人々が期待していたが，塩基配列決定にかかる時間とコストが，個別化医療の実現の大きな壁となっている．この課題を解決するのが，次々世代DNAシークエンサーであると期待されている．

世界の期待を背負う新技術は，大きく二つに分類される．ともに，ナノポア，あるいはナノ流路技術を用いることは共通しているが，検出原理が，イオン電流とトンネル電流に分かれる[1]．イオン電流型は，さらにバイオナノポアと固体ナノポアの二つに分類される（図18-1）[2,3]．バイオナノポアは，塩基分子の識別，修飾塩基分子の識別，および塩基配列決定を行うことができ，固体ナノポアは塩基識別のみ可能である．一方，トンネル電流型は，ナノギャップ電極と修飾ナノギャップ電極の二つに分類される[4]．ナノギャップ電極は，塩基識別，修飾塩基識別，アミノ酸識別，塩基配列決定，およびアミノ酸配列決定が可能であるが，修飾ナノギャップ電極は，塩基識別，修飾アミノ酸識別，およびアミノ酸識別に限られる．

1 イオン電流型シークエンシング法の原理

バイオナノポアは，チャネルタンパク質がもつ直径数ナノメートルの貫通孔を利用するのに対して，固体ナノポアは，シリコンなどの基板に作製された直径数ナノメートル以上の貫通孔を利用する．これら二つのナノポアの検出原理は，同じである．ナノポアに電圧を加えると，ナノポアに大きなイオン電流が流れる（図18-2）．ナノポアの中に分子が進入しはじめると，イオンの流れが妨げられるため，イオン電流が減少し，ナノポアの中に分子が完全に入るときにイオン電流変化が最大になる．最大イオン電流変化量（I_p）から分子の体積を求めることができるため，ナノポアは体積の異なる大きな分子を識別する能力をもつ．

バイオナノポアの直径と厚みは，それぞれ数nm程度であり，ナノポアを構成するタンパク質が分子認識能力をもつため，分子サイズが数nmの分子を識別することができる．ところが，周囲環境に敏感なタンパク質は耐久性が低いという問題がある．この問題を解決するために開発されたのが，固体ナノポアである．研究開発当初，最新の微細加工技術を駆使して，1塩基分子サイズと同程度の小さい直径をもつナノポアの開発競争が世界中で行われたが，1塩基分子を識別することには誰も成功しなかった．原因は，固体ナノポアの厚みにあった．

そこで考えられたのが，膜厚の薄い固体ナノポアである（図18-3）．たとえば，二つの分子から構成さ

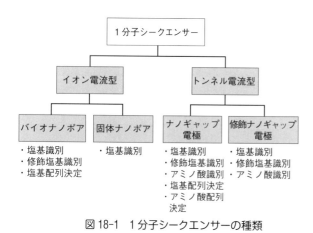

図18-1　1分子シークエンサーの種類

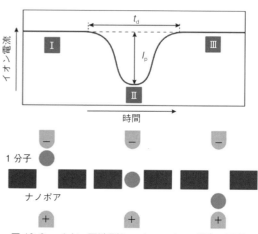

図18-2　イオン電流型シークエンシング法の原理

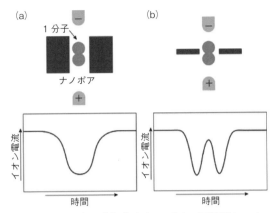

図 18-3 高い空間分解能をもつイオン電流型シークエンシング法の原理
(a)厚膜ナノポアと(b)薄膜ナノポア.

れるダルマ型の分子を計測する場合を考える．分子より大きな膜厚をもつナノポアで計測すると，最大イオン電流変化は，ダルマ型分子の体積を反映することになり，1分子解像度を得ることができない．分子より小さな膜厚で計測するとき，得られるイオン電流変化は，分子の断面体積に対応することになる．塩基分子サイズが，1 nm 程度であることを考えると，膜厚は数Åの厚みが必要とされる．そこで，用いられたのが，1原子層のグラフェンや MoS_2 である[3]．グラフェン固体ナノポアで1塩基分子識別は実現されていないが，特殊な計測環境を用いると，MoS_2 固体ナノポアでは1塩基分子識別が報告されている[5]．

2 トンネル電流型シークエンシング法の原理

トンネル電流型は，1塩基分子がナノギャップ電極間を通過するときに，電極—1塩基分子—電極間を流れるトンネル電流により，1塩基分子種を識別する方法である（図 18-4）．電流—時間波形は，イオン電流とは反対になるものの，その波形は同様に最大電流値（I_p）と電流持続時間（t_d）の二つで特徴付けられる．

1塩基分子を流れるトンネル電流の大きさは，分子と電極間の相互作用と，分子の電子状態によって決定される．塩基分子—電極間相互作用は弱いため，DNA を構成する四つの塩基分子と電極との相互作用は同等であると近似される．この時，電極のフェルミエネルギーから HOMO のエネルギーが近いほど，トンネル電流が大きくなる（図 18-5）．実際に，量子化学計算で得られた HOMO のエネルギーの順番と，計測結果で得られたトンネル電流の順番が一致する[4]．この結果は，1分子の電子状態のわずかな違いをトンネル電流で読み出せることを示している．この原理に従い，RNA を構成する四つの塩基分子や，アミノ酸もトンネル電流で識別されている[4]．

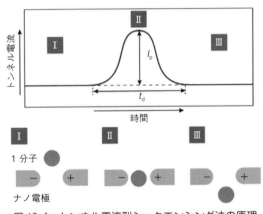

図 18-4 トンネル電流型シークエンシング法の原理

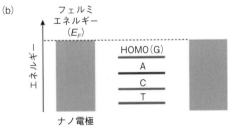

図 18-5 トンネル電流型シークエンシング法の電子輸送原理
(a)修飾ナノギャップ電極型とナノギャップ電極型．(b)電極と塩基分子のエネルギー状態図．

修飾ナノギャップ電極型は，塩基分子を認識する分子で，ナノギャップ電極を修飾する方式である[4]．電極—修飾分子—1塩基分子—修飾分子—電極間を流れるトンネル電流は，ナノギャップ電極と同様の電流-時間波形を示す．この方式でDNAの塩基配列を決定するためには，四つの塩基分子を認識する修飾分子を開発する必要がある．また，修飾塩基分子と塩基分子の相互作用を適度な強さに調整しなければ，連続的に塩基配列を読み出すことができない．このため，現在のところ，1塩基分子識別には成功しているものの，塩基配列決定は実現されていない．

3　1分子データの解析法

電極間距離と電圧(V)を固定して，DNAの四つの塩基分子のトンネル電流(I)を計測すると，1分子電気伝導度(I/V)が得られる．各塩基分子の電気伝導度ヒストグラムは，図18-6のようになり，一つのピーク電気伝導度を示す[4]．ピーク電気伝導度により，四つの塩基分子を識別できることはわかるが，ヒストグラムが重なる領域の電気伝導度が得られるとき，四つの塩基分子を精度良く識別できるかどうかが課題になる．たとえば，G_1の電気伝導度が得られるとき，1塩基分子はグアニンである．ところが，G_2やG_3の電気伝導度が得られるとき，どの塩基分子と決定すれば良いだろうか？

各塩基分子の電気伝導度ヒストグラムは，見方を変えると，電気伝導度の確率密度関数に対応している．したがって，計測で得られる電気伝導度は，四つの塩基分子の確率密度関数の和で表すことができ，

得られる電気伝導度に各塩基分子がどのくらいの割合で寄与しているかを求めることができる．G_2の電気伝導度が得られるとき，グアニンとアデニンは，50％と50％の寄与率となり，どちらの塩基分子か決定することはできない．G_3の電気伝導度の場合，アデニン：5％，シトシン：85％，チミン：10％となり，塩基分子はシトシンと決定される．塩基分子種を確率的に求めるのは不思議で不正確な感じがするが，すべてのDNAシークエンサーにはこの方法が用いられている．さらに，アセンブル法という解析技術を使うことで，全塩基配列決定の精度を99％以上にすることができる．この解析技術は，人工知能の分野に導入され，今後，1分子データに人工知能が応用されると予測される．

4　1分子の流動ダイナミクス

ナノギャップ電極型でGTACの配列をもつDNAを計測すると，階段状の電流-時間波形が得られる(図18-7)．この一つの波形のヒストグラムが，四つのピーク電気伝導度を示すことから，4種類の塩基分子が存在することがわかる．ところが，多くの場合，GTACと理想的に塩基分子が読み出されることはなく，GTATACのように，一見すると出所不明の塩基配列が読み出される[4]．これは，ブラウン運動の影響であり，GTAと読み出した後，AでTに戻り，再度，方向転換して，

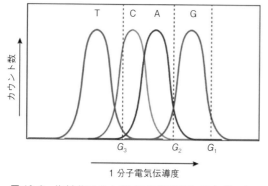

図18-6　塩基分子の1分子電気伝導度ヒストグラム

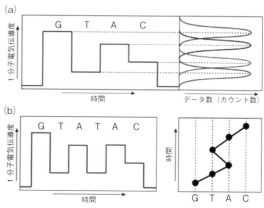

図18-7　GTACの配列をもつDNAの1分子電気伝導度-時間プロファイル
(a)GTACと(b)GTACの重複読みのプロファイル．

COLUMN

★いま一番気になっている研究者

Aleksandra Radenovic
（スイス・エコール・ポリテクニーク・ローザンヌ校 准教授）

　Radenovic准教授は，エコール・ポリテクニーク・ローザンヌ校で1分子生物物理を専門とする女性研究者で，光計測や固体ナノポアを用いた研究を精力的に進めている．1原子層で半導体特性が得られるMoS_2のデバイス機能〔*Nat. Nanotechnol.*, **6**, 147 (2011)〕や，MoS_2固体ナノポアで塩基分子の1分子識別を実証〔*Nat. Nanotechnol.*, **10**, 1070 (2015)〕している．それまで，固体ナノポアを用いた1塩基分子識別はきわめて困難であると考えられていた．彼女らは，ナノ加工，ナノデバイス開発，およびナノ計測の一貫した研究をかなりのスピードで進めており，研究対象もDNAから細胞まで幅広い．MoS_2固体ナノポアを用いた1塩基識別では，生体分子計測では用いられない，イオン液体を使用した特殊な環境下で実験を行っている．何としてでも目的を達成しようとする気迫あふれる研究が特徴的である．実際に会って話をしてみても，研究から受ける印象と人柄は変わらない．今後も，きわめて困難と考えられている研究課題を，持ち前のパワーで突破していくと期待している．とくに，固体ナノポアを用いたイオン電流計測により，1分子解像度で塩基配列決定ができるかどうかに注目している．

TACと読み出される場合である．このように，塩基配列解析をもとに，一つのDNAの運動を調べることができる．実際の計測では，GTACのうち，GだけやAだけの波形や，GTやACなどの部分配列が多数観察される．これは，DNAがナノギャップ電極間を一定の方向で通過する確率が低いためであり，DNAの一部のみがナノギャップ電極間を通過する方が確率的に高いからである．より長い塩基配列を高精度で読み出すには，一つのDNAをナノギャップ電極間で，一定方向に移動させる制御法の開発が必要であり，現在，世界中で研究競争が行われている[6]．

5 まとめと今後の展望

　ナノギャップ電極型のDNAシークエンシング法を中心に，DNAの電気診断について紹介してきた．意外な感じがするかもしれないが，DNA上の塩基分子を順番に直接読み出すことができるのは，ここで紹介した方法しかなく，これまでのDNAシークエンサーとは計測原理がまったく異なっている．これらの方法に共通するのは，一つのDNAを計測対象にしており，1分子解像度で塩基分子を読み出す1分子識別法と，一つのDNAの流動ダイナミクスを制御する方法の二つから構成されている点である．1分子識別法の原理は実験的に実証されているが，1分子の流動ダイナミクス制御に関しては，研究が始まったばかりである．今後，ナノポア内，あるいはナノギャップ電極間の，1分子の流動ダイナミクスの解明と制御法の開発が期待される．

◆ 文献 ◆

[1] D. Branton et al., *Nat. Biotech.*, **26**, 1146 (2008).
[2] C. Dekker, *Nat. Nanotechnol.*, **2**, 209 (2007).
[3] S. J. Heerema, C. Dekker, *Nat. Nanotechnol.*, **11**, 127 (2016).
[4] M. DiVentra, M. Taniguchi, *Nat. Nanotechnol.*, **11**, 117 (2016).
[5] J. D. Feng, K. Liu, R. D. Bulushev, S. Khlybov, D. Dumcenco, A. Kis, A. Radenovic, *Nat. Nanotechnol.* **10**, 1070 (2015).
[6] B. M. Venkatesan, R. Bashir, *Nat. Nanotechnol.* **6**, 615 (2011).

Part III

役に立つ
情報・データ

APPENDIX

PartⅢ 役に立つ情報・データ

この分野を発展させた
革新論文 50

❶ 小さな導体を流れる弾道的な電子による電気伝導度に関する Landauer 公式

R. Landauer, "Spatial Variation of Currents and Fields Due to Localized Scatterers in Metallic Conduction," *IBM J. Res. Dev.*, **1**, 223 (1957).

二つの向き合ったバルク電極の間を繋ぐ小さな導体を流れる電子による電気伝導度を与える公式．公式とはよばれているが，数学的な導出よりも，その前提になる物理的な思索・洞察に特徴がある．そのため，しばしば Landauer 仮説ともよばれる．この仮説では，バルク電極が熱平衡にあり，導体から入射した電子がいったん対向電極内部に入ると，再び導体に戻らないとし，また導体のサイズがその中の電子の平均自由行程や緩和長に比べて十分に小さいため，導体中での電子に対する散乱効果が無視できるとしている．その仮説の下で，電気伝導度は電子の透過確率を用いて表すことができる．無散乱状態での電気伝導度が有限に留まるのはバルク電極と小さな導体の接合切片の面積・体積が有限なことによる電子準位の量子効果による離散性のためである．この公式が予言する階段形状をとる電気伝導度のゲート電圧依存性は，メゾスコピック半導体で実験観測されており，その仮説の妥当性が広く信じられている．

❷ 負の微分抵抗を含んだ電子回路がニューロンの振る舞いと数学的に等価になる

J. Nagumo, M. Shimura, "Self-Oscillation in a Transmission Line with a Tunnel Diode," *Proceedings of the IRE*, **49**, 1281 (1961).

南部らは，神経のモデルとなる微分方程式を提案し，その微分方程式で記述できる電気信号を，トンネルダイオード（負の微分抵抗を示す）を用いた回路で実装できることを提案した．その回路をつなげてネットワークをつくると，パルス信号が能動的にノード間を移動することを実験的に示し，トンネルダイオードで神経軸索のモデル系を実装できることを明らかにした．トンネルダイオードネットワークから発生する信号は，微分方程式で記述が可能であるが，初期状態依存性が大きく，ある条件ではランダムな信号のように見えることがあるが，これは革新論文❽に述べるカオス信号である．

❸ ブラウン・ラチェットを世の中に広める

R. P. Feynman, R. B. Leighton, M. L. Sands, "The Feynman Lectures on Physics Volume I," Addison-Wesley (1963), Chapter 46.

揺らいでいるブラウン粒子から力を取り出すための装置として，本書でブラウン・ラチェットが登場する．ブラウン・ラチェットは 1912 年に Marian Smoluchowski によって最初に解析されているが，本書によって世に広められた．ここでは，熱の出入りがない閉じた系では，ランダムに運動するブラウン粒子はラチェットを回すことができないことを示しているが，これと同時に，熱の出入りが可能な開放系であるならば，ラチェットを駆動できることを指摘している．外界へのエネルギー散逸の過程で生じるエネルギーの流れが，ラチェットの一方向回転を可能にする．生命体の力の源はここにある．ただ，世の中では前者のみがクローズアップされ，ブラウン・ラチェットは原理的に機能しないと理解されていることが少なくない．

182

APPENDIX

❹ 失われた回路素子

L. Chua, "Memristor - The Missing Circuit Element," IEEE. *Trans. Circuit. Theory.*, **CT18**, 507 (1971).

2端子素子である抵抗，コンデンサー，コイルは，それぞれ，電圧と電流，電圧と電荷，磁束と電流を結びつける素子である．L. Chua は，数学的な対称性から磁束と電荷を結びつける第4の2端子素子の存在を提言し，その素子を「メムリスター」と名付けた．そして「メムリスター」が，過去の信号入力履歴に依存して抵抗を変化させる「学習記憶素子」として動作することを理論的に示した．磁束と電荷を結びつける真の意味での「メムリスター」はいまだ見つかっていないが，現在では「学習記憶素子」の意味で「メムリスター」が広く用いられている．当該分野を正しく理解するうえで必読の論文である．

❺ 分子整流器

A. Aviram, M. A. Ratner, "Molecular Rectifiers," *Chem. Phys. Lett.*, **29**, 283 (1974).

この論文では電子ドナー性のテトラチアフルバレンと電子アクセプター性のテトラシアノキノジメタンを電子的に不活性なアルキル鎖で結合した有機分子が，整流作用をもつことを理論研究にて報告している．このモデル分子はpn接合を模倣した構成をしており，電圧をかけるとドナーからアクセプターへの電子輸送が起こり，逆方向に電圧をかけても電子輸送は起こらないと予測している．このモデル分子のようにHOMO–LUMOのエネルギー準位が適切であれば，整流作用を示すと考えられ，この理論研究が分子エレクトロニクスの端緒を開いたと言える．

❻ STM の発明

G. Binnig, H. Rohrer, Ch. Gerber, E. Weibel, "Surface Studies by Scanning Tunneling Microscopy," *Phys. Rev. Lett.*, **49**, 57 (1982).

Binnigらは，尖った金属探針を導電性試料に近づけたときに探針−試料間を流れるトンネル電流を使って，固体の表面構造を可視化できることを示した．この論文では，CaIrSn4とAuの(100)表面における単原子高さのステップ構造が可視化されている．STMを用いた表面構造の最初の報文である．STMの発明は，ノーベル物理学賞の受賞(1986年)，さらには表面科学だけでなく物性科学や分子科学に大きなインパクトを与えた．

❼ 確率共鳴の提唱

R. Benzi, G. Parisi, A. Sutera, A. Vulpiani, "Stochastic Resonance in Climatic Change," *Tellus*, **34**, 10 (1982).

氷河期が10万年周期で地球に現れる機構として確率共鳴のコンセプトが生まれた．論文前半で地球が双安定系になっているというモデルの説明があるが，こちらも面白い．通常期では太陽光を吸収し地表温度が上がるが，氷河期になると，地表が太陽光を反射するため地表温度はさらに下がるという正帰還によって双安定状態がつくられる．さて氷河期の周期は，ミランコビッチサイクルとよばれる地球の軌道離心率のゆがみによる太陽−地球間距離の変動周期と合致する．しかし軌道離心率変化による温度変化はせいぜい1℃程度であって，氷河期と通常期の気温差10℃に満たない．そこで，上記周期とは無関係の他要因による確率的な温度変化(揺らぎ)が微小温度変化に重畳し，双安定状態の遷移をアシストするという考えが編み出された．

APPENDIX

8 カオティック・ニューラルネットワーク

K. Aihara, G. Matsumoto, M. Ichikawa, "An Alternating Periodic-Chaotic Sequence Observed in Neural Oscillators," *Phys. Lett.* A, **111**, 251 (1985).

支配法則がわかっているシステムであっても，ある時間範囲だけを見るとその振る舞いが予測できず，一見，ランダムな信号のように見える信号がある．こうした信号をカオス(chaos)とよぶ．神経細胞からもカオス様(chaotic)の信号が出ていることがわかっており，それがネットワークを形成することで情報処理を行っていると考えられている．一方，同じくランダムに見える信号で，現時点での信号が直前の系の状態でのみ決まる系があり，マルコフ過程とよばれる．マルコフ過程(による信号)とカオス信号の違いは，現時点の信号の過去の履歴との相関である．前者は，原則的に相関がなく，後者には相関がある．相関をもつと，動的な信号の解析に有利であることと，多数の素子による超並列処理が可能になると考えられており，カオティック・ニューラルネットワークが脳のモデルとして盛んに研究されている．その先駆的な論文である．

9 シリコン基板上で逐次錯形成により均一な表面積層構造が組み上がった

H. Lee, L. J. Kepley, H.-G. Hong, T. E. Mallouk, "Inorganic Analogues of Langmuir-Blodgett Films: Adsorption of Ordered Zirconium 1,10-Decanebisphosphonate Multilayers on Silicon Surfaces," *J. Amer. Chem. Soc.*, **110**, 618 (1988).

分子アーキテクトニクスにおいて，基板表面上から均一で制御された構造体の作製は，非常に重要である．本論文は，シリコン基板にシラノールホスホン酸基を，まずプライマー層として二次元表面反応として作製したあとに，ジルコニウム(IV)イオン，ジホスホン酸架橋分子の順に順次積層化できることを，エリプソメーターで初めて証明した論文で，その後の交互積層膜や表面MOF(SURMOF)などの先駆けとなった．

10 STMを使った原子操作

D. M. Eigler, E. K. Schweizer, "Positioning Single Atoms with a Scanning Tunneling Microscope," *Nature*, **344**, 524 (1990).

EiglerとSchweizerは，極低温STMの探針を使って，Ni(110)表面に吸着させたXe原子を一つずつ動かして「IBM」という文字を描いた．各文字のサイズはおよそ5 nm．人類が初めて原子を操作して組み立てた文字である．この結果は，STMを使って原子や分子を構成要素にした人工ナノ構造を作製する道を拓くとともに，ナノサイエンスという新しい分野を切り拓いた．

11 分子ネックレス：多数のα-シクロデキストリンをひも状分子で通したロタキサン

A. Harada, J. Li, M. Kamachi, "The molecular necklace: a rotaxane containing many threaded α-cyclodextrins," *Nature* **356**, 325 (1992).

ロタキサンは輪が軸に挟まった形をした分子を指す．この研究以前のロタキサン合成は低収率で研究に進展がほとんどなかった．α-シクロデキストリンは，内部に疎水性分子を取り込むことのできる環状分子である．この論文では，軸状分子としてポリエチレングリコール分子を環状分子のα-シクロデキストリン内に通すことにより，ネックレス状分子であるポリロタキサンを世界に先駆けて合成した．この研究により分子被覆ワイヤの概念が提唱され大きな着目を浴びた．

APPENDIX

⑫ 表面の電子波を観る

Y. Hasegawa, Ph. Avouris, "Direct Observation of Standing Wave Formation at Surface Steps Using Scanning Tunneling Spectroscopy," *Phys. Rev. Lett.*, **71**, 1071 (1993).

Au(111)表面に局在する電子が，表面のステップ構造により反射されて電子定在波をつくることを可視化するとともに，その電子状態のエネルギー分散関係を決定した．この論文を契機に，固体の局所電子状態をSTMにより調べることが加速し，単純な金属単結晶だけでなく，磁性体表面や高温超伝導体の電子物性研究が発展した．

⑬ 金基板上での自立型チオールアンカー

J. K. Whitesell, H. K. Chang, "Directionally Aligned Helical Peptides on Surfaces," *Science*, **261**, 73 (1993).

アルカンチオールの自己組織化能を利用することで，金電極表面上で自己組織化単分子(self-assembled monolayer)膜が形成することが知られている．一方，分子アーキテクトニクス素子への実現にむけて，金電極上で自立して接合することが求められていた．Whitesellらは，メタン骨格のsp3構造の3か所にアルカンチオールを導入した三次元構造のアンカーを利用することで，金表面上に安定に接合し，かつ，官能基部位(本論文ではペプチド)を金表面に対して自立させることを可能にした．本論文ではペプチドの大きさと金原子の配列を考慮して三次元アンカー構造を選択しているが，この分子構造の概念をπ電子系アンカーに活かすことで，エレクトロニクス応用に向けた多脚型アンカー開発が展開されている．

⑭ 局在系低次元電子伝導の基礎的描像

A. A. Middleton, N. S. Wingreen, "Collective Transport in Array of Small Metallic Dots," *Phys. Rev. Lett.*, **71**, 3198 (1993).

一次元および二次元の微粒子配列の電気伝導特性に関する論文である．微小な微粒子を介した電気伝導では，電荷反発によるクーロン閉塞が電気伝導特性を支配する．この研究はクーロン閉塞のネットワークにおける電荷の動きをモンテカルロ計算により求めたもので，2018年時点の被引用数は330回を超えており，この分野の基本論文となっている．微粒子だけではなく，分子薄膜や配列の乱れた導電性高分子においても，この論文の考え方は有効で，低次元分子ネットワーク研究に欠かせない視点である．

⑮ 生物は揺らぎを使い性能を高める

J. K. Douglass, L. Wilkens, E. Pantazelou, F. Moss, "Noise Enhancement of Information Transfer in Crayfish Mechanoreceptors by Stochastic Resonance," *Nature*, **365**, 337 (1993).

生物は揺らぎを使って情報伝達能力を高めていることを示した論文．生物において揺らぎは多様性をもたせる手段と認識されていたが，これを契機に揺らぎは生体機能の性能を高める(可能性がある)ことが広く知られ，同時に確率共鳴は生物に特徴的な現象との位置付けとなった．本論文は，ザリガニの尾びれにある細毛の動きを通じて，水流を検知する感覚器に注目している．この感覚器は刺激に応じて電圧スパイクを発するが，著者らは感覚器に規則的な信号だけではなく，雑音を入力しても規則的な電圧スパイクが発生することに気づいていた．また，これとは別に，当時は生体機能とは無関係であった確率共鳴を知っていた．これらの背景があり，本来応答しない微弱入力であっても，雑音を加えると感覚器は応答するのではないかと思いついたようである．

APPENDIX

⓰ 100 Å を超える単分散オリゴマーの合成

J. S. Schumm, D. L. Pearson, J. M. Tour, "Iterative Divergent/Convergent Approach to Linear Conjugated Oligomers by Successive Doubling of the Molecular Length: A Rapid Route to a 128Å-Long Potential Molecular Wire," *Angew. Chem. Int. Ed. Engl.*, **33**, 1360 (1994).

分子アーキテクトニクスの実現のためには，導線の役割を担う分子ワイヤの開発が不可欠である．100 Å 程度の間隔を有するナノギャップ電極が達成できつつあった状況で，この電極を使って電気伝導特性を測定するための分子ワイヤが求められていた．分子ワイヤへの応用に向けて，鎖長を伸長させたπ電子系オリゴマーの利用が期待されていた．しかし，100 Å スケールの分子長をもち，構造が明確（単分散），かつ，分子の両末端に電極と接合可能なアンカー官能基を導入したπ電子系分子の合成は困難であった．これに対して，Divergent/Convergent Approach の概念を利用することで，フェニレンエチニレン分子を伸長させることに成功した．このあと，さまざまな長鎖π電子オリゴマーの合成が可能となった．

⓱ ネットワーク系における確率共鳴の重要性

J. J. Collins, C. C. Chow, T. T. Imhoff, "Stochastic Resonance without Tuning," *Nature*, **376**, 236 (1995).

この研究の発表以前から，自然現象や信号検出の分野で確率共鳴現象の重要性は指摘されていたが，ノイズ振幅の最適化が必要であった．しかし，この研究により，ネットワークシステムにおける確率共鳴現象では，ノイズ振幅の調整が必要ないことが初めて示された．この意味は非常に大きく，非線形応答をもつ多数の神経のネットワークにおいて，ノイズが非常に有効であり，確率共鳴現象が決定的に重要な役割を果たしていることを裏付けるものである．この論文は，確率共鳴に関する多くの基礎研究や応用研究の基本となるもので，被引用数は 2018 年時点で 600 回を超えている．ネットワーク型の分子エレクトロニクスやバイオセンサーの研究領域できわめて重要な論文である．

⓲ 分子接合における電機輸送現象の観測

M. A. Reed, C. Zhou, C. J. Muller, T. P. Burgin, J. M. Tour, "Conductance of a Molecular Junction," *Science*, **278**, 5336 (1997).

金属細線間に分子が配線された分子接合の形成およびその電気輸送特性測定に初めて成功した実験．それまで金属原子ワイヤーの量子伝導物性測定に用いられていた MCBJ 法を分子接合の形成に応用し，室温下で単分子接合の電気伝導特性が調べられた．得られた電気伝導度―電圧特性には，架橋分子の分子軌道を介した電子トンネリングを示唆するステップ状の変化が観測されるなど，分子接合の電気計測が実現できたことが示された．

⓳ 単分子空間分解能の振動分光スペクトロスコピー

B. C. Stipe, M. A. Rezaei, W. Ho, "Single-Molecule Vibrational Spectroscopy and Microscopy," *Science*, **280**, 1732 (1998).

それまで可能と言われながら実現しなかった走査型トンネル顕微鏡による非弾性トンネルスペクトロスコピーを初めて報告した．この手法は単分子接合における分子種の同定を可能にする強力な手法である．本報告を契機として非弾性トンネル効果を利用した研究が注目され，分子振動励起や電極の表面プラズモン励起を利用した研究などが登場し，STM が「見る」の手法から「局所励起」を起こすためのツールとして発展した．また，IETS は単分子接合に存在する分子の構造や伝導軌道を知るうえでも強力な手法となっている（革新論文㉘参照）．

APPENDIX

⑳ 単一磁性不純物で観測された近藤散乱

J. Li, W. D. Schneider, R. Berndt, B. Delley, "Kondo Scattering Observed at a Single Magnetic Impurity," *Phys. Rev. Lett.*, 80, 2893 (1998).

非磁性金属表面に磁性金属原子が吸着した状態で形成される近藤共鳴を初めてトンネル分光で検知した論文．一般的に近藤共鳴は磁性不純物が生じるスピンを逆の方向のスピンをもつ伝導電子がスクリーニングし，一重項をつくろうとする現象であり，高い状態密度がフェルミ準位に形成される．しかしトンネル分光では特殊な条件にあり，トンネル電流がこの状態を経て基板にトンネルする経路と，直接にトンネルする経路の干渉効果が生じ，Fano Shape とよばれる複雑なピーク形状を示す．とくに基板と強く結合した吸着子にその傾向が強く，単純なピークでスペクトルから物理現象を見いだしたところが画期的であった．

㉑ 分子電子デバイスにおける大きなオン-オフ比と負性微分抵抗

J. Chen, M. A. Reed, A. M. Rawlett, J. M. Tour, "Large On-Off Ratios and Negative Differential Resistance in a Molecular Electronic Device," *Science*, 286, 1550 (1999).

負性微分抵抗は印加電圧の上昇に伴い，電流が減少する特性を指す．本研究は，分子系で負性微分抵抗を発現した最初の例である．中央部にp-ニトロアニリン部位を導入した分子を金電極間に挟み込んだ素子で強い負性微分抵抗が生じることを報告している．外部からの印加電圧によりオン-オフを制御することができるため，スイッチングやメモリ素子として利用できる．負性微分抵抗の発現は，本論文中では外部からの印加によりp-ニトロアニリン部位がねじれることで，π電子共役系が分断されるためと論じられている．本現象は電極からの金(イオン)の移動(エレクトロマイグレーション)による説明も提唱されている．

㉒ 被覆による光物性の向上について

T. Sato, D.-L. Jiang, T. Aida, "A Blue-Luminescent Dendritic Rod: Poly(phenyleneethynylene) within a Light-Harvesting Dendritic Envelope," *J. Am. Chem. Soc.*, 121, 10658 (1999).

共役ポリマーの側鎖にかさ高い樹状骨格(デンドリマー)を導入することで，固体中で優れた青色発光を示した．従来共役ポリマーは，固体中で隣接する主鎖間のエネルギー移動によって発光が抑制されてきた．本研究では，側鎖のデンドリマーを巨大化するにつれてポリマー主鎖間の接触が抑制され，物性が向上した．加えて，側鎖が光を捕集することで，発光が増強される効果も明らかとなった．1本の共役ポリマーにおける機能を固体中でも用いるうえで，被覆の重要性が示された論文である．

㉓ 電子状態のコヒーレントな射影で形成された量子蜃気楼

H. C. Manoharan, C. P. Lutz, D. M. Eigler, "Quantum Mirages Formed by Coherent Projection of Electronic Structure," *Nature*, 403, 512 (2000).

近藤共鳴，STMによる原子操作，人工的に設計された原子構造による表面準位の計算された反射など，STMを用いて可能な技術を詰め込んだ報告であり，現象の面白さからその後理論計算で再現しようとする報告が多数されている．銅(111)表面の上に吸着したコバルト原子をひとつひとつ操作して，数十個の原子からなる円や楕円の吸着子の構造を作成する．楕円の焦点位置に磁性不純物としてコバルト原子を置いた場合，このコバルトの上のみならず，もう一つの焦点においても近藤共鳴が現れる．幽霊原子と名付けられた．

APPENDIX

㉔ 原子分解能 AFM を汎用化した力センサー

F. J. Giessibl, "Atomic Resolution on Si(111)-(7x7) by Noncontact Atomic Force Microscopy with a Force Sensor Based on a Quartz Tuning Fork," *Appl. Phys. Lett.*, **76**, 1470 (2000).

AFM ではカンチレバーによって，探針にかかる原子間力を検出する．そのカンチレバーのたわみを計測する機構が技術の中核をなす．カンチレバーの背面にレーザーを照射して，カンチレバーのたわみによる反射角の変化を検出する方式が最もよく知られている．しかしながら，超高真空さらには低温環境の AFM でそのような機構を導入するのは一般的に難しい．一方，レーザーを用いない方式として，水晶チューニングフォークが，より簡単な自己検出方式として知られていた．これはクォーツ時計に用いられている部品で，変形すると圧電効果により電流が生じる．Giessibl はフォークの1本を固定してもう1本をカンチレバーとして用いる方式を提唱した．これは qPlus センサーとよばれ，今では市販の低温 AFM/STM に採用されている．これにより原子分解能をもつ AFM の研究が世界中で加速した．

㉕ 電子輸送型分子への極性変換

A. Facchetti, Y. Deng, A. Wang, Y. Koide, H. Sirringhaus, T. J. Marks, R. H. Friend, "Tuning the Semiconducting Properties of Sexithiophene by α,ω-Substitution–α,ω-Diperfluorohexylsexithiophene: The First n-Type Sexithiophene for Thin-Film Transistors," *Angew. Chem. Int. Ed. Engl.*, **39**, 4547 (2000).

π電子系分子は，有機半導体材料としての応用が期待されている．ほとんどのπ電子系分子は，最高被占軌道レベルと金属電極の仕事関数のエネルギーレベルがマッチすることから，キャリアが正孔の p 型半導体特性を示す．しかし，エレクトロニクス素子を構築するためには，キャリアが電子の n 型半導体材料も不可欠である．本論文では，π電子系分子に電子求引性置換基であるパーフルオロアルキル基を導入することで，オリゴチオフェンの半導体特性を p 型から n 型へと極性変換させることに成功した．この後，この変換手法を活かして，n 型半導体材料の開発が盛んに行われるようになった．分子アーキテクトニクス材料開発においてもキャリアが電子の分子ワイヤ開発の展開が拓けた．

㉖ 二つのニトロニルニトロキシドをもつジアリールエテン：分子内磁気的相互作用の光スイッチング

K. Matsuda, M. Irie, "A Diarylethene with Two Nitronyl Nitroxides: Photoswitching of Intramolecular Magnetic Interaction," *J. Am. Chem. Soc.*, **122**, 7195 (2000).

ジアリールエテンの光異性化により分子内磁気的相互作用がスイッチすることを示した最初の報告である．ジアリールエテン分子の両端に安定有機ラジカルであるニトロニルニトロキシドを置換した分子において，開環体に比べて閉環体の反強磁性的交換相互作用が大きくなることが，磁化率の温度依存性の測定により示された．また，この原因が光異性化によるπ共役系の結合様式の変化であることも報告されている．

㉗ Fe|MgO|Fe 系のスピン依存トンネリング伝導度

W. H. Butler, X.-G. Zhang, T. C. Schulthess, J. M. MacLaren, "Spin-Dependent Tunneling Conductance of Fe|MgO|Fe Sandwiches," *Phys. Rev. B*, **63**, 054416 (2001).

MgO(100)薄膜を Fe(100)電極で挟んだデバイスのトンネル効果による電気抵抗と磁気抵抗を，第一原理計算から初めて予測した論文である．電気抵抗は，電極材料 Bloch 状態の波数空間対称性に依存し，かつ，絶縁体膜へ接続する evanescent 状態の減衰率が絶縁体膜厚に対し減衰的振動的に変化することを明らかにするとともに，MgO と Fe 界面で量子干渉を実現するに十分な清浄界面を作成できれば，巨大磁気抵抗トンネル効果が実現することを計算から示した．トンネル磁気抵抗比を巨大化するための設計指針は，その後の高性能な不揮発性メモリの製造に大きく寄与した．

APPENDIX

㉘ 水素分子の伝導度計測
R. H. M. Smit, Y. Noat, C. Untiedt, N. D. Lang, M. C. van Hemert, J. M. van Ruitenbeek, "Measurement of the Conductance of a Hydrogen Molecule," *Nature*, 419, 906 (2002).

世界で初めて単分子接合の振動分光計測に成功した論文である. Pt電極に架橋した水素単分子について, point contact spectroscopy を適用し, Pt-水素間の振動モードを観測し, 従来の電気伝導度計測のみで議論されていた研究を一新し, 分光に基づき伝導度を議論することを可能にした.

㉙ ポリロタキサン形式の被覆型分子ワイヤ
F. Cacialli, J. S. Wilson, J. J. Michels, C. Daniel, C. Silva, R. H. Friend, N. Severin, P. Samorì, J. P. Rabe, M. J. O'Connell, P. N. Taylor, H. L. Anderson, "Cyclodextrin-Threaded Conjugated Polyrotaxanes as Insulated Molecular Wires with Reduced Interstrand Interactions," *Nat. Mater.*, 1, 160 (2002).

共役ポリマーを合成する際に, シクロデキストリンとよばれる非導電性の環状分子を導入することで, 導電性のポリマー主鎖を環状分子が覆うポリロタキサン構造を合成した. このポリマーは, 環状分子が共役ポリマー間の接触を抑制するため, 固体中であっても優れた光・電気特性を示した. ポリロタキサンという超分子構造を機能性の共役ポリマーと融合するという先駆的な研究であり, その後のポリロタキサン形式の被覆型分子ワイヤ研究が発展するきっかけとなった.

㉚ 非平衡電気伝導における密度汎関数法
M. Brandbyge, J.-L. Mozos, P. Oedejón, J. Taylor, K. Stokbro, "Density-Functional Method for Nonequilibrium Electron Transport," *Phys. Rev. B.*, 65, 165401 (2002).

非平衡グリーン関数法に第一原理密度汎関数法を組み合わせ, 完全な第一原理で分子接合やナノデバイス系の電流-電圧特性計算手法を示した論文. この論文が発表される以前にも, 第一原理伝導計算手法の論文はいくつか発表されているので, これ一つを革新論文と位置づけるにはやや語弊があるかもしれない. しかし, 本論文は, 汎用的第一原理バンド計算プログラムに対して非平衡グリーン関数計算に必要な数値計算手法の導入と実装までを詳細に示しており, 本論文発表以降, 理論や計算手法の拡張を含む, 汎用性の高い第一原理伝導シミュレータ開発と, 分子デバイスなどへの適用が大きく進むことになった.

㉛ 遺伝的に発現させた光感受性タンパク質を用いて神経細胞を任意に操作
B. V. Zemelman, G. A. Lee, M. Ng, G. Miesenböck, "Selective photostimulation of genetically chARGed neurons," *Neuron*, 33 (1), 15 (2002).

遺伝的に発現させた光感受性タンパク質を用いて神経細胞を任意に操作した, いわゆるオプトジェネティクスの黎明期を代表する論文. 責任著者の Gero Miesenböck は, その後, オプトジェネティクスを利用してショウジョウバエで動物個体の行動の操作にも世界に先駆けて成功している.

㉜ 分子接合の繰り返し形成による単分子抵抗の計測: STM ブレーク・ジャンクション法の発明
B. Xu, N. J. Tao, "Measurement of Single-Molecule Resistance by Repeated Formation of Molecular Junctions," *Science*, 301, 1221 (2003).

STM を用いて単分子接合の電気伝導度を精度高く決定することに初めて成功した論文である. STM 探針を分子を含む溶液内で基板にぶつけて, 引き離す過程を何度も繰り返す STM ブレーク・ジャンクション法を提案した. これにより, 統計的な解析が可能になり, 単分子接合の伝導度を決定できるようになった.

APPENDIX

33 金に接合したフォトクロミック分子の片道光エレクトロニクススイッチング

D. Dulić, S. J. van der Molen, T. Kudernac, H. T. Jonkman, J. J. D. de Jong, T. N. Bowden, J. van Esch, B. L. Feringa, B. J. van Wees, "One-Way Optoelectronic Switching of Photochromic Molecules on Gold," *Phys. Rev. Lett.*, 91, 207402 (2003).

ジアリールエテンの分子コンダクタンスが光によってスイッチすることを示した最初の報告である．Mechanical Controllable Break Junction(MCBJ)法によって作成された金のナノギャップ電極間をジアリールエテンジチオール閉環体で架橋したデバイスにおいて，可視光照射による開環反応に伴ってコンダクタンスが3桁減少することが示された．この論文では，紫外光による閉環反応は進行しないこともあわせて報告されている．

34 分子による負性微分抵抗

N. P. Guissinger, M. E. Greene, R. Basu, A. Baluch, M. C. Hersam, "Room Temperature Negative Differential Resistance through Individual Organic Molecules on Silicon Surfaces," *Nano Lett.*, 4, 55 (2004).

過去，単一分子・少数分子や分子電子デバイスにおいてその電流—電圧曲線に負性微分抵抗が観測されたとする報告論文が多数出版されてきた．しかし，それらに対して懐疑的な研究者も多く，たとえばMark Reedらが1999年に発表した結果〔J. Chen et al., *Science*, 286, 1550 (1999)〕に対しては，電極から金属が電界マイグレーションを起こしているとする反駁論文も少なくない．強電界をかけた状況では，金属電極と分子の接合を実験的によく定義された状況にすることが非常に難しいことが一因となっている．一方，シリコンと有機分子は共有結合をつくるので強電界をかけても安全であり，負性微分抵抗の実験研究によい条件を提供することができる化学系である．n型ドープされたシリコン基板に結合したいくつかの有機分子に対して，走査型トンネル顕微鏡を用いた電流—電圧計測実験が行われ，2.5ボルトから5ボルトの強電圧領域で負性微分抵抗が観測された．この論文で議論された機構の成否はともかくとして，同じような系に対するほかの実験グループによっても負性微分抵抗が観測されており，この程度の大きさの強電界を安定的に印加できればこのような現象が見られることは間違いないようである．

35 無調整任意ネットワークによる学習

H. Jaeger, H. Haas, "Harnessing Nonlinearity: Predicting Chaotic Systems and Saving Energy in Wireless Communication," *Science*, 304, 78 (2004).

非線形応答を示す要素のネットワークを用いれば，ネットワークが無秩序なものであっても，内部の結合を変えることなく，ネットワークからのいくつかの出力の重みづけだけで，学習が可能であることを示した研究である．脳の学習メカニズムの理解において重要であるだけではなく，非線形力学応答との対応から，さまざまな機械や材料に適用できる概念であることが明らかになりつつある．分子やナノ材料によるネットワークでは，膨大な結合数が容易に得られる反面，ネットワーク内部の結合を人為的に調整することは難しいので，分子・材料系に適した学習モデルとして注目を集めている．本論文の重要性は広く認識されており，2018年時点での引用数は880回を超えている．

APPENDIX

㊱ 吸着した磁性イオンに対して化学結合を変化させ近藤状態を制御

A. D. Zhao, Q. X. Li, L. Chen, H. J. Xiang, W. H. Wang, S. Pan, B. Wang, X. D. Xiao, J. L. Yang, J. G. Hou, Q. S. Zhu, "Controlling the Kondo Effect of an Adsorbed Magnetic Ion Through Its Chemical Bonding," *Science*, 309, 1542（2005）.

従来金属原子のみで測定されてきた近藤共鳴を，分子の吸着子について初めて観察した報告例で，この報告後分子を対象にした近藤共鳴の研究が進展した．実験では金表面に吸着したコバルト・フタロシアニン分子について行われたもので，本来この分子は，コバルト原子のd軌道に1/2のスピンが存在するはずであるが，吸着によって金表面との相互作用による電子のやり取りでスピンが消滅している．それではどのようにして近藤共鳴が出現したか？　原子操作技術でトンネル電子の入射で炭素―水素結合が切断され，フタロシアニン骨格の炭素原子が直接金と結合をつくったためと考えられる．得られた近藤温度は非常に高い．先駆的実験であるが，その近藤共鳴の本質的な解明は少し疑問視される．

㊲ 単分子接合の熱起電力測定

P. Reddy, S.-Y. Jang, R. A. Segalman, A. Majumdar, "Thermoelectricity in Molecular Junctions," *Science*, 315, 1568（2007）.

走査型トンネル顕微鏡（STM）の針と基板の間に温度差を加えた状態で単分子接合を形成し，発生した電圧を測定するという単純明快な方法で単分子接合の熱起電力（ゼーベック係数）をはじめて測定した．本報告により，単分子接合や有機／無機ハイブリッド材料の熱電材料としての興味が高まった．ゼーベック係数の測定は，単分子接合の電子状態を理解するうえでも有用であり，現在では必須ともいえる測定手法になっている．

㊳ 失われた回路素子メムリスター発見

D. B. Strukov, G. S. Snider, D. R. Stewart, R. S. Williams, "The missing memristor found," *Nature*, 453, 80（2008）.

イオン伝導体を用いることでL. Chuaが理論的に予測した，「学習記憶素子」動作を実現できることを提案した論文．電圧印加のたびにイオンが注入された低抵抗領域が拡大することで，イオン伝導体層の抵抗が連続的に変化することを利用．著者らは，翌年，酸化チタン中の酸素イオンの移動を制御することで，素子動作を実証した．「学習記憶素子」としての「メムリスター」研究の火付け役となった論文である．

㊴ 分子の配向を揃えることで実現した単分子ダイオード

I. Díez-Pérez, J. Hihath, Y. Lee, L. Yu, L. Adamska, M. A. Kozhushner, I. I. Oleynik, N. Tao, "Rectification and Stability of a Single Molecular Diode with Controlled Orientation," *Nat. Chem.*, 1, 635（2009）.

世界で初めて単分子接合に曖昧さなく整流特性を発現させた論文である．非対称分子に保護基を導入して，まず基板に吸着させ，保護基を外すことで分子の配向を揃えることで，一定の方向での整流特性を単分子接合に発現させることに成功した．

APPENDIX

㊵ CO修飾探針による有機分子の超高分解能AFMイメージング

L. Gross, F. Mohn, N. Moll, P. Liljeroth, G. Meyer, "The Chemical Structure of a Molecule Resolved by Atomic Force Microscopy," *Science*, **325**, 1110 (2009).

IBMチューリッヒ研究所で，個々の有機分子の骨格をAFMによって直接観察できることが示された．探針との斥力計測により，ペンタセン分子を構成する五つの六員環が明瞭に可視化された．AFMの探針先端にCO分子を一つ付着させることで，安定して超高分解能イメージングが実現できる．CO分子はまず基板に吸着され，それを探針で拾い上げることによって，探針先端に付着させることができる．CO分子の炭素原子側が探針と吸着することが知られている．したがって，CO分子の酸素原子との斥力によって対象分子がイメージングされる．その後，この手法を用いた単分子の研究は急速な発展を遂げ，未知の単分子の同定，化学反応物の同定，単分子化学反応の制御，グラフェンナノリボンの可視化などが報告されている．

㊶ 1分子ナノポアDNAシークエンシングに向けた連続塩基識別

J. Clarke, H. C. Wu, L. Jayasinghe, A. Patel, S. Reid, H. Bayley, "Continuous Base Identification for Single-Molecule Nanopore DNA Sequencing," *Nat. Nanotechnol.*, **4**, 265 (2009).

バイオナノポアを用いたイオン電流計測により，DNAの塩基配列を決定できることを実証した．バイオナノポアが，塩基配列の異なるDNAを識別できることは報告されていたが，ナノポアを通過するDNAの速度が，電流計測速度より速すぎるため，十分な空間分解能が得られず塩基配列決定はできないと考えられていた．バイオナノポアの中にシクロデキストリンを修飾して物理的にナノポアの直径を小さくすることで，DNAの通過速度を遅くして，塩基配列決定に成功した．この研究は，1分子DNAシークエンシング法が，1分子識別法と1分子速度制御法から構成され，おたがいに相関することを示した．また，1分子速度制御法の重要性が，その後のナノ空間内の1分子流動ダイナミクスの研究の起爆剤となり，ナノポア内の物理・化学分野を切り拓いた．

㊷ 欠損のない被覆型ポリチオフェン

K. Sugiyasu, Y. Honsho, R. M. Harriso, A. Sato, T. Yasuda, S. Seki, M. Takeuchi, "A Self-Threading Polythiophene: Defect-Free Insulated Molecular Wires Endowed with Long Effective Conjugation Length," *J. Am. Chem. Soc.*, **132**, 14754 (2010).

被覆型分子ワイヤの新しい設計として，環状分子を側鎖として連結したチオフェン分子を重合することで，被覆型ポリチオフェンを合成した．従来は平衡状態にある貫通構造を重合していたため，ポリマー軸の一部には環が存在しない欠損が生じうる．本研究では環状分子をあらかじめ側鎖として連結することで，ロタキサン型被覆の弱点となる「環分子の欠損」を合成化学的に回避しており，軸全体が高い割合で被覆されている．その結果，分子内電荷移動度にして $0.9\ \mathrm{cm^2\ V^{-1}\ s^{-1}}$ という，分子ワイヤとして優れた伝導特性を実現することに成功した．

㊸ トンネル電流による1塩基分子識別

M. Tsutsui, M. Taniguchi, K. Yokota, T. Kawai, "Identifying Single Nucleotides by Tunneling Current," *Nat. Nanotechnol.*, **5**, 286 (2010).

微細加工技術で作製されたナノギャップ電極を用いた水溶液中のトンネル電流計測により，1塩基分子識別を報告した最初の論文．ナノギャップ電極型DNAシークエンシング法は，米国国立衛生研究所が，次々世代技術として全米体制で研究を推進していたが，塩基分子の大きさと同等の約1 nmのナノギャップ電極の作製が大きな障壁であり，原理実証はきわめて困難であると考えられていた．本論文は，1分子計測技術を応用することで，次々世代DNAシークエンシング法の原理を実証した．

APPENDIX

㊹ 電子トンネルによるDNAオリゴマーにおける1塩基分子識別

S. Huang, J. He, S. Chang, P. Zhang, F. Liang, S. Li, M. Tuchband, A. Fuhrmann, R. Ros, S. Lindsay, "Identifying Single Bases in a DNA Oligomer with Electron Tunnelling," *Nat. Nanotechnol.*, 5, 868 (2010).

塩基分子を認識する分子で，走査型トンネル顕微鏡（STM）のチップと金属基板の両方を修飾して作製した修飾ナノギャップ電極を用いて，溶液中でトンネル電流を計測することで，1塩基分子の識別と塩基分子のオリゴマーの識別を実証した．STMと金属基板で作製するナノギャップ電極は，1分子を計測する技術として確立され，認識分子と塩基分子の分子間相互作用により選択的な1分子計測ができると考えられ多くの実験がなされてきたが，四つの塩基分子の1分子識別は実現されなかった．この実現には，四つの塩基分子を認識し，電極修飾をしても十分な大きさのトンネル電流が得られる認識分子の発見がキーであった．

㊺ 単体固体素子による短期可塑性と長期増強の模倣

T. Ohno, T. Hasegawa, T. Tsuru.oka, K. Terabe, J. G. Gimzewski, M. Aono, "I Short-term plasticity and long-term potentiation mimicked in single inorganic synapses," *Nat. Mater.*, 10, 591 (2011).

L. Chuaの提案した「メムリスター」は電圧の印加（入力）がないかぎり，抵抗変化を示さない．これに対して，ナノギャップ中における金属原子架橋の形成と消滅を制御して動作する原子スイッチでは，電圧印加を止めた後でも原子やイオンの拡散が継続し抵抗が変化する．しかも，その度合いは電圧の入力頻度に依存する．これらの特徴を利用して，本論文では，人間の学習時に見られる短期記憶と長期記憶の動作を固体素子で初めて模倣することに成功している．自律的なシナプス動作を単体素子で実現する研究の先駆けとなった論文である．

㊻ 革新的ニューロモルフィックハードウェア ―IBM TrueNorth―

P. A. Merolla, J. V. Arthur, R. Alvarez-Icaza, A. S. Cassidy, J. Sawada, F. Akopyan Bryan L. Jackson, N. Imam, C. Guo, Y. Nakamura, B. Brezzo, I. Vo, S. K. Esser, R. Appuswamy, B. Taba, A. Amir, M. D. Flickner, W. P. Risk, R. Manohar, D. S. Modha, "A million spiking-neuron integrated circuit with a scalable communication network and interface," *Science*, 8, 345 (2014).

従来のコンピュータではメモリと演算器が完全に分離されているが，脳ではニューロンとシナプスがメモリと演算の両機能を兼ねている．本論文で提案された脳型チップ「TrueNorth」は，メモリと演算器を密に組み合わせて，1億のニューロンと2億5600万のシナプスを実現したニューラルネットワーク演算専用のチップである．70ミリワットの消費電力で，1秒あたり46億回のシナプス演算を行う能力をもっている．そのコンセプトは従前の技術を発展させたものであるが，電力効率と柔軟性はきわめて高いといえる．しかし，ニューロモルフィックといいつつも，最も単純なニューロンしか扱えず，またオンライン学習をすることもできない（学習は外付けのコンピュータ上で行う）．

㊼ 金属酸化物メムリスターが実現したニューラルネットワーク

M. Prezioso, F. Merrikh-Bayat, B. D. Hoskins, G. C. Adam, K. K. Likharev & D. B. Strukov, "Training and operation of an integrated neuromorphic network based on metal-oxide memristors," *Nature*, 7, 61 (2015).

脳のシステムを究極的に単純化した計算モデルとしてのニューラルネットワークは，深層学習という機械学習によってニューロン間シナプス重みを学習させることで現在の人工知能の機能を獲得するに至った．本論文はネットワークシナプスを接点にもつクロスバー構造を作成し，ナノサイズ金属酸化物メムリスターの抵抗値を機械学習法によって更新させることで，ニューラルネットワークを作成し，9ピクセルの文字認識を実現した．ソフトウェアや既存の電子デバイスではない，材料物性の可塑性を利用してニューラルネットワークを構築した革新的研究である．

APPENDIX

㊽ 機械学習によって進化するナノマテリアルネットワーク

S. K. Bose, C. P. Lawrence, Z. Liu, K. S. Makarenko, R. M. J. van Damme, H. J. Broersma and W. G. van der Wiel1, "Evolution of a designless nanoparticle network into reconfigurable Boolean logic," *Nat. Nanotech.*, 10, 1048 (2015).

現代のテクノロジーは整然と人工的につくりあげたものを制御しうるが，自然は乱雑をも制御し利用している．本研究は自然に凝集し，規則性をもたない乱雑なナノ金微粒子ネットワークを作製し，遺伝的アルゴリズムによって電流パスを最適化させることでブーリアンロジックゲートを実現した．金の微粒子は低温でクーロンブロッケイド効果を示し，ネットワークに接続された多電極に電圧を印加することで意図した信号を得る．学習と材料の組み合わせによって生みだされる複雑な信号処理は，これまでの計算機が苦手としていた部分に置き換わるなど，今後の応用が期待される．

㊾ 錯体分子のスピンコート膜が安定な抵抗変化型記憶デバイス（メムリスター）になった

S. Goswami, A. J. Matula, S. P. Rath, S. Hedstrom, S. Saha, M. Annamalai, D. Sengupta, A. Patra, S. Ghosh, H. Jani, S. Sarkar, M. R. Motapothusla, C. A. Nijhuis, J. Martin, S. Goswami, V. Batista, V. Venkatesan, "Robust Resistive Memory Devices Using Solution-Processable Metal-Coordinated Azo Aromatics," *Nat. Mater.*, 16, 1216 (2017).

不揮発性メモリは，デジタル分野でキーとなる要素技術である．このメモリ機能を分子膜を用いて，室温の大気下で達成できれば，容量と微細化に飛躍的に寄与することになる．本論文は，トリス(2-フェニルアゾピリジン)ルテニウム錯体をITO電極上にスピンコートした上に金あるいはITO電極を載せてI-V特性を測定したところ，大きなON/OFF比を示す抵抗変化型記憶デバイス（メムリスター）となることがわかった．各電位での錯体の還元状態をUVvisやラマンスペクトルで測定し，伝導機構は抵抗のON/OFFスイッチングは錯体上の配位子Lの段階的な還元によること，またそれに伴うカウンターイオンの変位が伝導に大きく関与していることを明らかにした．

㊿ 単層カーボンナノチューブとポリ酸からなる分子ニューロモルフィックネットワークデバイス

H. Tanaka, M. Akai-Kasaya, A. TermehYousefi, L. Hong, L. Fu, H. Tamukoh, D. Tanaka, T. Asai, T. Ogawa, "A Molecular Neuromorphic Network Device Consisting of Single-Walled Carbon Nanotubes Complexed with Polyoxometalate," *Nat. Commun.*, 9, 2693 (2018).

単層カーボンナノチューブ(SWNT)のポリ酸複合体は，単体では酸化還元による非線形テレグラフノイズを呈することが知られていた．そこでSWNT/POM系をランダムにネットワークを組ませ，それに1 mm間隔の電極を設置し，電圧を印加すると，0〜125 Vではノイズ量が純増し，150 V印加時にはニューロン様の脳型パルスが発生した．多経路系による非線形デバイスの協調効果による現象である．このSWNT/POM系にリザーバーコンピューティングシミュレーションを施したところ，任意の入力波形に出力波形を追随させることが可能であることがわかり，この系が時系列メモリとして利用できることが示唆された．分子系ランダムネットワークから脳型パルス発生が可能になった初めての例であり，将来的には人工知能ハードウェアに応用されることが期待される．

APPENDIX

Part III 役に立つ情報・データ
覚えておきたい ★ 関連最重要用語

1分子接合
電極間に接合された1分子の構造．分子と電極間の接合は，Au-S結合のような化学結合だけでなく，電極金属に対する配位結合，イオン結合，ファンデルワールス結合がある．

確率共鳴
非線形応答を示す系において，閾値以下の微弱信号に不規則なノイズを加えて入力すると，統計的に閾値を超えて入力の微弱信号と強い相関をもつ出力を得ることができる．生命など自然界の中には，確率共鳴が寄与する現象が多くあり，これに学んだ信号処理分野への応用も広く行われている．

クーロン・ブロッケード
微小な導体をはさんだ二重トンネル接合において，電子が1個注入されると，電気素量分だけ静電エネルギーの上昇が起こる．バイアス電位がこのエネルギーを超えたときに，急に電流が流れはじめるので電流-電圧特性は階段状の強い非線形性を示す．この現象をクーロンブロッケード（クーロン閉塞）とよぶ．

原子間力顕微鏡
探針先端の原子と試料表面の原子との間に働く原子間力を計測して，試料表面を観察する顕微鏡である．原子間力の計測にはカンチレバーとよばれる板バネが用いられる．真空中に限らず，大気・液中でも高分解能なイメージングが行える．

ジアリールエテン
エチレンにアリール基が2個置換した化合物の名称であるが，1,2位に芳香族ヘテロ五員環が置換したものは，熱不可逆性，高繰り返し耐久性，高い反応量子収率など優れたフォトクロミック特性をもつために，このフォトクロミック化合物の総称として用いられる．

磁気異方性
磁性体の内部エネルギーが，磁気モーメントの方向に依存する性質．このため，磁気モーメントの方向が向き易い方向（磁化容易方向）と向き難い方向（磁化困難方向）が存在する．

シクロデキストリン（CD）
6から8分子のD-グルコースが，α-1,4グリコシド結合によって結合し環状構造を有する環状オリゴ糖のこと．水酸基が環の外側にあるため，環内部は疎水性であり，水中で疎水性の分子を内包（包接）する．

stepping-stone（飛び石）型伝導機構
二端子デバイスの間に固定された積層錯体膜の伝導機構として，低伝導度であるが，膜厚が厚くなっても減衰が少ない長距離電子輸送ができる機構．錯体のπ軌道と中心金属イオンとの軌道の混合の程度が重要な役割を演じる．

スピントロニクス
スピンとエレクトロニクスを合わせた造語．従来のエレクトロニクスでは，電子の電荷を利用したデバイスが作り出されてきた．スピントロニクスでは，電子のスピンも利用して電子デバイスを作ることを目指している．

零磁場分裂
全スピンSの状態は，スピン磁気量子数$S_z=S, S-1, \cdots, -S$の$(2S+1)$重に縮退している．外部磁場を加えると，この縮退が解けて$2S+1$個の準位に分裂する．一方，スピン軌道相互作用やスピン間双極子相互作用などが働く場合は，外部磁場がなくても縮退が解け，異なるS_zの状態が分裂することがある．この分裂を零磁場分裂とよぶ．

第一原理計算
分子や材料といった物質において，その構成原子（電子と陽子の個数）と各原子の座標電のみを入力とし，電子間，原子核間，および電子-原子核間のクーロン相互作用から，シュレーディンガー方程式などの量子力学の基礎方程式を数値的に解くことでさまざまな物性値を計算することを，第一原理計算という．

チャネル材料
デバイスにおいて配線電極間に配置され，電子等のキャリアが流れる部分の材料．

DNAシークエンサー
DNAを構成するアデニン，シトシン，グアニン，チミンの配列を決定する装置．DNAシークエンサーは，遺伝情報解析の基本技術となっている．

電荷移動度
電気伝導度は物質中のキャリア密度と電荷移動度の積で表され，電荷移動度は電子デバイスの動作を決定づける最も重要な物性の一つである．

APPENDIX

トンネル電流
量子力学で説明される 10^{-12} A 程度の極微電流．HOMO-LUMO ギャップが大きな 1 分子を電極間に接合するとき，電極間の距離に対して電流値が，指数関数的に減少する．

ナノギャップ電極
1 対の電極間距離が，数 nm 以下の電極．微細加工技術，エレクトロマイグレーション，MCBJ（機械的破断接合），および走査プローブ顕微鏡などで作製される．

ニューラルネットワーク
人工ニューロン（ノード）を相互接続するシナプスの結合強度を学習によって変化させることにより，人工ニューロンが形成するネットワークが問題解決能力をもつようなモデル全般を指す．

非接触原子間力顕微鏡
周波数変調方式で動作する AFM を指す．この方式では，カンチレバーを共振周波数で振動させ，探針先端が力を受けるとその周波数が変化することを利用する．この方式により原子分解能 AFM 観察が可能になった．

表面配位ネットワーク構造
固体表面上に固定したプライマー層から，ノードとなる溶液中に存在する金属イオンと架橋部位となるリンカー配位子あるいは錯体分子との間で逐次錯形成反応が起こることで生成する，規則的で均一なナノ構造体のこと．表面で結晶性を有する構造体の場合をとくに SURMOF とよぶこともある．

フォトクロミズム
ある化合物が光照射により光化学反応を起こして別の化合物となり，熱または異なる波長の光により元に戻る可逆な光異性化反応のこと．色変化を伴うことが多い．色以外にさまざまな物性が変化するために，フォトクロミック分子は光スイッチ分子として利用できる．

不揮発性メモリ
電源供給なしで書き込んだ情報が保存されるメモリで，代表的なものはフラッシュメモリ．一方，現在使用されている CPU 周りのキャッシュメモリ（SRAM）やメインメモリ（DRAM）は，電源供給がないと書き込み情報は保持できないので，揮発性メモリとよばれる．次世代メモリデバイスには，不揮発性に加えて DRAM, SRAM に準ずる情報の読み書き速度が求められている．

ブレーク・ジャンクション
測定対象の分子を含む溶液中で金属細線を精密に制御しながら引きちぎり破断させるときに，過渡的に形成される電極／分子／電極接合を利用し，単分子接合の電気伝導度を測定する．本測定法の特長は，統計的な取り扱いに必要な数百回に及ぶ測定を比較的簡便に繰り返すことが可能なことである．

ポリロタキサン
ポリマー鎖に複数の環状分子が貫通した構造を有する化合物のこと．貫通構造の形成には親水疎水相互作用や配位結合，水素結合などの弱い超分子相互作用を利用する．

リザーバー計算
電子回路，量子系，ソフトマテリアルなど，内部に非線形相互作用を含むシステムは非線形力学系で記述され，共通入力信号同期を示す場合がある．この現象は，同一信号を入力すると，初期状態に依らず同一状態になることを意味している．この性質を利用すると，原理的にはどのような力学系でも情報処理に用いることが可能であり，このフレームワークをリザーバー計算とよぶ．

APPENDIX

Part III 役に立つ情報・データ

知っておくと便利！関連情報

❶ おもな本書執筆者のウェブサイト（所属は2018年11月現在）

- Robert Melville Metzger
  アラバマ州立大学
  https://chemistry.ua.edu/

- 浅井　美博
  産業技術総合研究所機能材料コンピューショナルデザイン研究センター
  https://unit.aist.go.jp/cd-fmat/index.html

- 家　裕隆
  大阪大学産業科学研究所
  http://www.sanken.osaka-u.ac.jp/labs/omm/index.html

- 彌田　智一
  同志社大学ハリス理化学研究所
  http://harris-riken.doshisha.ac.jp/

- 小川　琢治
  大阪大学大学院理学研究科
  http://www.chem.sci.osaka-u.ac.jp/lab/ogawa/

- 葛西　誠也
  北海道大学量子集積エレクトロニクス研究センター
  http://www.rciqe.hokudai.ac.jp/labo/qid/
  北海道大学大学院情報科学研究科ネットジャーナル「排除から有効活用への大胆な転換生物に学ぶ『ゆらぎ』の利用法」
  https://www.ist.hokudai.ac.jp/netjournal/net_44_1.html

- 木口　学
  東京工業大学理学院化学系
  http://www.chemistry.titech.ac.jp/~kiguti/

- 米田　忠弘
  東北大学多元物質科学研究所
  http://www2.tagen.tohoku.ac.jp/lab/komeda/

- 杉本　宜昭/塩足　亮隼
  東京大学大学院新領域創成科学研究科
  http://www.afm.k.u-tokyo.ac.jp

- 髙木　紀明
  京都大学大学院人間・環境学研究科
  https://www.h.kyoto-u.ac.jp/academic_f/faculty_f/341_takagi_n_0/

- 夛田　博一/山田　亮
  大阪大学大学院基礎工学研究科
  http://molectronics.jp/

- 谷口　正輝/筒井　真楠
  大阪大学産業科学研究所
  http://www.bionano.sanken.osaka-u.ac.jp/index.html

- 寺尾　潤/正井　宏
  東京大学大学院総合文化研究科
  http://park.itc.u-tokyo.ac.jp/terao/

- 中村　恒夫
  産業技術総合研究所機能材料コンピューショナルデザイン研究センター
  https://unit.aist.go.jp/cd-fmat/ja/teams/fmat.html

- 西原　寛/山野井　慶徳
  東京大学大学院理学系研究科
  https://www.chem.s.u-tokyo.ac.jp/users/inorg/link.html

- 芳賀　正明
  中央大学理工学部応用化学科
  http://www.chem.chuo-u.ac.jp/~iimc/index.html

- 長谷川　修司
  東京大学大学院理学系研究科
  http://www-surface.phys.s.u-tokyo.ac.jp/top_j.html

- 長谷川　剛
  早稲田大学先進理工学部応用物理学科
  http://www.f.waseda.jp/thasega/index.html

- 真島　豊
  東京工業大学フロンティア材料研究所
  http://www.msl.titech.ac.jp/~majima/index.html

- 松田　建児
  京都大学大学院工学研究科
  http://www.sbchem.kyoto-u.ac.jp/matsuda-lab/

- 松本　卓也
  大阪大学大学院理学研究科
  http://nanochem.jp/

- 柳田　剛
  九州大学先導物質化学研究所
  http://yanagida-lab.weebly.com/

APPENDIX

❷ 読んでおきたい洋書・専門書

[1] C. J. Chen, "Introduction to Scanning Tunneling Microscopy (Monographs on the Physics and Chemistry of Materials), Second Edition," Oxford University Press (2007).

[2] J. C. Cuevas, E. Scheer, "Molecular Electronics: An Introduction to Theory and Experiment (World Scientific Series in Nanoscience and Nanotechnology Volume 1)," World Scientific Publishing (2010).

[3] "Single-Molecule Electronics: An Introduction to Synthesis, Measurement and Theory," ed. by M. Kiguchi, Springer (2016).

[4] "Molecular Architectonics: The Third Stage of Single Molecule Electronics (Advances in Atom and Single Molecule Machines)," ed. by T. Ogawa, Springer (2017).

[5] G. ニコリス, I. プリゴジーヌ 著, 小畠陽之助, 相沢洋二 訳,『散逸構造—自己秩序形成の物理学的基礎』, 岩波書店 (1980).

[6] R. ファインマン,『ファインマン物理学Ⅰ〜Ⅴ』, 岩波書店 (1986).

[7] A. ヘイ, R. アレン 編, 原 康夫, 中山 健, 松田和典 訳,『ファインマン計算機科学』, 岩波書店 (1999).

[8] 太田隆夫,『非平衡系の物理学』, 裳華房 (2000).

❸ 有用 HP およびデータベース

日本化学会
http://www.chemistry.or.jp

基礎有機化学会
http://jpoc.ac/

有機合成化学協会
https://www.ssocj.jp/

日本物理学会
https://www.jps.or.jp/

応用物理学会
https://www.jsap.or.jp

錯体化学会
http://www.sakutai.jp/

電気情報通信学会
http://www.ieice.org/jpn/

日本分子生物学会
https://www.mbsj.jp/

文部科学省 科学研究費補助金「新学術領域研究」分子アーキテクトニクス：単一分子の組織化と新機能創成
http://molarch.jp/

確率共鳴などの非線形現象のシミュレーション（工学院大学　金丸隆志研究室サイト）
https://brain.cc.kogakuin.ac.jp/~kanamaru/Chaos/index.html

ナノ粒子を用いたブラウン・ラチェット（IBM 動画サイト）
https://www.youtube.com/watch?v=esop3VVEqkg

アメーバを使った計算システム（慶應義塾大学 青野真士研究室　動画サイト）
https://www.youtube.com/channel/UCviCoktF3MhNHalOf1hL90w

アメーバを使った計算システム（University of the West of England, Prof. Andy Adamatzky　動画サイト）
https://www.youtube.com/user/PhysarumMachines/videos

無機半導体データベース
http://www.ioffe.ru/SVA/NSM/Semicond/

REFERENCES on NOISE in ELECTRONICS and BIOLOGY
http://bioelecnoise.scienceontheweb.net/index.html

STOCHASTIC RESONANCE IN CHEMICAL SYSTEMS
http://bioelecnoise.scienceontheweb.net/SR%20CHEM.html

索　引

●英数字

1分子解像度	177
1分子計測	150
1分子ゼーベック係数	147
1分子の電子・熱輸送	146
4探針型STM	83
4探針法	84
Auナノロッドアレイ	124
BJ（ブレーク・ジャンクション）法	30, 31, 57, 130, 148
Breit-Wigner resonanceモデル	65
CMOS	5, 9
CNT探針	86
COF	132
CONASH	132
Coulomb blockade	167
CO修飾探針	95
dither	48
DNAシークエンサー	176
ESR−STM	76
FET	48
Fowler Nordheimトンネル伝導	143
FPU問題	66
Landauer仮説	36
Layer−by-Layer（LbL）法	132
MAE	73
MCBJ（Mechanical Controllable Break Junction）法	18, 113, 117, 123
Metzger, Robert M	14
MOF	137
Molecular wires	18
MoS_2	177
NDR	26
NEGF	160
ON/OFF比	112
PCET	137
photon emission	15
pn接合	3
quantum thermal conductance（QTC）	66
Rectifiers	16
RNA	177
scanning thermal probe microscopy	67
$S_{junction}$	65
sp^2炭素	8
stepping-stone mechanism	135
SThM	67
STM	3, 24, 70
STM Break Junction法	114, 117
STS	70
SWNT電極	113
TEV測定	108
TMR	71
transition voltage spectroscopy	148
van der Pauw法	88
Wiedemann-Frantz則	63
π-π相互作用	22
π共役系	111
π共役系高分子（ポリマー）	97, 125
π電子共役分子	22
π電子混成	103
π電子接合	104

●あ

アクチュエーター	26
アズレン基	92
アミノ酸	177
アミノ酸識別	176
アミノ酸配列決定	176
アンカーリング	103
イオン伝導体	153
イオン電流	176
イオンの拡散	154
閾値系	48
意思決定モデル	157
遺伝的アルゴリズム	166, 170
インターカレーション	83, 88
エネルギーアライメント	149
塩基識別	176
塩基配列決定	176
応力センサー	95
オプトジェネティクス	5

●か

カーボンナノチューブ探針	84
開放系	48
ガウス雑音	48
カオス信号	120
化学結合計測	91
確率共鳴	46, 117, 120, 166
確率共鳴現象	173
含金属分子ワイヤ	100
機械的破断接合法	117
機能性分子ワイヤ	99
強磁性薄膜	73
共鳴トンネリング	169, 170
共鳴トンネル現象	144
共有結合構造体	132
局所スピン操作技術	74
金属錯体ポリマー	135
金ナノ粒子	32
金微粒子	114

索　引

クーロン・ブロッケード	4, 143, 167, 170
櫛形電極	114
グラフェン	83, 113, 177
ゲート電圧制御	149
ケルビン力顕微鏡	119
原子間力顕微鏡	90
原子スイッチ	156
減衰定数の β 値	134
交換相互作用	111
固体ナノポア	176
固定型マイクロ4端子プローブ法	83
混合原子価二核錯体	130
近藤効果	71

●さ

サーマルマネジメント	62
歳差運動	72
最適化問題	50
錯体分子積層膜	134
錯体分子ワイヤ	131
酸化還元反応	154, 161, 170
三脚型構造	105
三次元構造	103
散乱効果	40
ジアリールエテン	24, 111
磁気異方性	80, 81, 82
磁気異方性エネルギー	73
自己組織化膜	32
自己停止機能	141
シナプス	155
――の結合強度	155
重合配線	125
修飾塩基識別	176
状態遷移	48
シリセン	91
神経模倣型	167
神経模倣型情報処理	166
人工知能	152, 178
振動励起	79, 80
スパイクタイミング	155
スピン軌道相互作用	74
スピン共鳴	75
スピントロニクス	82
スピン偏極	72
スピン励起	78, 79, 81, 82
正方4探針法	85
整流比 R	134
ゼーベック係数	63, 108, 147
――の符号が反転	150
ゼーマン分裂	72, 75
積層膜	134
セレン―金結合	105
零磁場分裂	80, 81

双安定系	48
走査型トンネル顕微鏡	14, 24, 70, 77, 78, 90
――破断接合法	117
走査型トンネル分光	70
走査型トンネルポテンショメトリー法	88
走査型熱顕微鏡	67
疎結合	167, 168

●た

第一原理計算	38
第一原理電気伝導計算	160
ダイオード	50, 134
ダイナミクス	46, 118
ダイナミック信号の発生	119
ダイナミックレンジ	50
ダイレクトトンネル伝導	143
多探針型走査型トンネル顕微鏡	84
多探針計測法	84
単一分子電気伝導	167
短期可塑性	155
短期記憶	156
単層カーボンナノチューブ	113, 118
単電子トランジスタ	143
単分子エレクトロニクス	159
単分子計測	90
単分子スイッチ	58
単分子接合	103
――のゼーベック係数	65
単分子ダイオード	57
単分子トランジスタ	57, 140
単分子膜	105
単分子ワイヤ	59
逐次錯形成	133
逐次積層化	134
長期可塑性	155
長期記憶	156
超格子相変化メモリ	162
綱引き動作	157
ディープラーニング	152
抵抗変化	152
――型メモリ	161
抵抗変化素子	153
ディザ	48
テルビウム錯体	74
電界効果トランジスタ	48
電荷移動度	98, 99
電気化学素子	154
電気抵抗測定	30
電気伝導の理論	36
電子アメーバ	50
電子顕微鏡	95
電子交換	65
電子線リソグラフィー法	141

200

索　引

電子伝導	108
電流ノイズ	42
統計的性質	46
導電性原子間力顕微鏡（AFM）	24
「飛び石」機構	135
トンネル磁気抵抗	71
トンネル伝導	13
トンネル電流	176
トンネル分光	77, 78

●な

ナノ加工 MCBJ（機械的破断接合）法	150
ナノギャップ電極	113, 140, 176
ナノポア	4, 176
ナノワイヤの熱起電力	147
ニッケル・ジチオレン・ナノシート	86
ニューラルネットワーク	10
ニューロモルフィックデバイス	12
熱起電力	146
熱電測定	108
熱伝導率	146
熱電変換デバイス	146
粘菌	50
ノイズ	172
脳型情報処理	153

●は

配位ネットワーク構造	131
バイオナノポア	176
パウリの斥力	92
発火	4
バリスティック	65
光スイッチ分子	111
ヒステリシス特性	166, 167, 170
非接触原子間力顕微鏡（AFM）	91
非線形	46
非線形性	118
非線形ダイナミクス	120
非線形電気特性	170
非線形特性	166, 167
非弾性トンネル分光	72, 78
非平衡グリーン関数法	160
表面増強ラマン散乱	126
フィラメントモデル	161
フォトクロミズム	111
フォトクロミック分子	24
不揮発性メモリ素子（デバイス）	153, 161
負性微分抵抗	26

不対電子	74
負の微分抵抗	117
ブラウン・ラチェット	48
ブラウン運動	178
フルバレン基	92
ブレーク・ジャンクション法	30, 31, 57, 130, 148
プロトン共役電子移動	137
プロトン伝導	137
分光	78, 80
分光法	77
分子アンサンブル系	132
分子エレクトロニクス	14, 111, 167
分子回路	123
分子共鳴トンネルトランジスタ	144
分子グリッド配線	124
分子コンダクタンス	113
分子スピントロニクス	70
分子ネットワーク内	173
分子ワイヤ	33, 97, 98
並列化	48
ヘテロ積層錯体	136
ヘテロ積層膜	135
ホール伝導	108
ホッピング伝導	135
ポテンシャル井戸	170
ポリオキソメタレート	119

●ま

摩擦	48
水分子ネットワーク	93
無相関	48
無電解金めっき	142
メカノケミストリー	93
メムリスター	136, 152

●や・ら・わ

揺らぎ	46
ラーマー歳差運動	75
ランダムネットワーク	166
力学的スイッチ	95
リザーバー	10
――計算	120, 166, 172
立体反発	92
流動ダイナミクス	179
レドックス活性錯体分子	130
ローレンツ数	63
六方格子グリッド配線	127

◆ 執筆者紹介 ◆

(敬称略，50音順)

Robert Melville Metzger
アラバマ州立大学化学・材料科学科教授
(工学博士)
1940年　神奈川県生まれ
1968年　カリフォルニア工科大学化学科博士課程修了

〈研究テーマ〉「単分子エレクトロニクス」

小川 琢治（おがわ　たくじ）
大阪大学大学院理学研究科教授(理学博士)
1955年　大阪府生まれ
1984年　京都大学大学院理学研究科博士後期課程修了

〈研究テーマ〉
「単一分子を用いた情報処理」「機械学習による化学の理解」

赤井 恵（あかい　めぐみ）
大阪大学大学院工学研究科助教(博士(理学))
1969年　徳島県生まれ
1997年　大阪大学理学研究科無機及び物理化学専攻修了

〈研究テーマ〉
「ナノ構造科学」「ナノ分子物性」「ニューロモルフィック科学」

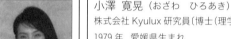

小澤 寛晃（おざわ　ひろあき）
株式会社Kyulux研究員(博士(理学))
1979年　愛媛県生まれ
2007年　総合研究大学院大学物理科学研究科修了

〈研究テーマ〉「ナノ炭素化学」
「分子エレクトロニクス」「機能性分子デザイン」

浅井 哲也（あさい　てつや）
北海道大学大学院情報科学研究科教授(博士(工学))
1969年　北海道生まれ
　　　　豊橋技術科学大学大学院工学研究科修了

〈研究テーマ〉「人工知能」「集積回路工学」「非線形科学」

葛西 誠也（かさい　せいや）
北海道大学量子集積エレクトロニクス研究センター教授(博士(工学))
1969年　北海道生まれ
1997年　北海道大学大学院工学研究科博士後期課程修了

〈研究テーマ〉「半導体電子デバイス」
「機能ナノデバイス」

浅井 美博（あさい　よしひろ）
産業技術総合研究所機能材料コンピューテーショナルデザイン研究センター　研究センター長(工学博士)
1959年　兵庫県生まれ
1987年　京都大学大学院工学研究科博士課程修了

〈研究テーマ〉「物性理論・非平衡輸送理論・量子多体理論」「計算科学・化学物理・理論化学」

木口 学（きぐち　まなぶ）
東京工業大学理学院化学系教授(博士(理学))
1972年　東京都生まれ
1999年　東京大学大学院理学系研究科博士課程中途退学

〈研究テーマ〉「単分子接合の物性探索」

家 裕隆（いえ　ゆたか）
大阪大学産業科学研究所准教授(博士(工学))
1973年　兵庫県生まれ
2000年　大阪大学大学院工学研究科博士課程修了

〈研究テーマ〉「有機・分子エレクトロニクス材料の開発」「新規なπ電子化合物の開発」

米田 忠弘（こめだ　ただひろ）
東北大学多元物質科学研究所教授(理学博士)
1960年　奈良県生まれ
1989年　京都大学大学院理学研究科博士課程修了

〈研究テーマ〉「ナノサイエンス」

彌田 智一（いよだ　ともかず）
同志社大学ハリス理化学研究所教授(工学博士)
1956年　大阪府生まれ
1984年　京都大学大学院工学研究科博士課程修了

〈研究テーマ〉「膜材料科学」

塩足 亮隼（しおたり　あきとし）
東京大学大学院新領域創成科学研究科助教(博士(理学))
1987年　熊本県生まれ
2015年　京都大学大学院理学研究科博士後期課程修了

〈研究テーマ〉「走査トンネル顕微鏡および原子間力顕微鏡を用いた単分子計測」

執筆者紹介

杉本 宜昭（すぎもと よしあき）
東京大学大学院新領域創成科学研究科准教授〔博士（工学）〕
1978 年 兵庫県生まれ
2006 年 大阪大学大学院工学研究科博士課程修了
〈研究テーマ〉「走査プローブ顕微鏡主に原子間力顕微鏡を用いた単原子分子技術の開発と応用」

寺尾 潤（てらお じゅん）
東京大学大学院総合文化研究科教授〔博士（工学）〕
1970 年 大阪府生まれ
1999 年 大阪大学大学院工学研究科後期博士課程修了
〈研究テーマ〉「有機合成」「高分子化学」「機能材料化学」

髙木 紀明（たかぎ のりあき）
京都大学大学院人間・環境学研究科教授〔博士（理学）〕
1964 年 静岡県生まれ
1993 年 京都大学大学院理学研究科博士課程修了
〈研究テーマ〉「表面科学」「低次元物質科学」「ナノサイエンス」

中村 恒夫（なかむら ひさお）
産業技術総合研究所機能材料コンピューテーショナルデザイン研究センター研究チーム長〔博士（理学）〕
1971 年 千葉県生まれ
2000 年 京都大学大学院理学研究科博士後期課程修了
〈研究テーマ〉「第一原理伝導計算理論」「デバイス材料シミュレーション」

多田 博一（ただ ひろかず）
大阪大学大学院基礎工学研究科教授〔博士（理学）〕
1962 年 大阪府生まれ
1989 年 東京大学大学院理学系研究科博士課程中途退学
〈研究テーマ〉「分子エレクトロニクス」

西原 寛（にしはら ひろし）
東京大学大学院理学系研究科教授〔理学博士〕
1955 年 鹿児島県生まれ
1982 年 東京大学大学院理学系研究科博士課程修了
〈研究テーマ〉「錯体化学」「電気化学」「光化学」

田中 啓文（たなか ひろふみ）
九州工業大学大学院生命体工学研究科教授〔博士（工学）〕
1971 年 大阪府生まれ
1999 年 大阪大学大学院博士後期課程修了
〈研究テーマ〉「少数分子伝導」「人工網膜デバイス」「ニューロモルフィックデバイス」

芳賀 正明（はが まさあき）
中央大学理工学部応用化学科教授〔工学博士〕
1950 年 三重県生まれ
1977 年 大阪大学大学院工学研究科博士課程修了
〈研究テーマ〉「錯体化学」「分子デバイス」「分子電気化学」

谷口 正輝（たにぐち まさてる）
大阪大学産業科学研究所教授〔博士（工学）〕
1972 年 岡山県生まれ
2001 年 京都大学大学院工学研究科博士課程修了
〈研究テーマ〉「1分子科学の開拓」「1分子解析法の開発」

長谷川 修司（はせがわ しゅうじ）
東京大学大学院理学系研究科教授〔博士（理学）〕
1960 年 栃木県生まれ
1984 年 東京大学大学院理学系研究科修士課程修了
〈研究テーマ〉「表面物理学」

筒井 真楠（つつい まくす）
大阪大学産業科学研究所准教授〔博士（工学）〕
1978 年 大阪府生まれ
2006 年 京都大学大学院工学研究科博士後期課程修了
〈研究テーマ〉「分子エレクトロニクス」「ナノバイオテクノロジー」

長谷川 剛（はせがわ つよし）
早稲田大学理工学術院教授〔博士（理学）〕
1962 年 栃木県生まれ
1987 年 東京工業大学大学院総合理工学研究科修士課程修了
〈研究テーマ〉「脳型素子」「表面物理」

執筆者紹介

平瀬 肇（ひらせ　はじめ）
理化学研究所脳神経科学研究センター神経グリア回路研究チーム　チームリーダー
1972年　広島県生まれ
1997年　ロンドン大学大学院ニューロサイエンス専攻修了

〈研究テーマ〉「脳」「神経細胞」「グリア細胞」

松本 卓也（まつもと　たくや）
大阪大学大学院理学研究科教授（理学博士）
1960年　京都府生まれ
1990年　大阪大学大学院理学研究科博士課程単位修得満期退学

〈研究テーマ〉「分子エレクトロニクス」「走査型プローブ顕微鏡」

正井 宏（まさい　ひろし）
東京大学大学院総合文化研究科特任研究員（博士（工学））
1988年　大阪府生まれ
2016年　京都大学大学院工学研究科博士課程修了

〈研究テーマ〉「機能性高分子」「構造有機化学」「超分子化学」

柳田 剛（やなぎだ　たけし）
九州大学先導物質化学研究所教授（PhD）
1972年　愛知県生まれ
2002年　イギリス・ティーズサイド大学PhD取得

〈研究テーマ〉「ナノ材料科学」「ナノデバイス」

真島 豊（まじま　ゆたか）
東京工業大学科学技術創成研究院フロンティア材料研究所教授（博士（工学））
1964年　神奈川県生まれ
1992年　東京工業大学大学院理工学研究科博士課程修了

〈研究テーマ〉「分子トランジスタ」「ナノギャップ電極」

山田 亮（やまだ　りょう）
大阪大学大学院基礎工学研究科准教授（博士（理学））
1973年　神奈川県生まれ
1999年　北海道大学大学院理学研究科博士課程修了

〈研究テーマ〉
「単分子素子の素子としての特性評価」「単分子計測技術の開発」

松田 建児（まつだ　けんじ）
京都大学大学院工学研究科教授（博士（理学））
1969年　奈良県生まれ
1994年　東京大学大学院理学系研究科博士課程中途退学

〈研究テーマ〉「物理有機化学」「有機機能材料化学」「有機ナノテクノロジー」

山野井 慶徳（やまのい　よしのり）
東京大学大学院理学系研究科准教授（博士（理学））
1971年　東京都生まれ
1999年　千葉大学大学院自然科学研究科博士課程修了

〈研究テーマ〉「ケイ素を基盤とした新規機能性材料の開発」

| CSJ Current Review 31 |

分子アーキテクトニクス
―― 単分子技術が拓く新たな機能

2018年12月25日　第1版第1刷　発行

検印廃止

JCOPY 〈出版者著作権管理機構委託出版物〉

本書の無断複写は著作権法上での例外を除き禁じられています．複写される場合は，そのつど事前に，出版者著作権管理機構（電話 03-5244-5088, FAX 03-5244-5089, e-mail: info@jcopy.or.jp）の許諾を得てください．

本書のコピー，スキャン，デジタル化などの無断複製は著作権法上での例外を除き禁じられています．本書を代行業者などの第三者に依頼してスキャンやデジタル化することは，たとえ個人や家庭内の利用でも著作権法違反です．

編著者　公益社団法人日本化学会
発行者　曽　根　良　介
発行所　株式会社化学同人

〒600-8074　京都市下京区仏光寺通柳馬場西入ル
編集部　TEL 075-352-3711　FAX 075-352-0371
営業部　TEL 075-352-3373　FAX 075-351-8301
　　　　振　替　01010-7-5702
E-mail　webmaster@kagakudojin.co.jp
URL　https://www.kagakudojin.co.jp

印刷・製本　日本ハイコム㈱

Printed in Japan © The Chemical Society of Japan 2018　無断転載・複製を禁ず　ISBN978-4-7598-1391-3
乱丁・落丁本は送料小社負担にてお取りかえいたします．